任嘉宁
吕新杰 主编

PostgreSQL
瀚海拾贝

大师之路

济南出版社　瀚高数据库 HIGHGO

图书在版编目（CIP）数据

PostgreSQL 瀚海拾贝：大师之路 / 任嘉宁, 吕新杰主编. -- 济南：济南出版社，2025.8. -- ISBN 978-7-5488-7625-0

Ⅰ. TP311.132.3

中国国家版本馆 CIP 数据核字第 20254YX089 号

PostgreSQL 瀚海拾贝：大师之路
POSTGRESQL HANHAI SHIBEI: DASHI ZHILU

任嘉宁　吕新杰　主编

图书策划　丁召华　高　丰
责任编辑　姚晓亮　卢新宇
装帧设计　曹晶晶

出版发行　济南出版社
地　　址　山东省济南市二环南路1号（250002）
总 编 室　0531-86131715
印　　刷　济南鲁艺彩印有限公司
版　　次　2025年8月第1版
印　　次　2025年8月第1次印刷
开　　本　185mm×260mm　16开
印　　张　22
字　　数　430千字
书　　号　ISBN 978-7-5488-7625-0
定　　价　98.00元

如有印装质量问题　请与出版社出版部联系调换
电话：0531-86131736

版权所有　盗版必究

编委会

主　　编：任嘉宁　吕新杰

编　　委：李　松　张　波　刘　坤　丁召华
　　　　　张鲁敏　丁　博　李国明　胡少杰
　　　　　冯　敏　高　通　赵夷非

编　　务：包鹏飞　董世成　林　凯　宋云东
　　　　　咸士杰　徐云鹤　姚连福　杨明国
　　　　　禹　晓　刘新堂　杨云龙

开源数据库的实践典范（序）

  在数据库领域，PostgreSQL 始终以"功能最强大"的开源关系型数据库著称。本书以工程化视角揭示其核心价值：从兼容多种数据模型的灵活性，到支持复杂查询的强大能力；从自我修复的自动清理机制，到扩展生态的丰富插件系统，PostgreSQL 展现了开源技术的韧性。

  通过扩展插件，PostgreSQL 既能支撑地理信息系统（GIS）的复杂空间计算，又能实现分布式集群的弹性扩展。这种"即装即用"的扩展能力，使 PostgreSQL 能胜任传统事务处理的同时，还能应对实时分析挑战。对于运维工程师，书中提供的自动化监控模板与备份方案，是保障系统稳定运行的基石；对开发者而言，事务隔离级别的透明化解读与 SQL 调优指南，则是构建高质量应用的指南针。

  对于技术团队，本书提供的不仅是工具书式的解决方案，更是一种系统思维：如何在开源协议框架下构建自主可控的数据库运维体系，如何通过扩展生态弥补功能短板。这种"既开源又专业"的特质，使 PostgreSQL 成为数字化转型中值得信赖的数据基石。

中国科学院软件所研究员
中科院时空数据管理与数据科学研究中心主任 丁治明
国务院政府特殊津贴获得者

目录
Contents

第一章　PostgreSQL 数据库运行体系
1. PostgreSQL 简介 ··· 2
2. 数据库初始化 ··· 8
3. 对象标识 OID ·· 10
4. 系统目录表 ·· 13
5. 数据库体系结构 ·· 14
6. 事务实现机制 ··· 31
7. 锁管理 ·· 38
8. 并发控制 ··· 47
9. 数据库维护清理 ·· 56
10. 探秘数据库内存 ··· 64

第二章　索引
1. PostgreSQL 中的索引类型 ··· 74
2. 索引关注点 ·· 90
3. 索引其他信息 ··· 95

第三章　性能测试
1. 为什么要进行性能测试 ··· 100
2. 性能指标 ··· 101
3. 常见性能测试基准解析 ··· 102
4. 常用测试工具 ··· 104
5. 科学选择性能测试方案 ··· 116
6. 性能测试结果分析与优化 ·· 118

第四章　备份与恢复
1. 备份与恢复工具 …………………………………………… 121
2. 数据修复性恢复 …………………………………………… 140

第五章　PostgreSQL 运维与监控
1. PostgreSQL 运维相关知识 ……………………………… 155
2. 监控的指标 ………………………………………………… 186
3. 常用的监控工具 …………………………………………… 190

第六章　数据库性能优化
1. PostgreSQL 性能优化策略 ……………………………… 200
2. 服务器硬件影响 …………………………………………… 201
3. 操作系统优化 ……………………………………………… 208
4. 数据库参数优化 …………………………………………… 220
5. 性能监控与慢 SQL ………………………………………… 226

第七章　高可用及负载均衡
1. 数据库容灾 ………………………………………………… 249
2. 负载均衡 …………………………………………………… 270
3. 数据库高可用 ……………………………………………… 277

第八章　常用插件
1. 地理信息系统 GIS ………………………………………… 298
2. 分布式插件 Citus ………………………………………… 312
3. 访问其他数据库 …………………………………………… 324

第一章
PostgreSQL 数据库运行体系

　　PostgreSQL 作为一款功能强大的开源关系型数据库，具备优秀的跨平台特性，其运行体系主要包括以下几个部分：

　　编译执行系统：这部分由查询编译器和查询执行器组成，负责对数据库操作请求进行解析、优化和转换，最终实现对物理存储介质中数据的操作。

　　系统表：PostgreSQL 数据库的元信息管理中心，包括数据库对象信息和数据库管理控制信息。系统表管理元数据信息，将 PostgreSQL 数据库的各个模块有机地连接在一起，形成一个高效的数据管理系统。

　　存储管理系统：该部分由索引管理器、内存管理器、外存管理器组成，负责存储和管理物理数据，为编译查询系统提供支持。

　　事务系统：由事务管理器、日志管理器、并发控制、锁管理器组成。其中，事务管理器和日志管理器完成对操作请求处理的事务一致性的支持，并发控制和锁管理器提供对并发访问数据一致性的支持。

　　此外，PostgreSQL 数据库的存储结构分为逻辑存储结构和物理存储结构。逻辑存储结构是数据库集簇的内部组织和管理数据的方式，而物理存储结构则是操作系统中组织和管理数据的方式。在 PostgreSQL 中，数据库本身也是数据库对象，它们在逻辑上是彼此分离的。每个数据库集簇可以包含多个 Database、多个 User 对象。

1. PostgreSQL 简介

1.1 PostgreSQL 发展史

1.1.1 起源与早期项目

PostgreSQL 的早期项目可以追溯到 20 世纪 80 年代末和 90 年代初，是由加拿大的计算机科学家 Michael Stonebraker 及其团队在加州大学伯克利分校启动。该项目最初是作为 Ingres 的继承者而启动的，Ingres 是一个早期的关系型数据库系统。1986 年，该项目被命名为 Berkley Postgres Project，目标是创建一个强大的、开源的关系型数据库管理系统。在 1989 年到 1993 年期间，Postgres 项目发布了多个版本，从 1.0 到 4.2，这些版本在学术界和工业界都引起了广泛关注。

1.1.2 Postgres 的诞生

1994 年，Andrew Yu 和 Jolly Chen 在 Postgres 中增加了 SQL 语言的解释器，并将源代码以新名字 Postgres95 发布到互联网上，成为最初伯克利 Postgres 项目的开源继承者。Postgres95 的源代码采用 ANSI C，代码量减少了 25%，性能和可维护性得到了显著提升。Postgres95 的 1.0.x 版本在进行 Wisconsin Benchmark 测试时，比 Postgres 的版本 4.2 快 30% 到 50%。此外，Postgres95 还增加了对 GROUP BY 查询子句的支持，重新构建了聚集函数，并引入了利用 GNU 的 Readline 进行交互 SQL 查询的程序 psql。

1.1.3 PostgreSQL 的命名与版本更新

1996 年，随着 SQL 功能的不断完善，Postgres95 的名字已经跟不上时代，于是更名为 PostgreSQL，版本号从 6.0 开始，回归到最初由伯克利 Postgres 项目开始的序列。PostgreSQL 的开发重点逐渐转向一些有争议的特性和功能，如事务处理、并发控制和数据完整性保障等。之后，PostgreSQL 经历了多个版本的发布，每个版本都有新的功能和改进。例如，2005 年 1 月 19 日发布的版本 8.0，使 PostgreSQL 能够以原生方式运行于 Windows 系统。

如今，PostgreSQL 已经成为功能最强大的开源数据库之一，得到了全球开发人员、贡献者和用户的广泛关注和支持。

1.2 PostgreSQL 优势

1.2.1 开源与可定制性

PostgreSQL 是一个开源的对象关系型数据库管理系统，采用自由的 BSD/MIT 许可，任何组织都可以免费使用、复制、修改和重新分发代码，只需提供版权声明即可。这种开源特性使得 PostgreSQL 具有极高的可定制性，开发者可以根据自身需求对数据库进行深度定制和优化。例如，用户可以使用 C 语言编写自定义函数和触发器，还可以在 GiST 框架下实现自己的索引类型，这种高度的可定制性为满足特定业务需求提供了强大的支持。此外，PostgreSQL 拥有一个庞大且活跃的社区，社区成员不断贡献新的功能和解决方案，进一步拓展了其功能和应用场景。

1.2.2 数据完整性和安全性

PostgreSQL 在数据完整性和安全性方面的出色表现，是其核心优势之一。它支持多种高级安全特性，如行级安全、列级别的数据加密等，能够有效保护敏感数据。例如，通过行级安全策略，用户可以对数据访问进行细粒度的控制，确保只有授权用户才能访问特定的数据。此外，PostgreSQL 还支持数据完整性约束，如外键约束、唯一约束等。这些约束机制可以自动维护数据的完整性和一致性，减少数据错误和异常情况的发生。在数据加密方面，PostgreSQL 提供了多种加密选项，包括数据在传输过程中的加密以及数据在存储时的加密，确保数据在各个环节的安全性。根据一项针对企业级数据库的安全性调查，PostgreSQL 在数据加密和访问控制方面的表现优于其他主流开源数据库，有 80% 的企业用户认为 PostgreSQL 的安全性能够满足其核心业务需求。

1.2.3 高性能与并发控制

PostgreSQL 在处理复杂查询和高并发场景时表现出色，具有卓越的性能和高效的并发控制能力。它采用了多版本并发控制（MVCC）架构，可以在不锁定数据库表的情况下同时运行多个事务，从而显著提高了数据库的并发性能。PostgreSQL 还支持并行查询，可以充分利用多核处理器的计算能力，进一步提升查询性能。在对大规模数据集进行复杂查询时，PostgreSQL 的并行查询功能能够将查询任务分解为多个子任务并行执行，从而大幅缩短查询时间。

1.3　PostgreSQL 现状

1.3.1　社区与生态系统

PostgreSQL 拥有庞大且活跃的社区，这是其持续发展的重要动力。社区成员来自全球各地，包括开发者、用户、企业等，他们通过各种方式参与 PostgreSQL 的开发、维护和推广。据相关统计，PostgreSQL 社区的活跃用户数量在过去五年中增长了近两倍，每月活跃贡献者超过 500 人。社区定期举办全球性的 PostgreSQL 会议，吸引了数千名参与者，分享最新的技术进展和实践经验。

PostgreSQL 的生态系统也日益丰富，涵盖了从工具、扩展到集成解决方案的各个方面。目前，PostgreSQL 拥有超过 300 个官方扩展，这些扩展提供了数据扩展（如 PostGIS、TimescaleDB）、性能优化（如 pg_prewarm、pg_stat_statement）、任务调度（如 pg_cron）、安全审计（如 pgAudit）、分布式（如 Citus）等多种功能，涵盖了数据库涉及的各种使用场景，极大地扩展了数据库的应用范围。此外，PostgreSQL 还与多种主流开发语言和框架无缝集成，如 Python、Java、Ruby 等，支持多种操作系统，包括 Linux、Windows、macOS 等，这使得开发者能够更方便地在不同环境中使用 PostgreSQL。

1.3.2　企业级应用与支持

PostgreSQL 在企业级应用中的表现日益突出，越来越多的企业选择将其作为核心数据库解决方案。据 Gartner（高德纳咨询公司）的调查，2024 年，超过 60% 的大型企业正在使用 PostgreSQL，或计划在未来两年内迁移到 PostgreSQL。其原因在于 PostgreSQL 不仅具备强大的功能和卓越的性能，还提供了可靠的企业级支持。

许多企业级数据库供应商提供了针对 PostgreSQL 的商业支持服务，如 EnterpriseDB、Citus Data 等。这些供应商不仅提供技术支持，还为企业级用户提供了额外的功能和优化，如高可用性解决方案、灾难恢复计划等。此外，PostgreSQL 的开源特性使得企业可以根据自身需求进行定制和优化，进一步降低了成本。例如，一些金融机构使用 PostgreSQL 作为其核心交易系统的数据库，通过定制化的数据加密和高可用性功能，确保了数据的安全性和系统的稳定性。

1.3.3　云原生与现代架构

随着云计算的发展，PostgreSQL 也在不断适应云原生架构的需求。主流的云服务提供商，如亚马逊 AWS、阿里云、腾讯云等，都提供了 PostgreSQL 的云数据库服务，这些服务支持弹性扩展、自动备份和高可用性等功能，使得企业能够更方便地在云环境中部署和管理 PostgreSQL 数据库。

同时，PostgreSQL 也在不断优化其架构以适应现代计算环境。例如，PostgreSQL 15

引入了并行 DML（数据操纵语言）功能，进一步提升了在高并发场景下的性能表现。此外，PostgreSQL 还提供了分布式数据库解决方案，如 Citus，通过分片和分片键的概念，实现了数据的水平扩展，能够处理 PB 级数据量，满足大数据时代的需求。据相关测试，使用 Citus 扩展的 PostgreSQL 在处理大规模分布式查询时，性能比传统单机数据库提高了 10 倍以上。

1.4 PostgreSQL 发展趋势

1.4.1 技术创新与功能增强

PostgreSQL 的发展一直以技术创新和功能增强为核心驱动力。未来，PostgreSQL 将继续在多个技术领域进行突破和优化。首先，在查询性能方面，PostgreSQL 计划进一步优化查询优化器，以更好地处理复杂的 SQL 语句和大规模数据集。其次，在数据存储和管理方面，PostgreSQL 将继续改进分区表功能，使其更易于使用和维护，同时支持更高效的分区数据管理策略。此外，PostgreSQL 也在探索引入新的数据类型和索引技术，以更好地支持现代应用的需求，如对 JSONB 数据类型的进一步优化和对新型索引技术的探索，以提升数据检索速度和灵活性。根据 PostgreSQL 社区的开发路线图，未来版本将重点关注这些方向的技术改进，以保持其在数据库领域的领先地位。

1.4.2 与云计算的融合

随着云计算的快速发展，PostgreSQL 与云计算的融合将成为未来的重要发展方向。主流云服务提供商已经提供了 PostgreSQL 的云数据库服务，但未来这种融合将更加深入和全面。一方面，云原生的 PostgreSQL 服务将更加智能化和自动化，支持自动扩展、自动备份、自动恢复等功能，以满足企业对云数据库的高可用性和弹性需求。另一方面，PostgreSQL 将更好地利用云平台的资源和服务，如与云存储、云网络等服务的深度集成，以实现更高效的数据存储和传输。此外，PostgreSQL 社区也在积极推动云原生架构的开发，如支持容器化部署和 Kubernetes 集成，使 PostgreSQL 能够更灵活地在云环境中运行。据相关预测，到 2027 年，超过 70% 的 PostgreSQL 部署将采用云原生架构，这将显著提升 PostgreSQL 在云计算时代的竞争力。

1.4.3 在大数据与 AI 领域的拓展

大数据和人工智能（AI）是当前信息技术领域的热点，PostgreSQL 也在积极拓展其在这些领域的应用。在大数据方面，PostgreSQL 通过支持分布式数据库解决方案（如 Citus），已经能够处理 PB 级数据量。未来，PostgreSQL 将进一步优化分布式查询性能，支持更高效的数据分片和并行计算，以更好地满足大数据处理的需求。在人工智能领域，

PostgreSQL 将加强对机器学习和数据分析的支持，如引入更多的数据分析函数和机器学习算法库，使用户能够在数据库层面直接进行数据分析和模型训练。此外，PostgreSQL 还将与 AI 框架和工具进行更紧密的集成，如与 TensorFlow、PyTorch 等框架无缝对接，为 AI 应用提供更强大的数据支持。

1.5 PostgreSQL 与其他数据库对比

1.5.1 PostgreSQL 与 MySQL 的对比

PostgreSQL 和 MySQL 都是流行的开源关系型数据库，但它们在多个方面存在显著差异。

功能特性：PostgreSQL 支持更复杂的数据类型（如数组、JSONB 等），并提供了丰富的扩展功能，如 PostGIS 用于地理空间数据处理。而 MySQL 在功能上相对简洁，但在一些场景下也通过插件等方式增强了功能。PostgreSQL 的窗口函数和 CTE（公用表表达式）功能在处理复杂查询时更为强大，而 MySQL 在一些简单场景下性能表现更好。

性能与并发：PostgreSQL 的多版本并发控制（MVCC）机制使其在高并发场景下表现优异，能够有效减少锁冲突。MySQL 虽然也支持并发控制，但在某些复杂事务场景下可能会出现性能瓶颈。在性能测试中，PostgreSQL 在处理复杂查询和大规模数据集时通常表现更好，尤其是在需要频繁更新和查询的场景中，而 MySQL 在一些简单场景下性能表现更好。

数据完整性与安全性：PostgreSQL 在数据完整性和安全性方面提供了更丰富的功能，如行级安全、列级别的数据加密等。MySQL 虽然也支持数据加密，但在细粒度访问控制方面相对较弱。根据一项安全性调查，80% 的企业用户认为 PostgreSQL 的安全性能够满足其核心业务需求，而 MySQL 在某些高安全需求场景下可能需要额外的安全措施。

社区与生态系统：PostgreSQL 拥有庞大且活跃的社区，社区贡献者数量在过去十年中增长了近三倍。其生态系统丰富，拥有超过 300 个官方扩展。MySQL 的社区也非常活跃，但其生态系统相对更侧重于 Web 开发和轻量级应用。例如，PostgreSQL 的 PostGIS 扩展在地理信息系统领域具有广泛的应用，而 MySQL 在类似场景下的功能相对有限。

1.5.2 PostgreSQL 与 Oracle 的对比

Oracle 是商业关系型数据库的代表，而 PostgreSQL 是开源的，它们在多个方面存在显著差异。

成本：PostgreSQL 是开源免费的，企业可以免费使用、修改和分发，这大大降低了使用成本。Oracle 是商业软件，需要购买许可证，成本较高。对于中小企业和初创公司来说，PostgreSQL 的成本优势非常明显。

功能特性：Oracle 在某些高级功能上具有优势，如高级的分区表功能、数据仓库功能等。但 PostgreSQL 也在不断追赶，其功能已经非常强大，特别是在扩展性和灵活性方面。

例如，PostgreSQL 的 JSONB 数据类型和扩展机制使其在处理非结构化数据和复杂查询时表现优异，而 Oracle 在这方面的功能相对固定。

性能与并发：Oracle 在某些高性能计算场景下表现优异，特别是在大规模数据仓库和复杂事务处理方面。PostgreSQL 通过不断优化，其性能也在不断提升，特别是在高并发和复杂查询场景下。例如，PostgreSQL 15 引入的并行 DML 功能显著提升了高并发场景下的性能表现，使其在某些场景下能够与 Oracle 相媲美。

数据完整性与安全性：Oracle 和 PostgreSQL 都提供了强大的数据完整性和安全性功能。Oracle 在企业级安全特性方面具有丰富的功能，如高级的加密选项和细粒度的访问控制。PostgreSQL 也不逊色，其行级安全、列级加密等功能同样能够满足企业级需求。根据一项安全性调查，PostgreSQL 在数据加密和访问控制方面的表现与 Oracle 相当，能够满足大多数企业的核心业务需求。

社区与生态系统：PostgreSQL 拥有庞大且活跃的社区，社区成员不断贡献新的功能和解决方案。Oracle 的生态系统主要由商业合作伙伴和企业用户构成，其技术支持主要依赖于 Oracle 公司本身。PostgreSQL 的开源特性使其能够快速适应新的技术趋势和用户需求，而 Oracle 的商业特性使其在某些传统企业级应用中具有更强的稳定性。

1.5.3　PostgreSQL 与 NoSQL 数据库的对比

NoSQL 数据库是一类非关系型数据库，与 PostgreSQL 在设计理念和应用场景上存在显著差异。

数据模型：PostgreSQL 是关系型数据库，采用表格、行和列的数据模型，适合处理结构化数据和复杂的关系查询。NoSQL 数据库则有多种类型，如文档型（如 MongoDB）、键值型（如 Redis）、列存储型（如 Cassandra）和图数据库（如 Neo4j）。例如，MongoDB 采用文档模型，适合存储非结构化和半结构化数据，如 JSON 格式的数据，而 PostgreSQL 在处理这类数据时需要额外的扩展支持。

性能与可扩展性：NoSQL 数据库通常在处理大规模分布式数据和高并发读写场景下表现优异，能够快速扩展以满足大数据需求。PostgreSQL 虽然也支持分布式扩展（如通过 Citus 扩展），但在某些极端场景下可能不如 NoSQL 数据库灵活。例如，Citus 扩展的 PostgreSQL 在处理 PB 级数据量时性能显著提升，但 MongoDB 等 NoSQL 数据库在类似场景下的扩展性更好。

事务与一致性：PostgreSQL 支持 ACID 事务，能够保证数据的完整性和一致性，适合需要强一致性的应用场景。NoSQL 数据库通常在一致性方面有多种选择，如最终一致性、强一致性等，这使得它们在某些场景下能够提供更高的性能和可扩展性。例如，Cassandra 采用最终一致性模型，适合处理大规模分布式数据，但在强一致性要求的场景下可能需要额外的机制来保证数据一致性。

应用场景：PostgreSQL 适合需要复杂查询、事务处理和数据完整性的应用场景，如金融、医疗等领域。NoSQL 数据库则更适合处理大规模非结构化数据、实时数据分析和高并发场景，如社交媒体、物联网等领域。例如，Redis 的高性能键值存储使其在缓存和实时数据处理场景中表现优异，而 PostgreSQL 在需要复杂事务处理的场景中更具优势。

1.6 总结

PostgreSQL 自 20 世纪 80 年代末起源以来，凭借其开源性、强大的功能特性、卓越的性能以及活跃的社区支持，逐渐发展成为全球最受欢迎的开源数据库之一。它在数据完整性和安全性方面的出色表现，使其能够有效保护敏感数据，满足企业级应用的核心需求。在性能上，PostgreSQL 的多版本并发控制（MVCC）架构和并行查询功能，使其在处理复杂查询和高并发场景时展现出卓越的性能，能够轻松应对大规模数据集的挑战。

PostgreSQL 的社区和生态系统是其持续发展的强大动力。活跃的社区不断贡献新的功能和解决方案，丰富了其应用场景。同时，PostgreSQL 与主流云服务提供商的深度集成，以及对云原生架构的不断优化，使其能够更好地适应现代计算环境，满足企业对弹性扩展和高可用性的需求。此外，PostgreSQL 在大数据和人工智能领域的积极拓展，进一步提升了其在信息技术领域的竞争力，为其未来的发展奠定了坚实的基础。

与其他主流数据库相比，PostgreSQL 在功能特性、性能与并发控制、数据完整性与安全性等方面均展现出独特优势。它不仅在复杂查询和高并发场景下表现优异，还通过丰富的扩展功能和强大的社区支持，不断优化和提升自身的性能与功能。随着云计算、大数据和人工智能等技术的快速发展，PostgreSQL 将继续保持其开源、灵活和可扩展的特点，不断创新和完善自身功能和技术架构，为用户提供更加高效、安全和可靠的数据存储和管理服务。

2. 数据库初始化

PostgreSQL 数据库初始化是创建数据库集簇（即数据存储环境）的核心步骤，涉及目录结构创建、配置文件生成及权限设置等关键操作。本节将介绍数据库初始化的过程。

在开始使用数据库之前，必须先进行数据库的初始化。数据库初始化是在数据库软件编译安装完成后进行的重要步骤。这个过程的主要任务是生成数据文件，分配数据库预定义的对象和系统目录。以下是数据库初始化过程的步骤：

- 创建数据库实例

- 初始化数据文件
- 创建系统目录表和视图
- 创建配置文件并设置默认参数
- 创建模板数据库并依据模板数据库产生默认数据库

在完成上述步骤之后，我们便可以开始使用数据库了。在初始化过程中，系统会生成一个集簇，这个集簇是由所有物理文件组成的集合。通常，我们使用环境变量 PGDATA 来引用这个目录。这些文件包括系统目录、数据目录、控制文件以及配置文件等。

数据库的初始化需要调用 initdb 实用程序来完成。

```
# 数据库初始化
$ initdb -D $PGDATA -E UTF8
The files belonging to this database system will be owned by user "postgres".
This user must also own the server process.

The database cluster will be initialized with locale "zh_CN.utf8".
initdb: could not find suitable text search configuration for locale "zh_CN.utf8"
The default text search configuration will be set to "simple".

Data page checksums are disabled.

fixing permissions on existing directory /opt/PGDATA/data2 ... ok
creating subdirectories ... ok
selecting dynamic shared memory implementation ... posix
selecting default max_connections ... 100
selecting default shared_buffers ... 128MB
selecting default time zone ... Asia/Shanghai
creating configuration files ... ok
running bootstrap script ... ok
performing post-bootstrap initialization ... ok
syncing data to disk ... ok

initdb: warning: enabling "trust" authentication for local connections
initdb: hint: You can change this by editing pg_hba.conf or using the option -A, or --auth-local
```

and --auth-host, the next time you run initdb.

Success. You can now start the database server using:

pg_ctl -D /opt/PGDATA/data2 -l logfile start

初始化完成后，数据库即可启动运行，所有的操作都在默认数据库和系统表基础上运行。

initdb 初始化具体做了哪些工作呢？这要从 PostgreSQL 编译说起，在 PostgreSQL 编译过程中，脚本 src/backend/catalog/genbki 会读取 src/include/catalog/pg_*.h，将系统表的定义、初始化数据、索引等信息写入 postgres.bki 文件。初始化过程中主要有以下步骤：

（1）读取选项传递的参数。

（2）调动 Postgres 程序进入 bootstrap 模式，并读取 postgres.bki 文件。

（3）创建数据目录及必要的子目录。如 base、global 等。

（4）创建配置文件。先测试当前服务器性能，根据测试结果配置文件 postgresql.conf、pg_hba.conf、pg_ident.conf，并配置默认参数值。

（5）创建模板数据库 template1，数据文件存放在 base/1 中。

（6）创建系统字典视图，并插入初始数据。此过程会首先创建 4 个关键的系统表，pg_type、pg_attribute、pg_proc、pg_class，因为这 4 个系统表中存储了其他系统表的信息。

（7）复制 template1 创建模板数据库 template0 和默认数据库 Postgres。

3. 对象标识 OID

在数据库中，每一个对象都会被赋予一个独一无二的标识符，用以识别该对象。这个标识符被称为对象标识（OID）。在数据库初始化时，会预先为系统目录表分配一部分 OID。这些预先分配给系统目录表的 OID，可以在源代码中查到。系统目录表的源代码目录位置在 src/include/catalog。每个系统目录表都有一个表定义文件 pg_x.h 和一个数据结构文件 pg_x.dat。OID 的分配都在数据结构文件 pg_x.dat 中定义好。

查看系统目录表预分配的 OID：

$ cd src/include/catalog
# 系统表 pg_database
$ cat pg_database.dat |grep oid
{ oid => '1', oid_symbol => 'Template1DbOid',

```
# 系统表 pg_tablesapce
$ cat pg_tablespace.dat |grep oid
{ oid => '1663', oid_symbol => 'DEFAULTTABLESPACE_OID',
{ oid => '1664', oid_symbol => 'GLOBALTABLESPACE_OID',
# 系统表 pg_class
$ cat pg_class.dat |grep -v '^#' |grep -v '^$'
[
{ oid => '1247',
  relname => 'pg_type', reltype => 'pg_type' },
{ oid => '1249',
  relname => 'pg_attribute', reltype => 'pg_attribute' },
{ oid => '1255',
  relname => 'pg_proc', reltype => 'pg_proc' },
{ oid => '1259',
  relname => 'pg_class', reltype => 'pg_class' },
]
```

从以上内容可以看出部分数据库对象的OID：数据库template1预分配的OID是1；表空间DEFAULT TABLESPACE预分配的OID是1663，表空间GLOBAL TABLESPACE预分配的OID是1664；有4个系统目录表pg_type，pg_attribute，pg_proc，pg_class预分配了1247，1249，1255，1259。

此外，在此目录下还有两个脚本文件duplicate_oids和unused_oids，可以用来查询OID的分配情况。使用duplicate_oids可以找到在系统表中重复定义的OID，而unused_oids则可以查看未被使用的OID。如下所示：

```
$ ./unused_oids
6－9
111
226
388－389
560－583
703
726
786－789
```

```
811 - 816
962 - 963
970
1382
1524
1533
1566
1568
2173
3813 - 3814
4549 - 4565
4642 - 4999
5101 - 5999
6015 - 6097
6099
6105
6107 - 6109
6122 - 6149
6208 - 6223
6273 - 9999
Patches should use a more-or-less consecutive range of OIDs.
Best practice is to start with a random choice in the range 8000-9999.
Suggested random unused OID: 9682 (318 consecutive OID(s) available starting here)
```

以上内容显示了未使用的 OID 信息。后续补丁可以使用这些 OID，注意新使用的 OID 不能与预分配的 OID 冲突，可以使用 duplicate_oids 检查是否有冲突的 OID。官方建议补丁使用一块连续的 OID 区域，比如选择 8000~9999，可以从 9682 开始使用，这之后有 318 个连续可用的 OID。

数据库对象的 OID 记录在 pg_database 中。其他对象的 OID 在 pg_class 中。用户表中的元组可以有 OID 属性。如果在 create table 语句中使用了 with oids 选项，用户表中插入的每一行都将分配一个 OID，默认是没有 OID 属性的。

查询数据库对象和其他系统目录表对象的 OID：

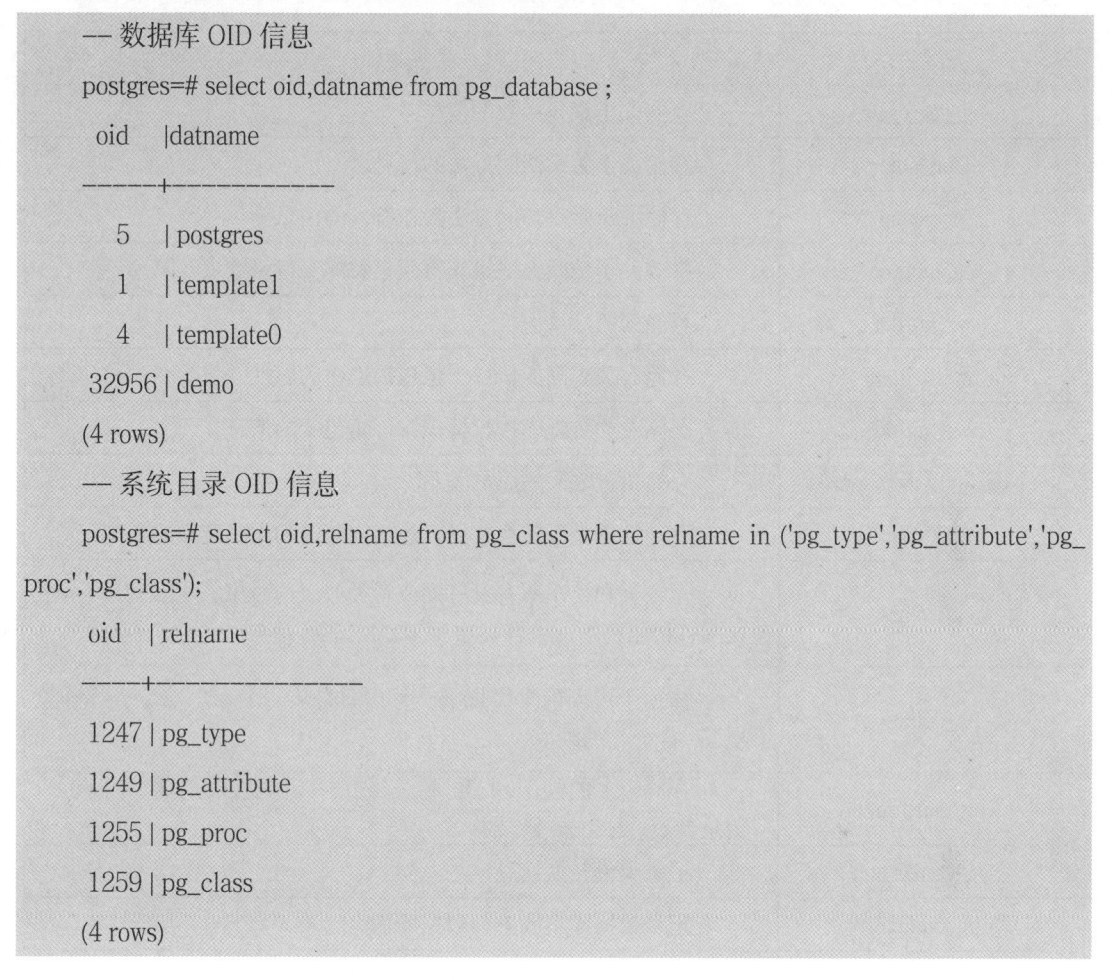

```
-- 数据库 OID 信息
postgres=# select oid,datname from pg_database ;
  oid  | datname
-------+-----------
     5 | postgres
     1 | template1
     4 | template0
 32956 | demo
(4 rows)

-- 系统目录 OID 信息
postgres=# select oid,relname from pg_class where relname in ('pg_type','pg_attribute','pg_proc','pg_class');
  oid  | relname
-------+--------------
  1247 | pg_type
  1249 | pg_attribute
  1255 | pg_proc
  1259 | pg_class
(4 rows)
```

4. 系统目录表

数据库中的系统目录表承载着所有对象的元数据信息，它们是系统运维过程中的数据字典，扮演着至关重要的角色。这些系统目录表与普通表无异，可以进行 DML 操作（增删查改），但不建议手动修改系统目录表，数据库会自动维护这些系统目录表。例如，CREATE DATABASE 会自动向 pg_database 表插入一行新建库的信息。这些系统目录表大多是在初始化时在模板数据库中创建，并被存储在 catalog 模式中。

这些表大多与数据库相关，但少数目录在物理上是在一个集簇的所有数据库间共享的，例如 pg_database。在一个集簇中，只有一份 pg_database 拷贝，而并非每个数据库都有一份。表 1-1 是一些常见的系统目录表。

表 1-1　常见的系统目录表

表名	说明
pg_aggregate	存储关于聚集函数的信息
pg_am	存储关于关系访问方法的信息
pg_amop	存储关于索引访问方法操作符族的信息
pg_amproc	存储关于访问方法操作符族相关的支持函数
pg_attrdef	存储列的默认值
pg_attribute	存储有关表列的信息，也包括索引的属性
pg_authid	存储关于数据库授权标识符（角色）的信息
pg_auth_members	存储角色之间的成员关系
pg_cast	存储数据类型转换路径，包括内建的和用户定义的类型
pg_class	记录表和几乎所有具有列或者类似表的对象。表、索引、序列、视图、物化视图、组合类型和 TOAST 表等信息
pg_collation	描述了可用的排序规则，其本质是从一个 SQL 名字到操作系统 locale 分类的映射
pg_constraint	存储表上的检查、主键、唯一、外键和排他约束。非空约束除外，记录在 pg_attribute 目录中
pg_conversion	记录编码转换信息
pg_database	记录数据库集簇中的数据库信息
pg_db_role_setting	记录角色和数据库级别的参数设置

5. 数据库体系结构

　　PostgreSQL 数据库体系结构如图所示，由数据库实例和物理存储文件组成。其中，实例包括进程结构和内存结构。实例是在数据库启动后才具有的，英文为 Instance。这样一整套结构我们称之为一个数据库集簇（Database Cluster）。

　　对于 PostgreSQL 数据库，数据的存储包含两种形式：物理存储结构和逻辑存储结构。物理存储结构主要用于表述数据库在操作系统中的实际存储形式，逻辑存储结构主要用于表述数据库内部数据的组织和管理方式。下图是 PostgreSQL 的整体结构。

第一章　PostgreSQL 数据库运行体系

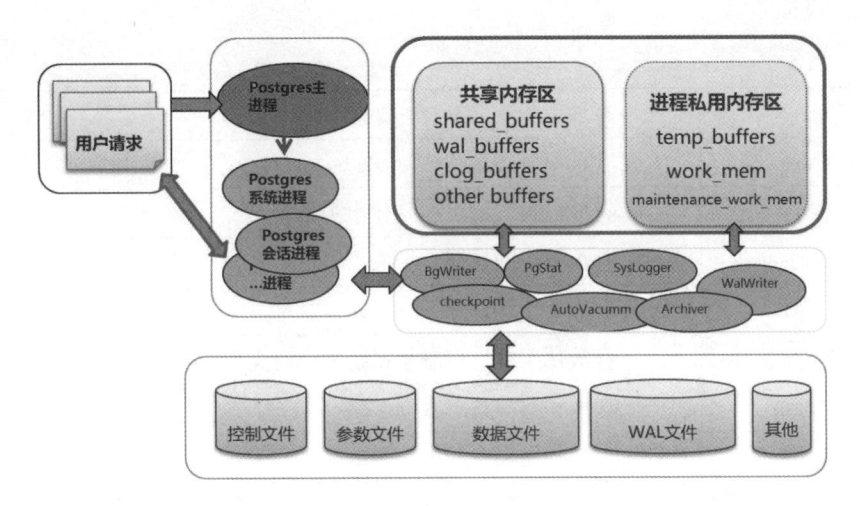

图 1-1　PostgreSQL 整体结构

5.1　物理存储结构

物理存储结构体现了 PostgreSQL 数据库在操作系统中的存储和管理。PostgreSQL 数据库物理存储结构主要包括参数文件、控制文件、数据文件、重做日志文件、客户端认证文件，默认保存在 initdb 时创建的数据目录中；此外还包括归档日志文件、备份文件、运行日志文件等。

5.1.1　数据目录结构

数据目录通常指 initdb 时初始化的目录，默认位置是数据库安装目录下的 data 目录，例如 "/usr/postgresql/data"。其中包含众多子目录和文件。

不同版本包含的目录及名称略有不同。表 1-2 对数据目录中子目录和文件的用途进行了说明。

表 1-2　数据目录及用途

目录	说明
base	包含数据库用户所创建的各个数据库
global	存放共享系统表的目录，包含集群范围的各个表和相关视图
log	存放数据库日志，目录名可自定义
pg_commit_ts	存放事务提交时间戳数据
pg_dynshmem	存放被动态共享内存子系统所使用的文件
pg_logical	存放用于逻辑复制的状态数据
pg_multixact	存放多事务（multi-transaction）状态数据（用于共享的行锁）

续表

pg_notify	存放监听/通知状态数据
pg_replslot	存放复制槽数据
pg_serial	存放已提交的可序列化事务信息
pg_snapshots	存放导出的快照
pg_stat	存放用于统计子系统的永久文件
pg_stat_tmp	存放用于统计信息子系统的临时文件
pg_subtrans	存放子事务状态数据
pg_tblspc	存放指向表空间的符号链接
pg_twophase	存放用于预备事务状态文件
pg_wal	存放 WAL（预写日志）文件
pg_xact	存放事务提交状态数据
current_logfiles	记录当前被日志收集器写入的日志文件
pg_hba.conf	是数据库判断客户端/应用程序能否正常访问数据库的唯一依据，认证配置文件
pg_ident.conf	映射配置文件
PG_VERSION	内核的版本号
postgresql.auto.conf	通过 ALTER SYSTEM 修改的参数（新功能，优先级更高）
postgresql.conf	数据库实例的主配置文件，基本上所有的配置参数都在此文件中
postmaster.opts	该文件记录服务器最后一次启动时使用的命令行参数
postmaster.pid	锁文件，记录当前主进程 ID(PID) 以及集簇数据目录路径、主服务开始时间戳、端口号、UNIX 域套接字目录路径(Windows 上为空)、第一个有效的侦听地址 (IP 地址或 *，或如果不在 TCP 上侦听为空)，以及共享内存段 ID(TH)

5.1.2 数据文件

数据文件通常存放于默认表空间 pg_default 下，也就是数据目录（$PGDATA）的 base 目录中。此外，也可存放于自建的表空间所在的目录下。

其中有部分系统的全局数据文件存放于数据目录的 global 目录下。

每个表和索引都存储在独立的文件里。这些文件通常以表或索引的 filenode 号命名，可以在 pg_class.relfilenode 中找到。此外，每个表和索引有一个空闲空间映射，它存储对象中可用空闲空间的信息。空闲空间映射存储在一个文件中，该文件以 filenode 号加上后缀 "_fsm" 命名。表还有一个可见性映射，存储在一个后缀为 "_vm" 的文件中，它用于跟踪哪些页面已知含有非死亡元组。不被日志记录的表和索引还存在一个后缀为"_init"的文件。

例如：

系统全局表 pg_tablespace 对应的数据文件为 $PGDATA/global/1213。

系统表 pg_class 对应的数据文件为 $PGDATA/base/15141/1259。

用户表 t_tab1 对应的数据文件为 $PGDATA/base/15141/24814。

存放于某自建表空间的用户表 t_tbl1_tab1 对应的数据文件为 pg_tblspc/24810/PG_12_201909212/15141/24811。

5.1.3 参数文件

参数文件存放于数据目录（$PGDATA）中，包括 postgresql.conf 和 postgresql.auto.conf。通常使用文本编辑器直接修改前者来生效参数设置；而后者是通过 ALTER SYSTEM 命令修改的全局配置参数，会自动编辑 postgresql.auto.conf 文件，并优先于 postgresql.conf 中已有的配置进行生效。

postgresql.conf 配置文件是由多个带有参数和值的行组成，参数和值可以用"="连接，或者用空格分隔。"#"开头的行是注释，之后的内容将被忽略。

下面举几个例子：

```
max_connections 300
log_connections = on
log_destination = 'syslog'
search_path = '"$user", public'
shared_buffers = '128MB'
port=5432
```

5.1.4 控制文件

PostgreSQL 控制文件（pg_control）是数据库集群的核心元数据文件，记录了集簇初始化配置、运行状态及恢复所需的关键信息。它位于 $PGDATA/global 路径下，通过 pg_controldata 命令可查看其内容。控制文件的主要功能包括：数据库启动时验证数据目录的合法性（如系统标识符、版本兼容性）；存储最新检查点位置、WAL 日志状态，确保崩溃恢复或时间点恢复的准确性；数据库一致性维护，管理事务 ID 分配、多事务状态等。

控制文件中存放着建库时生成的静态信息、参数文件中的部分参数信息、数据库状态信息及 WAL 和 checkpoint 的动态信息等，可以通过 pg_controldata 命令对其中的信息进行查看。

```
[postgres@rh ~]$ pg_controldata
Pg_control version number:                  1300
Catalog version number:                     202107181
Database system identifier:                 7200553266021970593
Database cluster state:                     in production
Pg_control last modified:                   Mon 06 Nov 2023 01:30:05 PM CST
Latest checkpoint location:                 0/E5D810A0
Latest checkpoint's REDO location:          0/E5D81068
Latest checkpoint's REDO WAL file:          00000001000000000000000E5
Latest checkpoint's TimeLineID:             1
Latest checkpoint's PrevTimeLineID:         1
Latest checkpoint's full_page_writes:       off
Latest checkpoint's NextXID:                0:1182
Latest checkpoint's NextOID:                33883
Latest checkpoint's NextMultiXactId:        4
Latest checkpoint's NextMultiOffset:        7
Latest checkpoint's oldestXID:              726
Latest checkpoint's oldestXID's DB:         1
Latest checkpoint's oldestActiveXID:        1182
Latest checkpoint's oldestMultiXid:         1
Latest checkpoint's oldestMulti's DB:       1
Latest checkpoint's oldestCommitTsXid:      0
Latest checkpoint's newestCommitTsXid:      0
Time of latest checkpoint:                  Mon 06 Nov 2023 01:30:05 PM CST
Fake LSN counter for unlogged rels:         0/3E8
Minimum recovery ending location:           0/0
Min recovery ending loc's timeline:         0
Backup start location:                      0/0
Backup end location:                        0/0
End-of-backup record required:              no
wal_level setting:                          logical
wal_log_hints setting:                      off
```

```
max_connections setting:              100
max_worker_processes setting:         8
max_wal_senders setting:              10
max_prepared_xacts setting:           0
max_locks_per_xact setting:           64
track_commit_timestamp setting:       off
Maximum data alignment:               8
Database block size:                  16384
Blocks per segment of large relation: 65536
WAL block size:                       8192
Bytes per WAL segment:                16777216
Maximum length of identifiers:        64
Maximum columns in an index:          32
Maximum size of a TOAST chunk:        4044
Size of a large-object chunk:         4096
Date/time type storage:               64-bit integers
Float8 argument passing:              by value
Data page checksum version:           0
Mock authentication nonce:            7cb586607caec8b45151841f33e1a4953692c9506408cde8dff0b57fc175c249
```

5.1.5 重做日志（WAL）文件

WAL（Write-Ahead Logging，预写式日志）是 PostgreSQL 实现数据持久性和崩溃恢复的核心机制。其核心原则是，所有数据修改必须先记录到 WAL 日志，再写入数据文件。WAL 文件为 PostgreSQL 提供了如下功能：

原子性与持久性：通过记录完整操作序列，确保事务要么完全提交（写入 WAL），要么完全回滚，避免部分写入导致数据损坏。

崩溃恢复：系统重启时，通过重放 WAL 日志将数据库恢复到一致性状态，支持基于时间点（PITR）的精准恢复。

高可用与复制：流复制（Streaming Replication）依赖 WAL 日志实现主备数据同步，支持热备库查询和故障切换。

性能优化：将随机 I/O 转换为顺序 I/O，通过批量写入减少磁盘操作频率，提升高并发场景下的吞吐量。

WAL 文件命名规则

WAL 文件通常存放于数据目录（$PGDATA）的 pg_wal 目录中，WAL 文件采用 24 位十六进制命名，结构为：[时间线ID(8位)] + [逻辑文件ID(8位)] + [物理文件ID(8位)]，例如：000000010000000100000042，对应时间线 1、逻辑文件 1、物理文件 66（0x42 的十进制）。

WAL 文件默认大小为 16MB（PostgreSQL 11 及以上版本可通过 initdb --wal-segsize 调整为 64MB 等值），默认存储路径位于 $PGDATA/pg_wal 目录（旧版本为 Pg_xlog）。WAL 文件使用 LSN（日志序列号）64 位无符号整数，表示 WAL 中的字节位置（如 1/4288E228），用于精准定位日志记录，其中高位 32 位表示逻辑日志文件 ID（逻辑文件 ID 的高 8 位），低位 32 位表示物理文件内的偏移量（以字节为单位）。

WAL 文件崩溃恢复

先写日志，后写数据，PostgreSQL 中所有数据修改操作（如 INSERT/UPDATE/DELETE）必须先将变更记录写入 WAL 日志，再更新到数据文件。确保即使系统崩溃或断电，已提交事务的修改仍可通过 WAL 恢复，未提交的事务则自动回滚。

数据库正常运行时，PostgreSQL 会定期执行 checkpoint，将 WAL 文件中记录的变化的数据写入数据文件中，并记录当前 WAL 的 LSN 作为恢复的起点。当遇到数据库实例异常关闭时，数据库重新启动后，PostgreSQL 进程从数据库控制文件中获取最近的检查点及 LSN 信息，对比 WAL 日志的 LSN 与数据块的 LSN，如果日志中的 LSN 新，则重新执行操作，如果数据块中的 LSN 更新，则跳过变化，直到数据库恢复到一致性状态。为保证数据库崩溃时 WAL 文件不会损坏，数据库最好开启全页写（Full Page Write, FPW）功能。

全页写

PostgreSQL 的全页写是一种核心数据保护机制，主要用于防止因操作系统崩溃或存储故障导致的数据页部分写入问题。PostgreSQL 数据页写出以 page 为单位，每个数据页 8KB，Linux 文件系统通常以 4KB 大小写出数据，这就有可能产生原子性问题。如果在 PostgreSQL 写出数据期间，服务器崩溃，就有可能造成数据库写出了 8KB 数据，但只有部分数据被写入了磁盘。

全页写会在检查点后首次修改某个数据页时，将该页的完整内容记录到 WAL 日志中。数据库恢复时，PostgreSQL 会对比数据块头部的 LSN 与检查点对应的 LSN，如果数据页在恢复节点因部分写入导致损坏，则通过 WAL 中保存的完整页面覆盖损坏页，再应用后续的 WAL 日志。

全页写能保证数据完整性，但会显著增加 WAL 日志量和 IO 开销。

5.1.6 客户端认证文件

客户端认证首先通过客户端认证文件，通常存放于数据目录（$PGDATA）中，名为

pg_hba.conf。也可以通过设置 hba_file 参数把配置文件放在其他地方。此文件是文本文件，可以直接编辑。但不可没有或为空。

pg_hba.conf 文件指定了哪些 IP 地址和哪些用户可以连接到 PostgreSQL 数据库，同时还规定了用户必须使用何种身份验证方式登录。该文件修改后，在 Windows 系统下实时生效，在 Linux 系统下执行一次数据库 reload 操作即可。

下面是 PostgreSQL 数据库的缺省内容：

# TYPE	DATABASE	USER	ADDRESS	METHOD
# "local" is for Unix domain socket connections only					
local	all	all		trust
# IPv4 local connections:					
host	all	all	127.0.0.1/32	trust
# IPv6 local connections:					
host	all	all	::1/128	trust
# Allow replication connections from localhost, by a user with the					
# replication privilege.					
local	replication	all		trust
host	replication	all	127.0.0.1/32	trust
host	replication	all	::1/128	trust

如果允许所有网络内的客户端均可以通过 TCP/IPv4 免密访问数据库，可以在文件末尾追加如下条目：

host	all	all	0.0.0.0/0	trust

然后执行 reload 操作进行重载。

5.1.7 归档日志文件

PostgreSQL 的归档文件（Archived WAL）是数据库实现数据持久性、高可用性和灾难恢复的核心组件，通过备份 WAL（预写日志）文件实现数据全生命周期管理。

归档文件是 WAL 日志的备份副本，由 PostgreSQL 的 Archiver 进程自动将活跃的 WAL 文件复制到指定存储位置。主要作用是配合数据库备份实现时间点恢复（PITR）能力，基于全量备份与归档日志，将数据库恢复到任意历史时刻，以应对误操作或逻辑错误。

相关配置与参数如下：

```
wal_level = replica        # 设置日志级别
archive_mode = on          # 启用归档模式
```

```
archive_command = 'cp %p /path/to/archivelog/%f'  # %p 为源路径，%f 为文件名
archive_timeout = 60        # 强制切换 WAL 周期（秒）
```

如果要开启归档，wal_level 参数必须设置为 replica 或更高级别，minimal 级别仅支持数据库的崩溃恢复，不能进行归档。archive_command 中的归档命令内容是自行编写的，可以结合实际情况，对归档文件进行按日期分别存放或压缩，也可以通过网络存储或 SCP 等命令进行异机存放。

需要注意的是，归档文件本质是通过操作系统命令完成的，并不归数据库管理，因此归档文件需要自行设置清理机制。比较合理的清理方式是结合数据库备份文件进行清理。

关于归档文件的一些建议：归档目录建议使用独立磁盘或网络存储，避免与数据文件竞争 I/O；如果存储空间比较紧张，archive_command 中集成压缩命令，减少存储占用；归档是否成功，可以查看视图 pg_stat_archiver 信息，也可以查询 pg_wal 下的状态文件。

PostgreSQL 归档文件是保证数据库高可用的核心功能，通过预写日志的备份与恢复机制，实现了数据持久性、灾难恢复与合规性需求。合理配置参数（如 archive_command 与 wal_level）并结合监控工具，可最大限度地发挥其效能。对于企业级应用，建议将归档与流复制、云存储技术结合，构建多层次数据保护体系。

5.1.8 备份文件

备份文件是数据库数据安全与业务连续性的核心保障，主要提供如下保障和功能：

● 数据安全：防止因硬件故障、人为误操作（如误删表）、软件 Bug 或恶意攻击导致的数据丢失。

● 合规性：满足金融、医疗等行业对数据备份和存储的法规要求，确保审计可追溯。

● 灾难恢复：支持跨地域存储备份文件（如云存储），以应对自然灾害或区域性服务中断。

● 快速构建仿真测试环境：使用备份文件可以快速构建仿真环境供测试及排查软件 bug 使用。

PostgreSQL 数据库备份按备份方式分为物理备份、逻辑备份、增量备份，同时有多种第三方备份工具可以实现 PostgreSQL 备份功能。

PostgreSQL 自带的备份物理工具为 pg_basebackup、pg_start_backup/pg_stop_backup，pg_basebackup 是最常用的物理备份工具，支持数据库在线备份，支持全量备份，从 PostgreSQL 17 开始 pg_basebackup 增加了增量备份。pg_start_backup/pg_stop_backup 是传统的手工备份方式，强制生成检查点并记录 WAL 日志起始位置，需配合操作系统的复制功能使用。

PostgreSQL 的逻辑备份工具为 pg_dump、pg_dumpall。pg_dump 导出数据时选项比较

灵活，从数据角度看，可以导出某个数据库、schema、表的数据，甚至可以通过 where 条件指定导出某张表中的一部分数据。从导出方式看，pg_dump 可以灵活指定将数据导出为 SQL 文件或自定义格式。pg_dumpall 可以一次性备份所有数据库及全局对象（如角色、表空间），但输出格式仅能是 SQL 文件。

PostgreSQL 常用的第三方备份工具有 Barman、pgBackRest、pg_probackup、pg_rman 等。Barman 提供远程备份管理、保留策略及自动化恢复流程，适用于企业级环境；pgBackRest 支持增量备份、并行压缩与加密，优化大规模数据库备份效率；pg_probackup 支持增量备份、并行压缩、远程备份，支持从备库进行备份；pg_rman 是较早的第三方备份工具，支持增量备份、备份压缩。

几个第三方备份工具的对比如下，见表 1-3。

表 1-3　第三方备份工具对比

对比维度	Barman	pgBackRest	pg_probackup	pg_rman
备份类型	全量、增量（基于 WAL）	全量、增量、差异备份	全量、增量	全量、增量、归档备份
增量方式	文件级别	块级别	页级追踪（PTRACK 动态位图）	文件拷贝
压缩	支持 gzip/bzip2	内置（高压缩率）	支持 ZSTD/LZ4	可选（gzip）
加密	需外部工具	内置（AES-256）	不支持	不支持
并行处理	仅恢复时支持	全流程并行（备份/恢复）	支持多线程	不支持
远程备份	支持 SSH、rsync	原生协议（无须 SSH）	支持（SSH）、支持从备机备份	仅本地
灵活性	时间点恢复（PITR）	时间点恢复、部分恢复	部分恢复	依赖 WAL 归档

通过 PostgreSQL 自带的备份工具和第三方备份工具可以实现全量备份、增量备份和逻辑备份功能。

当数据库正常运行时，备份文件不会起任何作用，它也不是数据库必须有的联机文件类型之一。然而，没有谁能保证数据库系统能够永远正确无误地运行，介质故障、软件缺陷、操作失误等情况出现时，备份文件就显得尤为重要了。

因此，在生产环境下强烈建议配置数据库的定时备份，以备不时之需。

5.1.9　运行日志文件

PostgreSQL 数据库系统在运行过程中，可以通过配置运行日志相关参数，生成运行过程产生的日志信息。控制日志记录开关的参数为 logging_collector。控制日志保存路径的参数为 log_directory。此外，还有很多日志相关参数，例如日志级别、日志格式、保留策略等，也有相应的参数控制，大多数以"log_"开头。运行日志文件对数据库实例运行时的事件进行记录，如系统启动、关闭、操作报错、I/O 错误等信息和错误。运行日志文件主要用于系统出现严重错误时查看并定位问题。当遇到数据库故障时，通过查看日志文件内容往往可以获得比较直观的错误信息。

5.2　逻辑存储结构

PostgreSQL 数据库属于多库结构，也就是一个数据库服务下，或者说一个数据库实例下，可以运行多个数据库。这样一整套结构，我们称之为一个数据库集簇（Database Cluster）。数据库集簇是数据库对象的集合，例如表、视图、索引等。数据库本身也是数据库对象。同一个数据库集簇下的各个数据库逻辑上彼此分离，除数据库之外的其他数据库对象（例如表、索引等）都属于它们各自的数据库。虽然它们隶属同一个数据库集簇，但无法直接从集簇中的一个数据库关联该集簇中的另一个数据库中的对象。两个数据库之间的对象做跨库访问需要使用 FDW 技术。

数据库本身也是数据库对象，一个数据库集簇可以包含多个 Database、多个 User，每个 Database 以及 Database 中的所有对象都有它们的所有者：User。图 1-2 显示了一个数据库集簇的逻辑结构。

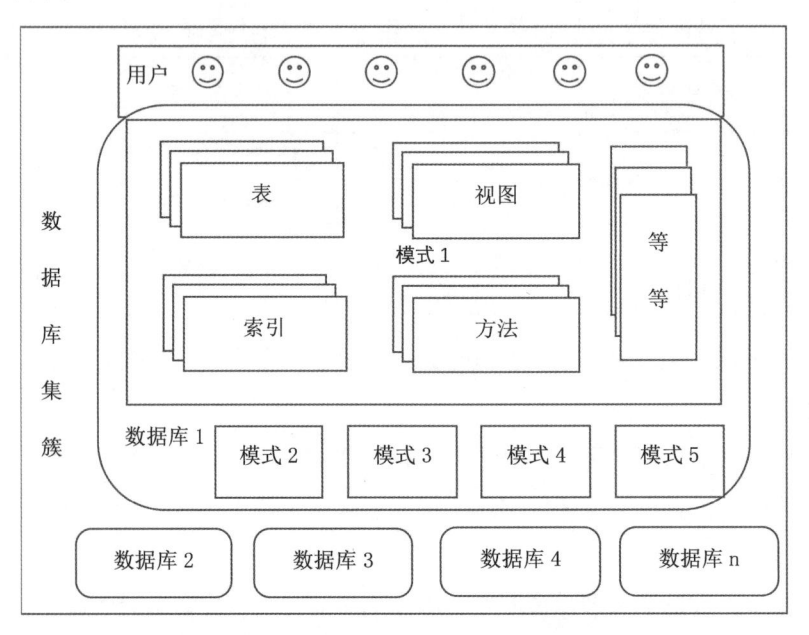

图 1-2　PostgreSQL 数据库集簇逻辑结构图

创建一个数据库时会自动为这个数据库创建一个名为 public 的模式，每个数据库可以有多个模式，在这个数据库中创建数据库对象时如果没有指定模式，通常都会在 public 模式中。可以将模式理解为一个数据库被分为多个模块，在数据库中创建的所有对象都在对应模式中创建，一个用户可以从同一个客户端连接中访问不同的模式。不同的模式中可以有相同名称的表、视图、索引、方法等数据库对象，因此在引用对象时务必确认引用了正确的模式。

5.3 进程结构

图 1-3 描述了数据库进程结构：

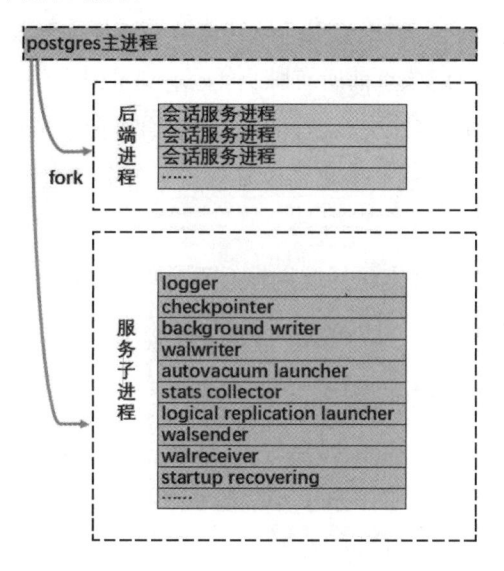

图 1-3　PostgreSQL 进程结构图

PostgreSQL 数据库是一款 C/S 应用程序。数据库启动时会启动若干个进程，其中有 Postgres（主进程）、Logger、Checkpointer、Background Writer、Walwriter、AutoVacuum Launcher 等进程，有客户端连接数据库后也会派生出后端进程。下面分别对各进程分别进行介绍。

5.3.1　Postmaster 主进程

Postmaster 主进程是 PostgreSQL 数据库启动的第一个进程。主进程的主要职责：

（1）数据库的启停。

（2）监听客户端连接，为客户端请求派生后端进程。

（3）服务子进程的派生、监控及故障后的恢复。

当客户端向数据库发起连接请求，主进程会派生单独的会话服务进程为客户端提供服务，此后将由会话服务进程与客户端进行通信，并执行相应操作，直至客户端断开连接。

5.3.2 Logger 进程

PostgreSQL 的 Logger 进程（也称为日志收集器，logging collector）是数据库系统的核心后台进程之一，负责统一管理数据库的日志记录，确保系统运行状态、错误信息及操作行为可追溯。PostgreSQL 默认将日志输出到标准错误流（stderr），但 Logger 进程通过 logging_collector 参数启用后，可将日志重定向到指定日志文件，文件支持 CSV、JSON、纯文本等格式，便于自动化分析。

5.3.3 Checkpointer 进程

PostgreSQL 的 Checkpointer 进程是数据库后台核心进程之一，负责管理检查点（Checkpoint）操作，确保数据持久性、优化 I/O 性能及缩短崩溃恢复时间。检查点是 WAL（预写日志）中的一个位点，标记该点前所有脏页（已修改但未写入磁盘的数据页）均已刷入磁盘，保证内存与磁盘数据一致。Checkpointer 进程通过记录 redo point（重做位点）并更新控制文件（pg_control），为崩溃恢复提供基准点，仅需重放该点后的 WAL 日志即可恢复数据。

Checkpointer 进程触发检查点包括周期性触发、WAL 日志量超过 max_wal_size 触发、手动触发、数据库关闭前触发、宕机恢复时触发等。

5.3.4 Background Writer 进程

PostgreSQL 的 Background Writer(后台写入器)进程是数据库系统的核心后台进程之一，主要负责将共享缓冲区（Shared Buffers）中的脏页（已修改但未写入磁盘的数据页）定期刷新到磁盘，以优化 I/O 性能并减轻检查点（Checkpoint）的压力。Background Writer 的主要作用有三个：

● 脏页管理：通过周期性刷新脏页，减少服务器进程（Server Process）因缓冲区满而被迫同步刷新的概率，避免查询操作被 I/O 阻塞；防止检查点（Checkpoint）触发时因集中写入大量脏页导致的 I/O 尖峰，使系统负载更加平稳。

● 缓冲区空间优化：通过清理未使用的缓冲区，为后续数据加载腾出空间，提升缓存命中率。

● 与检查点协作：Checkpointer 进程负责全量脏页刷新，而 Background Writer 在其间隔期内执行局部刷新，两者互补以保障数据持久性。

5.3.5 WAL Writer 进程

PostgreSQL 的 WAL Writer（预写式日志写入器）进程是数据库内核的关键后台进程之一，负责将内存中的 WAL（Write-Ahead Logging）缓冲区数据安全、高效地写入磁盘日志文件，保障事务的持久性与系统崩溃恢复能力。WAL Writer 功能和作用如下：

● WAL 日志写入：WAL Writer 定期将共享内存中的 WAL 缓冲区数据批量写入磁盘（默认间隔 200ms），避免事务提交时强制同步写入导致的延迟；通过批量合并写入，减少 I/O 次数，提升高并发场景下的吞吐量（如合并多个事务的日志条目写入同一文件）。

● 事务持久性保障：事务提交时须确保日志已持久化。WAL Writer 通过预写机制（先写日志后写数据），确保即使系统崩溃也能通过 WAL 重放恢复数据。

● 性能优化：异步写入与缓冲机制缓解 I/O 压力，结合参数（如 commit_delay）允许事务短暂延迟提交，合并更多日志条目批量写入，降低磁盘负载。

5.3.6 Archiver 进程

PostgreSQL 的 Archiver 进程是数据库后台核心进程之一，主要负责将已完成的 WAL（Write-Ahead Logging）日志文件归档到指定存储位置，以支持数据持久性、灾难恢复及时间点恢复（Point-In-Time Recovery, PITR）。主要作用就是对 WAL 日志进行归档管理，在 WAL 文件被覆盖前，将其复制到归档目录，用于 PITR 恢复等操作。

5.3.7 Autovacuum Launcher 进程

PostgreSQL 的 Autovacuum Launcher 进程是自动清理机制的核心进程，负责调度和管理 Autovacuum Worker 进程的执行，以维护数据库的健康状态和性能。Autovacuum Launcher 是 Autovacuum 机制的守护进程，周期性唤醒以确定哪些数据库或表需要清理（Vacuum）或分析（Analyze），并启动 Worker 进程执行具体操作，主要任务包括回收死元组空间、更新统计信息、维护可见性映射（Visibility Map）以及防止事务 ID 回卷（XID Wraparound）。另一个作用是调度管理，维护一个数据库列表（DatabaseList），记录各数据库的清理优先级和调度时间，按需分配时间片。通过统计信息收集器（Stats Collector）获取表的活动数据（如死元组数量），决定触发清理的候选表。

5.3.8 Stats Collector 进程

PostgreSQL 的 Stats Collector 进程（统计信息收集器）是 PostgreSQL 15 之前版本的核心后台进程之一，PostgreSQL 15 改进了架构，去掉了该进程。该进程负责收集和存储数据库运行时的各类统计信息，为查询优化、性能监控及自动维护（如 Autovacuum）提供数据支持。

Stats Collector 进程的主要作用是负责跟踪并汇总统计信息，包括表与索引活动、会话与连接、缓冲命中率、磁盘块读写次数、事务与锁、函数调用等。PostgreSQL 15 以前的版本会将以上收集的信息存入临时文件中，从 PostgreSQL 15 开始，以上信息直接存放到共享缓存中，不再需要该进程进行维护，从而提升了性能。

5.3.9 Logical Replication Launcher 进程

PostgreSQL 的 Logical Replication Launcher 进程是逻辑复制（Logical Replication）架构中的核心后台进程，负责协调和管理逻辑复制的全生命周期。主要功能如下：

● 启动与管理工作进程（Worker）：当创建订阅（Subscription）后，Launcher 进程会为每个订阅启动独立的 Logical Replication Worker 进程，每个 Worker 负责处理一个订阅的数据同步任务；在数据库启动时自动运行，并持续监听新订阅或需要维护的现有订阅（如复制中断需重启 Worker）。

● 进程状态监控与容错：实时监控 Worker 进程的运行状态，若 Worker 异常退出（如网络中断、订阅配置错误），Launcher 会自动尝试重新启动新的 Worker 以恢复同步；通过系统视图 pg_stat_activity 可查看 Worker 进程的实时状态。

● 资源协调与调度：根据参数限制（如 max_logical_replication_workers）动态分配系统资源，避免因过多 Worker 导致资源争用；管理复制槽（Replication Slot）的创建与维护，确保 WAL 日志不被过早清理，保障数据连续性。

5.3.10 WAL Sender 进程

PostgreSQL 的 WAL Sender 进程是主节点（Primary）上负责流复制（Streaming Replication）的核心后台进程，负责将 WAL 日志实时传输至备节点（Standby），确保主备数据一致性。其主要作用如下：

● WAL 日志传输：实时读取主库的 WAL 日志（位于 pg_wal 目录），通过 TCP/IP 协议将日志流式传输至备库的 WAL Receiver 进程；支持物理流复制（基于块级同步）及逻辑复制（解析为逻辑操作如 INSERT/UPDATE），适配不同场景需求。

● 连接管理与心跳维护：建立并维护与备库的复制连接，定期发送心跳包检测连接状态，避免因网络中断导致复制停滞；通过复制槽（Replication Slot）机制保留未传输的 WAL 日志，防止备库因日志缺失而需全量重建。

● 数据一致性保障：根据备库的反馈（如确认接收的 LSN 位置），调整日志发送进度，确保主备数据最终一致；在同步复制模式下（synchronous_commit=on），需等待至少一个备库确认日志写入后才提交事务，以保障零数据丢失。

5.3.11 WAL Receiver 进程

PostgreSQL 的 WAL Receiver 进程是流复制（Streaming Replication）架构中的核心后台进程，运行在备库（Standby）节点上，负责与主库（Primary）的 WAL Sender 进程协作，接收并应用 WAL（预写日志）数据，确保主备数据一致性。

● WAL 日志接收：通过 TCP/IP 协议实时接收主库发送的 WAL 日志流，并将其写入备库的pg_wal目录，日志传输粒度可以是物理块（物理流复制）或逻辑操作（逻辑流复制）；通过复制槽（Replication Slot）机制记录同步位点（LSN）可以支持断点续传，避免因网络中断导致日志丢失。

●日志应用与状态反馈：将接收的WAL日志写入磁盘后，由备库的Startup进程应用至数据文件，完成数据同步。定期向主库发送心跳包，反馈当前已接收（flush_lsn）和应用（replay_lsn）的LSN位置，主库据此清理过期WAL日志。

●时间线切换与历史文件管理：当主库发生时间线（Timeline）切换（如故障恢复后），WAL Receiver通过TIMELINE_HISTORY命令获取历史文件（如00000002.history），确保备库能正确追赶主库的最新状态。

5.3.12 Startup Recovering 进程

PostgreSQL的Startup Recovering进程是数据库启动阶段的核心后台进程，负责执行崩溃恢复（Crash Recovery）、流复制日志应用（Streaming Replication）及时间点恢复（Point-In-Time Recovery, PITR）。该进程主要作用如下：

●崩溃恢复（Crash Recovery）：当数据库因异常关闭（如服务器断电、进程被强制终止）导致磁盘数据与WAL日志不一致时，Startup进程自动触发，通过读取最近的检查点（Checkpoint）记录，应用后续WAL日志，将数据恢复到崩溃前的一致状态。

●备库日志应用（Standby Log Replay）：备库（Standby）启动时，若存在standby.signal文件，Startup进程持续接收并应用主库的WAL日志，维持主备数据同步。

●时间点恢复（PITR）：使用物理备份文件恢复启动时，如果存在recovery.signal文件，根据recovery_target_time或recovery_target_lsn等参数，将数据库恢复到指定时间点或日志位置。

5.4 内存结构

PostgreSQL数据库的内存主要分为两大类：共享内存区和进程私有内存区。PostgreSQL通过共享内存与本地内存的协同管理，结合内存上下文的精细化控制，实现高效资源利用。合理配置参数（如shared_buffers、work_mem），结合监控工具与场景化调优，可显著提升数据库性能与稳定性。

5.4.1 共享内存

共享内存是一种允许多个进程访问同一块内存区域的机制。在PostgreSQL中，当数据库服务器启动时，它会向操作系统请求分配一块足够大的共享内存区域。这块内存区域被用来存储数据库的全局状态信息、锁信息、缓存数据（如缓冲区缓存、WAL缓冲区等）以及其他需要快速访问的数据结构。

共享内存在 PostgreSQL 服务器启动时分配，由所有后端进程共同使用。共享内存主要由三部分组成：

● shared buffer pool：共享内存区，主要存放 PostgreSQL 实例从表和索引中读取的数据，数据库进程可以直接使用这些数据。表示数据缓冲区中的数据块的个数，每个数据块的大小通常是 8KB，通过参数 shared_buffers 设置，默认值 128MB，一般可以设置为物理内存的 1/4。

● WAL buffer：存放 WAL 文件内容持久化之前的缓冲区，所有事务的修改操作首先写入此区域，再批量刷入磁盘的 WAL 文件。通过参数 wal_buffers 设置，默认值为 -1，大小是 shared_buffers 的 1/32，最大 16MB，最小 32KB。

● CommitLog buffer：又称CLog，用于保存事务的状态信息，确保多版本并发控制（MVCC）和事务持久性，并将这些状态保留在共享内存缓冲区中，在整个事务处理过程中使用。CLog数据在共享内存中维护，通过checkpoint或数据库关闭时写入磁盘文件（存储于pg_xact目录），启动时重新加载至内存；崩溃恢复期间，CLog用于回滚未提交事务，确保数据一致性。事务的四种状态：IN_PROGRESS，事务进行中；COMMITTED，事务已提交；ABORTED，事务已中止；SUB_COMMITTED，子事务提交。

共享内存是 PostgreSQL 实现高性能和高效并发处理的核心机制，其主要作用如下：

● 提高数据访问速度：将频繁访问的数据存放在共享内存中，从而显著提高了数据访问速度，减少磁盘 I/O 操作。

● 支持高并发：PostgreSQL 通过共享内存中的锁机制和状态信息来管理多个事务的并发执行。确保数据的一致性和完整性，同时提高了系统的并发能力。

● 优化缓存管理：缓冲区缓存是共享内存中的一个重要组成部分，用于缓存数据页和索引页。PostgreSQL 通过优化缓存的使用，从而提高数据访问效率。

● 降低系统开销：多个进程共享同一块内存区域，减少了数据的复制和传输开销，降低系统资源的消耗。

5.4.2 本地内存

PostgreSQL 数据库后台服务器进程除访问共享内存外，还会根据申请分配一些私有内存，称为本地内存（Local Memory），用于暂存当前进程的私有数据。PostgreSQL 的进程本地内存区是每个后端进程独立分配和管理的内存空间，用于处理会话相关的查询执行、数据缓存和临时计算等任务。其核心机制基于内存上下文（Memory Context）系统，通过分层结构实现高效的内存分配与回收。根据使用场景不同，本地内存分为以下几部分：

work_mem：用于排序（ORDER BY）、哈希连接（Hash Join）等操作。默认 4MB，需根据查询复杂度调整（如 64MB~256MB）。单个查询可能多次分配 work_mem，总和可能远超参数值。

maintenance_work_mem：维护工作内存，支持 Vacuum、CREATE INDEX 等维护操作，默认 64MB，建议设为物理内存的 1%~5%。

temp_buffers：存储临时表数据，默认 8MB，可以在单独的会话中对该参数进行设置，处理大临时表时可临时增加该值。

PostgreSQL 的进程私有内存通过内存上下文机制实现精细化管理，兼顾效率与安全性。合理配置 work_mem、temp_buffers 等参数，结合监控工具或系统视图（如 PostgreSQL 14 增加的 pg_backend_memory_contexts）及时排查异常，是优化高并发或大数据量场景的关键。对于企业级应用，建议定期分析内存上下文分布，避免元数据缓存膨胀，并利用动态共享内存提升并行查询性能。

6. 事务实现机制

事务是数据库为用户提供的最核心、最具吸引力的功能之一。其意义不仅在于保障数据操作的可靠性，还深刻影响着系统的并发性能、容错能力以及业务逻辑的完整性。

6.1 事务介绍及 ACID 特性

简单地说，事务是用户定义的一系列数据库操作（如查询、插入、修改或删除等）的集合，从数据库内部保证了该操作集合事务作为一个整体的特性，即原子性（Atomicity）、一致性（Consistency）、隔离性（Isolation）和持久性（Durability），这些特性统称事务的 ACID 特性。四个特性的详细解释如下：

A：原子性是指事务中的所有操作要么全部执行成功，要么全部执行失败。一个事务执行以后，数据库只可能处于上述两种状态之一，即使数据库在这些操作执行过程中发生故障，也不会出现只有部分操作执行成功的状态。

C：一致性是指事务的执行会导致数据从一个一致的状态转移到另一个一致的状态，事务的执行不会违反一致性约束、触发器等定义的规则。

I：隔离性是指在事务的执行过程中，所看到的数据库状态受并发事务的影响程度。根据该影响程度的轻重，一般将事务的隔离级别分为读未提交、读已提交、可重复读和可串行化四个级别（受并发事务影响由重到轻）。

D：持久性是指一旦事务提交以后，即使数据库发生故障重启，该事务的执行结果也不会丢失，仍然对后续事务可见。

下面通过一个具体示例介绍事务 ACID 特性。

例如，在银行转账业务中，存在三个账户，分别由 A、B 和 C 所有，每个账户的初始余额均为 100 元。现在，B 和 C 打算向 A 转账。

- t1 时间：B 查询自己账户的余额，然后给 A 转账 100 元。
- t2 时间：C 也给 A 转账了 100 元。
- t3 时间：B 转账成功。
- t4 时间：突然断电了。
- 此时，A 账户里有多少钱呢？答案是 200 元。
- 在此过程中，有几个关键的问题需要我们认真考虑。
- t2 时间 C 转账时，A 的余额是 100 元还是 200 元？因为在这之前 B 先转账了 100 元给 A。
- t4 时间突然断电了，C 转账是成功了还是没成功，还是成功了一半？
- 断电后，B 的转账是否依然是成功的？

在数据库操作过程中可能会出现各种问题，如数据不一致、数据丢失等。因此，数据库引入了事务的概念，事务遵循 ACID 特性，旨在确保数据的准确性和可靠性。通过将一组操作组合成一个事务，我们可以将这些操作作为一个整体执行，从而更方便快捷地处理数据。正是因为有了 ACID 特性，才保证了断电后数据的安全可靠。针对前面的问题，有如下说明：

- 原子性（Atomicity）保证断电后 C 的转账没有成功，全部回退不做。
- 一致性（Consistency）保证交易完成后总和不变。B 给 A 转账 100 元，A 增加 100 元。B 就要减少 100 元。
- 隔离性（Isolation）保证了 B 和 C 之间相互看不到，即 B 先转账 100 元对 C 不可见，否则 A 就多了 100 元。
- 持久性（Durability）保证了 B 的转账是成功的、永久的，不受断电影响。

ACID 的实现需要依赖一些其他数据库机制，如锁、WAL、MVCC 等。这些知识点会在之后的章节中介绍。

6.2 事务控制

PostgreSQL 数据库中，执行 SQL 语句时默认开启事务，并且在语句的末尾隐式执行提交。如果想控制事务，手动提交，可使用以下语句：

BEGIN;

work/transaction......END/COMMIT/ROLLBACK;

- BEGIN — start a transaction block，BEGIN 启动一个事务块，也就是说，BEGIN 命令之后的所有语句都将在单个事务中执行，直到给出明确的 COMMIT 或 ROLLBACK。默认情况下（没有 BEGIN），PostgreSQL 以"自动提交"模式执行事务，也就是说，每条语句都在自己的事务中执行，并在语句末尾隐式执行提交（如果执行成功，则自动提交，否则执行回滚）。

● END — commit the current transaction, END=COMMIT。

● SAVEPOINT 通过使用保存点，可以用更细粒度的方式控制事务中的语句。保存点允许您有选择地丢弃事务的一部分，同时提交其余部分。使用 SAVEPOINT 定义保存点后，如果需要，可以使用 ROLLBACK TO 回滚到保存点。在定义保存点和回滚到该保存点之间，事务的所有数据库更改都将被丢弃，但保留了早于保存点的更改。

示例如下：

```
begin;
create table test_tx (id int,name varchar,money numeric(20,2));
insert into test_tx values(1,'A',100),(2,'B',100),(3,'C',100);
savepoint point1;
update test_tx set money=money+100 where id=1;
rollback to point1;
update test_tx set money=money-100 where id=2;
commit;
demo=# select * from test_tx ;
 id | name | money
----+------+--------
  1 |  A   | 100.00
  3 |  C   | 100.00
  2 |  B   |   0.00
(3 rows)
```

以上只有 id=2 被修改成功，因为使用了回滚保存点，id=1 的操作被丢弃了。

使用 PostgreSQL 事务，需要注意以下事项：

（1）事务内出现错误后，即使后面的指令和语法都是正确的，也将不会再有语句被接受。

（2）事务内可以使用保存点 SAVEPOINT，事务内可以释放保存点。如果事务结束，事务的保存点也会被释放。事务结束后无法返回到一个特定的保存点。

（3）事务性 DDL：在 PostgreSQL 中，可以在事务控制模块中运行 DDL，这个特性在很多商业数据库系统中并不存在。

6.3 事务的隔离级别

事务 ACID 特性很好地保证了数据安全可靠。然而，数据库是一个多用户高并发的系统，因此在并发环境下，事务的隔离性和一致性很难得到保证。下表 1-4 中示例将展示在并发情况下可能会出现的一种异常情况。

表 1-4 并发示例

时间	事务 1	事务 2
t1	begin; select money from test_tx where id=1;	

t2		begin;
		update test_tx set money=200 where id=1;
		commit;

t3	select money from test_tx where id=1;	

- 时间点 t1，事务 1 第一次查询数据为 x。
- 时间点 t2，事务 2 更改数据 x 为 200。
- 时间点 t3，事务 1 第二次查询数据为 200。

在一个事务中，两次查询数据出现了不同的结果，这就是所谓的不可重复读。表 1-5 描述了并发过程中会出现的不可重复读异常。

表 1-5 不可重复读异常

异常	解释
脏读	一个事务读取了另一个在执行中且未提交事务写入的数据
不可重复读	一个事务重新读取之前读取过的数据，发现该数据已经被另一个事务（在初始读之后提交）修改。也就是说不能重复读取事务开始时的值，影响的是 Update 和 Delete
幻读	同一事务中，两次执行相同范围的查询返回的结果集不一致，原因是在两次查询之间有其他事务插入或删除了符合条件的数据
序列化异常	多个并发事务同时操作数据时，虽然每个事务单独执行都符合逻辑，但它们的组合结果却像"乱序执行"一样，导致整体数据出现矛盾

在并发情况下，确保数据的有效性和符合业务逻辑是至关重要的。因此，数据库提供了不同的隔离级别来解决并发问题。事务隔离级别包括读未提交、读已提交、可重复读和可序列化。其中，读未提交允许脏读，这意味着在此隔离级别下可以读取任何脏数据。由

于不需要任何锁或其他并发控制机制的支持，因此其并发性最好。相反，可序列化强制事务串行执行，因此其并发能力最弱。读已提交是一致性和并发性平衡性最好的事务隔离级别，也是目前在线联机事务（OLTP）系统中最为常见的事务隔离级别。值得注意的是，一致性与并发是相对立的。隔离级别越高，并发越差，但一致性越高；隔离级别越低，并发越高，但一致性越差。因此，在选择适当的隔离级别时，需要仔细权衡一致性和并发性的需求。PostgreSQL 的隔离级别如表 1-6：

表 1-6 PostgreSQL 的隔离级别

隔离级别	脏读	不可重复读	幻读	序列化异常
读未提交（Read Uncommitted）	不允许	可能	可能	可能
读已提交（Read Committed）	不可能	可能	可能	可能
可重复读（Repeatable Read）	不可能	不可能	不允许	可能
可序列化（Serializable）	不可能	不可能	不可能	不可能

在 PostgreSQL 中，你可以请求四种标准事务隔离级别中的任意一种，但是内部只实现了三种不同的隔离级别，即 PostgreSQL 的读未提交模式的行为和读已提交相同。下面将详细介绍这几个隔离级别。

6.3.1 读已提交

读已提交是 PostgreSQL 的默认隔离级别。当一个事务采用该隔离级别时，一个没有 FOR UPDATE/SHARE 子句的查询只能看到在查询开始之前已经提交的数据，而无法获知未提交的数据或者在查询执行期间其他事务提交的数据。实际上，SELECT 查询在开始运行的瞬间就获取了数据库的一个快照。然而，SELECT 可以查看在其自身事务中先前执行的更新效果，即使这些更新还未被提交。需要注意的是，即使在同一个事务内，两个连续的 SELECT 命令可能观察到不同的数据，因为其他事务可能会在第一个 SELECT 和第二个 SELECT 之间提交。

根据上述规则，查询指令可能会观察到一个不一致的结果。查询可以察觉到并发更新命令对其尝试查询的相同行的操作，但无法看到这些命令对数据库其他行的操作。这种行为使得读已提交模式不适用于涉及复杂搜索条件的命令。然而，对于常规查询，它已经足够适用。下面是关于读已提交的示例。

表 1-7 读已提交的示例

时间	事务 1	事务 2
t1	begin; select money from test_tx where id=1;	
t2		begin; update test_tx set money=200 where id=1;
t3	select money from test_tx where id=1;	
t4		commit;
t5	select money from test_tx where id=1; end;	

● 事务 1 中的第 1 个 select 无法读取事务 2 的更改。

● 事务 1 中的第 2 个 select 无法读取事务 2 的更改，如果可以读取，那就是脏读。而读已提交隔离级别可以避免脏读。

● 事务 1 中的第 3 个 select 可以读取事务 2 的更改，此时出现了不可重复读。

6.3.2 可重复读

在可重复读隔离级别下，事务仅可见在事务开始之前提交的数据，它无法获知未提交的数据或并行事务在本事务执行过程中提交的修改。该级别与读已提交的区别在于，可重复读事务中的查询所见的是事务中第一个非事务控制语句开始时的数据快照，而非当前语句开始时的数据快照。因此，单一事务中的后续 SELECT 命令观察到的是相同的数据，即它们无法看到其他事务在本事务启动后所提交的任何修改。

表 1-8 是可重复读的示例。

● 事务 1 中的第 1 个 select 无法读取事务 2 的更改。

● 事务 1 中的第 2 个 select 无法读取事务 2 的更改，如果可以读取，那就是脏读。而读已提交隔离级别可以避免脏读。

● 事务 1 中的第 3 个 select 无法读取事务 2 的更改，如果可以读取，那就是不可重复读。而可重复读隔离级别可以避免不可重复读。

同样的操作步骤，如果事务 2 中的 Update 换成 Insert 操作会是怎样的结果呢？

表 1-8　可重复读的示例

时间	事务 1	事务 2
t1	begin; select sum(money) from test_tx;	
t2		begin; insert into test_tx values(4,'D',200);
t3	select sum(money) from test_tx;	
t4		commit;
t5	select sum(money) from test_tx; end;	

- 事务 1 中的第 1 个 select 无法读取事务 2 插入的数据。
- 事务 1 中的第 2 个 select 无法读取事务 2 插入的数据，如果可以读取，那就是脏读。而可重复读隔离级别可以避免脏读。
- 事务 1 中的第 3 个 select 无法读取事务 2 插入的数据，如果可以读取，结果就会改变，就是幻读。而可重复读隔离级别可以避免幻读。

6.3.3　可序列化

可序列化隔离级别提供了最严格的事务隔离，确保所有已提交事务都按照序列执行，就像事务是按照顺序一个接一个地执行，而不是并行执行。实际上，这个隔离级别与可重复读的工作方式类似，但它会额外监控一些条件，这些条件可能导致按照序列化执行的可序列化事务的并发集合产生的结果与这些事务所有可能的序列化（一次一个）执行不一致。

表 1-9　可序列化示例

时间	事务 1	事务 2
t1	begin;select sum(money) from test_tx;	

t2		begin;
		insert into test_tx values(4,'D',200);
		select sum(money) from test_tx;

t3	insert into test_tx values(5,'C',200);
	select sum(money) from test_tx;
	end;	

t4		commit;
t5	select sum(money) from test_tx;	

在可序列化隔离级别中，事务可以看作是序列化执行的，事务1中的第2个select可以读取事务2插入的数据。否则就与序列化执行期待的结果不一致，而可序列化隔离级别可以避免序列化异常。

6.3.4 事务隔离级别修改

在PostgreSQL中，可以通过命令来修改事务的隔离级别。

查看事务隔离级别：

```
test=> SELECT name, setting FROM pg_settings WHERE name ='default_transaction_isolation';
           name               |   setting
------------------------------+--------------
 default_transaction_isolation | read committed
(1 row)
修改事务隔离级别
-- 修改全局事务隔离级别
alter system set default_transaction_isolation to 'REPEATABLE READ';
-- 查看当前会话事务隔离级别
SELECT current_setting('transaction_isolation');
-- 修改当前会话事务隔离级别
SET SESSION CHARACTERISTICS AS TRANSACTION ISOLATION LEVEL READ UNCOMMITTED;
-- 设置当前事务的事务隔离级别
START TRANSACTION ISOLATION LEVEL READ UNCOMMITTED;
```

7. 锁管理

锁管理是数据库并发控制和保障数据一致性的核心机制，其作用涵盖性能优化、数据安全、事务隔离及系统稳定等方面。

7.1 锁介绍

并发是指事务与事务之间的读写关系。事务与事务之间操作的关系有四种：读读、读写、写读、写写。那么，如果在同一个表上同时进行读写操作，是否会发生冲突呢？答案是肯定的。为了解决这个问题，数据库系统提供了锁机制来实现并发控制。锁是数据库系统中实现并发控制的重要机制。数据库系统通过不同的锁模式来控制对表中数据的并发访问，以实现不同的隔离级别。这些锁模式包括共享锁、排他锁、行锁、表锁等。通过使用这些锁模式，数据库系统可以实现对数据的并发访问，并确保事务的隔离级别和数据的一致性。

总之，通过不同的锁模式可以控制对表中数据的并发访问，以实现不同的隔离级别。通过锁实现的隔离级别如表1-10。

表1-10 锁的隔离级别

隔离级别	锁说明
读未提交	读写均不使用锁，数据的一致性最差，并发性最高
读已提交	使用写锁，但是读会出现不一致，存在不可重复读
可重复度	使用读锁，解决不可重复读的问题，但会有幻读，无法锁住新insert的数据
可序列化	使用读锁和写锁，读写完全互斥，可以有效避免幻读

7.2 表级锁

表级锁，在表级进行锁定。表级锁共有8种，对并发进行细粒度控制。不同的表锁之间可能并存，也可能冲突。以下8种锁逐级增加，级别越高，并发越低。表格中是表锁列表，虽然它们的名字有的包含"row"，但它们都是表级锁，这些名字有历史遗留原因。

表1-11 锁模式及说明

锁模式	说明	SQL
ACCESS SHARE	处理表中行时，对表加的锁。与ACCESS EXCLUSIVE锁模式冲突	表上的查询SELECT都会获得这种锁模式
ROW SHARE	处理表中行时，对表加的锁，只要不是同一行，就不会相互阻塞。与EXCLUSIVE和ACCESS EXCLUSIVE锁模式冲突	SELECT FOR UPDATE和SELECT FOR SHARE命令在目标表上取得一个这种模式的锁
ROW EXCLUSIVE	处理表中行时，对表加的锁，只要不是同一行，就不会相互阻塞。与SHARE、SHARE ROW EXCLUSIVE、EXCLUSIVE和ACCESS EXCLUSIVE锁模式冲突	DML命令UPDATE、DELETE和INSERT在目标表上取得这种锁模式
SHARE UPDATE EXCLUSIVE	比SHARE锁低一级，在受限条件下允许写操作。与SHARE UPDATE EXCLUSIVE、SHARE、SHARE ROW EXCLUSIVE、EXCLUSIVE和ACCESS EXCLUSIVE锁模式冲突。这种模式保护一个表不受并发模式改变的影响	CREATE INDEX CONCURRENTLY和VACUUM、ANALYZE运行取得这种锁

续表

SHARE	SHARE 就是"读锁"。允许多读，但不允许写，表结构不能变动。与 ROW EXCLUSIVE、SHARE UPDATE EXCLUSIVE、SHARE ROW EXCLUSIVE、EXCLUSIVE 和 ACCESS EXCLUSIVE 锁模式冲突。这种模式保护一个表不受并发数据改变的影响	由 CREATE INDEX（不带 CONCURRENTLY）取得
SHARE ROW EXCLUSIVE	比 EXCLUSIVE 低一级。在受限条件下允许读操作。与 ROW EXCLUSIVE、SHARE UPDATE EXCLUSIVE、SHARE、SHARE ROW EXCLUSIVE、EXCLUSIVE 和 ACCESS EXCLUSIVE 锁模式冲突。这种模式保护一个表不受并发数据修改所影响，并且是自排他的，这样在一个时刻只能有一个会话持有它。PostgreSQL 内部不会使用这种锁	/
EXCLUSIVE	EXCLUSIVE，就是"写锁"，理论上不允许读和写，但有了多版本以后，写不阻塞读，允许读操作。与 ROW SHARE、ROW EXCLUSIVE、SHARE UPDATE EXCLUSIVE、SHARE、SHARE ROW EXCLUSIVE、EXCLUSIVE 和 ACCESS EXCLUSIVE 锁模式冲突。这种模式只允许并发的 ACCESS SHARE 锁，即只有来自于表的读操作可以与一个持有该锁模式的事务并行处理	普通 SQL 不会用到这个锁，可能在某些系统表上会用到
ACCESS EXCLUSIVE	比 EXCLUSIVE 高一级，完全禁止读和写。因为多版本存在，需要有一个锁限制读操作。与所有模式的锁冲突（ACCESS SHARE、ROW SHARE、ROW EXCLUSIVE、SHARE UPDATE EXCLUSIVE、SHARE、SHARE ROW EXCLUSIVE、EXCLUSIVE 和 ACCESS EXCLUSIVE）。这种模式保证持有者是访问该表的唯一事务	由 ALTER TABLE、DROP TABLE、TRUNCATE、REINDEX、CLUSTER、VACUUM FULL 和 REFRESH MATERIALIZED VIEW（不带 CONCURRENTLY）命令获取。ALTER TABLE 的很多形式也在这个层面上获得锁（见 ALTER TABLE）。这也是未显式指定模式的 LOCK TABLE 命令的默认锁模式

具体的锁冲突参考表 1-12。

表 1-12 锁冲突参考表

锁模式	ACCESS SHARE	ROW SHARE	ROW EXCLUSIVE	SHARE UPDATE EXCLUSIVE	SHARE	SHARE ROW EXCLUSIVE	EXCLUSIVE	ACCESS EXCLUSIVE
ACCESS SHARE								×
ROW SHARE							×	×
ROW EXCLUSIVE						×	×	×
SHARE UPDATE EXCLUSIVE				×		×	×	×
SHARE				×	×	×	×	×
SHARE ROW EXCLUSIVE			×	×	×	×	×	×
EXCLUSIVE		×	×	×	×	×	×	×
ACCESS EXCLUSIVE	×	×	×	×	×	×	×	×

表锁操作：

● SQL 语句会自动加锁。

● LOCK TABLE 可手动加锁。

● 依据隔离级别，锁会自动释放。如，在读已提交模式下（Read Commited），一个锁通常将被持有直到事务结束，锁释放后，锁资源也会被释放。

表锁示例：

```
-- 创建测试表
create table test_lock(id integer);insert into test_lock values(1),(2);
--session 1：
begin;select * from test_lock;alter table test_lock add column name text;
--session 2：
begin;insert into test_lock values (3);
--session 3：
select pc.relname,pl.pid,pl.mode,pl.granted,psa.usename,psa.wait_event_type,psa.query from pg_locks pl inner join pg_stat_activity psa on pl.pid = psa.pid inner join pg_class pc on pl.relation=pc.oid and pc.relname not like 'pg_%';
```

```
     relname  |  pid   |       mode        | granted | usename  | wait_event_type | query
-------------+--------+-------------------+---------+----------+-----------------+-------
 test_lock   | 458179 | AccessShareLock   | t       | postgres | Client          | alter table test_lock add column name text;
 test_lock   | 458179 | AccessExclusiveLock | t     | postgres | Client          | alter table test_lock add column name text;
 test_lock   | 458214 | RowExclusiveLock  | f       | postgres | Lock            | insert into test_lock values (3);
(3 rows)
```

上述操作的具体说明如下：

● 语句（alter table test_lock add column name text;）获取了对象 test_lock 上的锁 AccessShareLock 和 AccessExclusiveLock。

● 语句（insert into test_lock values (3);）需要获取对象 test_lock 上的锁 RowExclusiveLock。

● 由于 AccessExclusiveLock 和 RowExclusiveLock 冲突，所以 insert 操作处于等待状态（granted=f），等待事件是锁相关（Lock）。

7.3 行锁模式

同一个表上操作会有冲突，在同一行上操作呢？多个事务在相同的行上操作也可能会形成锁冲突。但是行级锁不是在行上加锁，也不影响数据查询操作。行锁是通过在事务 ID 上加锁实现的。

表 1-13 列出了行级锁以及在哪些情境下会自动使用它们。

表 1-13　行级锁及说明

锁模式	说明
FOR UPDATE	FOR UPDATE 会导致由 SELECT 语句检索到的行被锁定，就好像它们要被更新。任何在一行上的 DELETE 命令也会获得 FOR UPDATE 锁模式，在某些列上修改值的 UPDATE 也会获得该锁模式
FOR NO KEY UPDATE	行为与 FOR UPDATE 类似，不过获得的锁较弱：这种锁将不会阻塞尝试在相同行上获得锁的 SELECT FOR KEY SHARE 命令。任何不获取 FOR UPDATE 锁的 UPDATE 也会获得这种锁模式

FOR SHARE	行为与 FOR NO KEY UPDATE 类似，不过它在每个检索到的行上获得一个共享锁而不是排他锁。一个共享锁会阻塞其他事务在这些行上执行 UPDATE、DELETE、SELECT FOR UPDATE 或者 SELECT FOR NO KEY UPDATE，但不会阻止它们执行 SELECT FOR SHARE 或者 SELECT FOR KEY SHARE
FOR KEY SHARE	行为与 FOR SHARE 类似，不过锁较弱：SELECT FOR UPDATE 会被阻塞，但是 SELECT FOR NO KEY UPDATE 不会被阻塞。一个键共享锁会阻塞其他事务执行修改键值的 DELETE 或者 UPDATE，但不会阻塞其他 UPDATE，也不会阻止 SELECT FOR NO KEY UPDATE、SELECT FOR SHARE 或者 SELECT FOR KEY SHARE

具体行锁冲突模式如表 1-14 所示。

表 1-14 锁冲突

锁模式	FOR KEY SHARE	FOR SHARE	FOR NO KEY UPDATE	FOR UPDATE
FOR KEY SHARE				×
FOR SHARE			×	×
FOR NO KEY UPDATE		×	×	×
FOR UPDATE	×	×	×	×

行锁示例：

```
--session1
begin;select * from test_lock where id=1 for update;
--session2
begin;update test_lock set name='aaa' where id=1;
```

在上面的语句操作中，会有如下的锁情况。

● 语句（select * from test_lock where id=1 for update;）获取了行锁。

● 语句（update test_lock set name='aaa' where id=1;）需要等待。

7.4 页级锁

除了表级别和行级别的锁以外，页面级别的共享/排他锁被用来控制对共享缓冲池中表页面的读/写。这些锁在行被抓取或者更新后马上被释放，通常不需要关心。

PostgreSQL 的页级锁是数据库内部用于管理缓冲池中物理页面并发访问的核心机制。

页级锁的主要目标是控制对共享缓冲池中数据页的并发访问，确保多进程读写同一页面时的数据一致性。每个数据页在缓冲池中以槽形式存储，页级锁通过轻量级锁实现快速锁定与释放。

当对数据页进行修改操作（如更新或删除）时，系统会自动施加页级锁，阻止其他事务同时对同一页面进行类似的修改，但允许读取操作。

页级锁的主要优势在于它能一定程度上平衡并发性能和数据一致性。相比表级锁，它降低了锁的粒度，避免了因锁定整个表而影响其他不相关行的操作，从而提升了并发性。与行级锁相比，它在某些场景下能减少锁的数量，降低系统开销。

页级锁也存在局限性。当页面中数据更新频繁时，可能会导致页级锁竞争加剧，影响性能。在设计数据库应用时，需根据实际业务场景，合理利用页级锁，同时结合其他锁机制，以达到最佳的并发控制效果，确保数据库在高并发环境下稳定、高效地运行。

7.5 死锁 (deadlock)

使用显式锁定可能会增加发生死锁的风险。死锁是指两个（或多个）事务相互等待对方释放所持有的锁。例如，如果事务 1 在表 A 上获得了一个排他锁，并试图在表 B 上获取一个排他锁，而事务 2 已经持有表 B 的排他锁，同时请求表 A 上的锁，那么两个事务都无法继续执行。PostgreSQL 可以自动检测到死锁情况，并通过中断其中一个事务来允许其他事务完成（具体中断哪个事务很难预测，也不应依赖这种预测），以解决这个问题。

观察以下示例，了解死锁发生的情况。

```
-- 创建实验对象
create table test_deadlock(id integer primary key,name varchar);insert into test_deadlock values(1,'aaa'),(2,'bbb');
--session 1:
begin;
update test_deadlock set name='xiaoming' where id=1;
--session 2
begin;
update test_deadlock set name='Jason' where id=2;update test_deadlock set name='Peter' where id=1;
--session 1
update test_deadlock set name='xiaohong' where id=2;
```

此时，session1 等待 session2 持有的资源，session2 等待 session1 持有的资源，发生了死锁。发生死锁时，或得到如下错误信息：

> ERROR: deadlock detected.
> DETAIL: Process 74429 waits for ShareLock on transaction 1180; blocked by process 74800.
> Process 74800 waits for ShareLock on transaction 1179; blocked by process 74429.
> HINT: See server log for query details.
> CONTEXT: while updating tuple (0,2) in relation "test_deadlock".

PostgreSQL 检测到两个进程正在相互等待，则会引发死锁错误。PostgreSQL 将等待给定的时间间隔，然后才会引发错误。此间隔由 deadlock_timeout 配置值定义。数据库将其中一个事务回滚了，这显然比永远等下去要好。防止死锁的最好方法通常是保证所有使用一个数据库的应用在逻辑上以一致的顺序在多个对象上获得锁。

deadlock_timeout 默认值 1s，适用于多数 OLTP 场景，能快速检测并解除死锁。死锁检测会耗费硬件资源，建议设置较为合理的值。若事务平均执行时间超过 1 秒（如数据分析、批量处理），建议设置为事务时间的 1.2~2 倍，以避免误判死锁；在 CPU 或内存压力较大的系统中，可提升至 2~5 秒，以减少频繁检测带来的性能损耗；在调试阶段或死锁高发场景，临时降低参数值可快速定位问题，但需配合日志分析。

7.6 如何监控锁等待

锁等待是指当一个事务尝试获取某个资源（如数据行、表、页等）的锁时，该资源已被其他事务以冲突的锁模式占用，导致当前事务必须等待锁释放的现象。锁等待会影响数据库的并发，PostgreSQL 提供了一些性能视图，可以协助排查锁等待信息。

- pg_locks 展示锁信息，每一个被锁或者等待锁的对象都有一条记录。granted 列显示锁的持有者关系。值为 true 表示进程持有锁，值为 false 表示进程正在等待获取锁。
- pg_stat_activity，每个会话一条记录，显示会话状态信息。包括会话执行的 SQL。
- pg_class 显示对象信息。

我们通过以上视图可以查看锁等待情况。虽然通过自连接 pg_locks 可以获得哪些进程阻塞了其他进程的信息，但是很难得到其中的细节。这样一个查询隐藏了关于哪些锁模式与其他锁模式冲突的知识。更糟糕的是，pg_locks 视图无法给出锁等待队列中进程的等待顺序，也无法显示哪些进程是代表其他客户端会话运行的并行工作者。更好的方法是使用 pg_blocking_pids() 函数来标识一个等待进程是被哪些进程阻塞的，同时连接多个视图展示有用的信息。

```
select pid,pg_blocking_pids(pid),state,wait_event_type,wait_event,query from pg_stat_activity
where wait_event_type in ('Lock','LWLock') or pid in (select pid from pg_locks where granted='true'
group by pid);
```

```
 pid   | pg_blocking_pids |       state        | wait_event_type | wait_event  | query
-------+------------------+--------------------+-----------------+-------------+--------
 74429 | {}               | idle in transaction| Client          | ClientRead  | update test_lock set name='aaa' where id=1;
 74800 | {74429}          | active             | Lock            | transactionid| update test_lock set name='bbb' where id=1;
 75043 | {74800}          | active             | Lock            | tuple       | update test_lock set name='ccc' where id=1;
 96897 | {}               | active             |                 |             | select pid,pg_blocking_pids(pid),state,wait_event_type,wait_event,queryfrom pg_stat_activity where wait_event_type in ('lock','lwlock') or pid in (select pid from pg_locks where granted='true' group by pid);
(4 rows)
```

pg_blocking_pids 显示了阻塞者进程 ID 号。Query 显示了进程执行的 SQL 语句。

注意，pg_stat_activity.query 反映的是当前正在执行或请求的 SQL，而同一个事务中以前已经执行的 SQL 不能在 pg_stat_activity 中显示出来。所以如果你发现两个会话发生了冲突，但是它们的 pg_stat_activity.query 没有冲突的话，那就有可能是它们之间的某个事务之前的 SQL 获取的锁与另一个事务当前请求的 Query 发生了锁冲突。

7.7 锁等待处理

锁处理通常需要释放持有锁的进程，通知前台用户结束事务操作，或者手动杀死进程。可以调用 PostgreSQL 内置函数 pg_terminate_backend 结束进程。

```
SELECT pg_terminate_backend(pid)
```

注意，结束进程时，需要考虑进程状态，那些空闲（idle）状态的进程，可以直接结束进程；对于那些正在运行的进程需要格外注意，不要影响业务正常运行。

查看 pg_stat_activity.state 状态信息。

● active: 后端正在执行一个查询。

● idle: 后端正在等待一个新的客户端命令。

● idle in transaction: 后端在一个事务中，但是当前没有正在执行一个查询。

● idle in transaction (aborted): 这个状态与 idle in transaction 相似，除了在该事务中的一个语句导致了一个错误。

● fastpath function call: 后端正在执行一个 fast-path 函数。

● disabled: 如果在这个后端中 track_activities 被禁用，则报告这个状态。

```
select pid, state from pg_stat_activity where state in ('idle', 'idle in transaction', 'idle in transaction (aborted)', 'disabled') and pid=xxx;
```

pid 后的内容替换为具体的进程号。

注意，不要使用操作系统命令 kill -9 终止会话，否则会造成所有活动进程被终止，数据库重启。

8. 并发控制

并发控制描述了数据库系统在多个会话试图同时访问同一数据时的行为。这种情况的目标是为所有会话提供高效的并发访问，同时还要维护严格的数据一致性。传统的事务理论采用锁机制来实现并发控制，但是锁机制会导致读写互斥，这种机制对并发访问的性能造成了极大的影响。使用 MVCC（多版本并发控制，Multi-Version Concurrency Control），对查询（读）数据的锁请求与写数据的锁请求不冲突，所以读不会阻塞写，而写也从不阻塞读。

8.1 PostgreSQL 并发控制实现

MySQL 和 Oracle 使用的是回滚段的方式实现并发控制，PostgreSQL 通过产生新版本的方式实现并发控制。

PostgreSQL 修改数据时，旧数据不会被直接修改，而是先对旧数据进行标记，再插入一条新数据，修改后会存在新旧两个版本的行数据。PostgreSQL 会根据可见性规则使每个事务只看到一个特定的行版本。

（1）数据文件中存放同一逻辑行的多个行版本（称为 tuple）；

（2）每个行版本的头部记录创建该版本的事务 ID 以及删除该行版本的事务 ID（分别称为 xmin 和 xmax）；

（3）每个事务的状态（运行中、中止或提交）记录在 pg_clog 文件中；

（4）根据上面的数据并运用一定的规则，每个事务只会看到一个特定的行版本。

8.2 事务中操作及垃圾（dead tuple）产生

tuple 的行头记录了事务 ID（XID）是 MVCC 实现的基础。多版本也是基于这个机制实现的。多版本并发控制的核心数据结构 HeapTupleHeaderData 如下：

| t_xmin | t_xmax | t_cid | t_ctid | t_infomask2 | t_infomask | t_hoff | null_bitmap | user_data |

图 1-4　PostgreSQL 进程结构图

HeapTupleHeaderData 结构包含多个元素，此处我们只需了解部分元素。如下所示：

● t_xmin 记录插入此元组的事务 ID（XID）。

● t_xmax 记录删除或更新此元组的事务 ID。如果这个元组插入后没有进行相应操作，t_xmax 则被设置为 0。

● t_ctid 记录指向自身或新元组的元组标识符（Tuple Identifier，TID）。TID 由两个数字组成，第一个数字表示存放元组的页号（block number），第二个数字表示指向元组的行指针偏移量。当这个元组更新时，t_ctid 指向新的元组；否则 t_ctid 指向自己。

● t_infomask2 记录属性数量加上各种标记位。主要的标记位有：0x2000 表示行数据被更新或删除，0x4000 表示行数据被 HOT 更新，0x8000 表示行是 HOT 行。

● t_infomask 记录各种标记位。主要的标记位为 HEAP_XMIN_FROZEN，表示被 frozen（冻结）。

PostgreSQL 数据库执行 Update、Delete 等 DML 操作，行头会记录相关信息，详情如下：

● 插入操作中，新元组将直接插入目标表页面中。其 xmin 字段被存储为本事务的 XID，xmax 为 0。

● 如果该记录被删除，在 PostgreSQL 中，暂时不会删除这条记录，而是会在这条记录上做一个标识。将该记录的 xmax 设置为删除这条记录的事务 XID，也就是将 xmax 不等于 0 看作删除标记。

● 如果该记录被执行 Update 操作，那么 PostgreSQL 不会直接修改原有的记录，而是会生成一条新的记录，新记录的 xmin 为修改操作的 XID，xmax 为 0，同时会将老记录的 xmax 设置为当前操作的 XID，也就是说新记录的 xmin 和老记录的 xmax 相同。这样在同一张表中，同一条记录就会存在多个副本。

随着并发操作，行副本会不断增多，当这些行副本不被需要时就变成了垃圾数据。PostgreSQL 会通过 Vacuum 机制定期清理垃圾数据，避免垃圾数据膨胀。

如果想查看 page 的详细信息，可以通过扩展 pageinspect，通过该插件，可以观察到 DML 操作前后 page 中的内容变化，具体使用如下示例。

```
-- 创建扩展
create extension pageinspect;
-- 模拟操作
create table test_mvcc (id int,name text);insert into test_mvcc values (1,'a'),(2,'b');
update test_mvcc set name='A' where id=1;delete from test_mvcc where id=2;
-- 查看行头信息
--select * from heap_page_items(get_raw_page('test_mvcc',0));
```

select lp,t_xmin,t_xmax,t_ctid,t_infomask2,t_data from heap_page_items(get_raw_page('test_mvcc',0));

lp	t_xmin	t_xmax	t_ctid	t_infomask2	t_data
1	1199	1200	(0,3)	16386	\x010000000561
2	1199	1201	(0,2)	8194	\x020000000562
3	1200	0	(0,3)	32770	\x010000000541

(3 rows)

● tuple1：此行数据是事务 1199 插入的，被事务 1200 修改，t_ctid 不再指向自己，而是指向第 3 行（tuple_3），标记位显示数据被 HOT 更新过。

● tuple2：此行数据是事务 1199 插入的，被事务 1201 修改或删除，t_ctid 指向自己说明被删除，标记位显示此行被修改或删除。

● tuple3：此行数据是事务 1200 插入的，没有被修改过，是最新的行版本，t_ctid 指向自己，标记位显示是 HOT 行。

8.3 空闲空间映射

插入元组时，使用表与索引的 FSM 来选择可供插入的页面。表和索引都有各自的 FSM 文件，存储着每个页面的可用空间信息。FSM 都以后缀 fsm 存储，在需要时它们会被加载到共享内存中。数据库会自动判断使用哪些有空闲的页面存储元组数据。pg_freespacemap 模块提供了一种检查自由空间映射（FSM）的方法。准确地说，它提供了一个名为 pg_freespace 的函数，或两个重载函数。这些函数显示给定页面或关系中所有页面的可用空间映射中记录的值。

--- 安装插件
create extension pg_freespacemap;
--- 创建测试表
create table test_fsm (id int,name text,create_time timestamp);
--- 插入测试数据
INSERT INTO test_fsm SELECT generate_series(1,10000),md5(random()::text),clock_timestamp();
delete from test_fsm where id <5000;
--- 查看 fsm

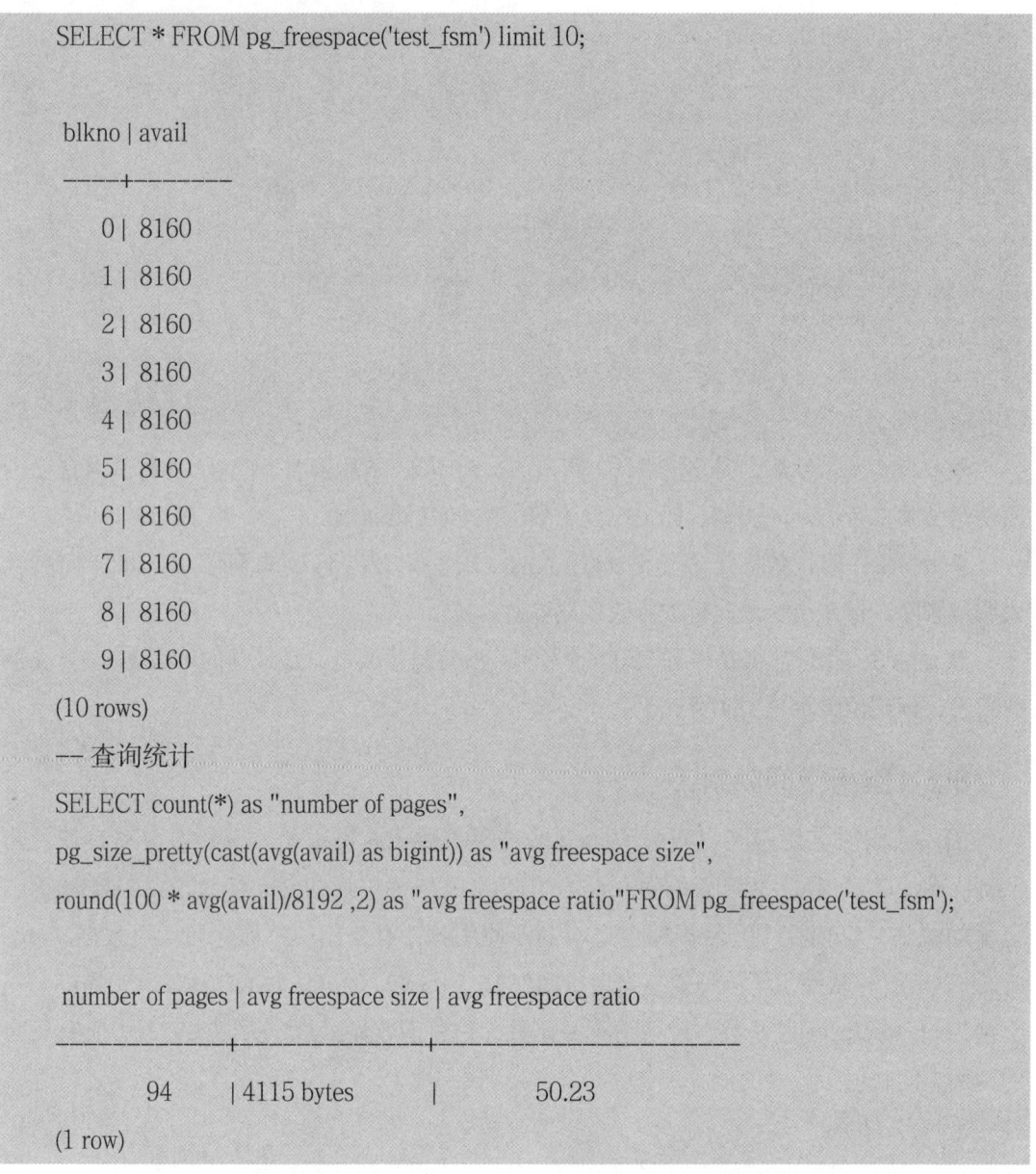

```
SELECT * FROM pg_freespace('test_fsm') limit 10;

 blkno | avail
-------+-------
     0 |  8160
     1 |  8160
     2 |  8160
     3 |  8160
     4 |  8160
     5 |  8160
     6 |  8160
     7 |  8160
     8 |  8160
     9 |  8160
(10 rows)
-- 查询统计
SELECT count(*) as "number of pages",
pg_size_pretty(cast(avg(avail) as bigint)) as "avg freespace size",
round(100 * avg(avail)/8192 ,2) as "avg freespace ratio"FROM pg_freespace('test_fsm');

 number of pages | avg freespace size | avg freespace ratio
-----------------+--------------------+---------------------
              94 | 4115 bytes         |               50.23
(1 row)
```

以上结果表明0-9号数据块的剩余空间是多少字节、整个表剩余空间的百分比等信息。

8.4 事务 ID 使用及事务比较

每当事务开始时，由事务管理器分配一个唯一标识符事务 ID（XID），XID 依次递增使用。PostgreSQL 的 XID 是一个32位无符号整数，约 2^32 个，通常取值 42 亿。如果在事务开始后调用内部函数 txid_current()，则返回当前的 XID，如下所示。

```
testdb=# BEGIN;BEGIN
testdb=> SELECT txid_current();
```

```
 txid_current
---------------
      592
(1 row)
```

内核通过这个 XID 进行元组的可见性判断。每个元组的 xmin 和 xmax 都记录了 XID，如果一个行版本的插入 XID 大于当前事务的 XID，它就是"属于未来的"，并且不应该对当前事务可见。比如当前事务 XID 是 200，行的 XID（xmin）是 201，那么该行对当前事务不可见。注意，数据库系统的第一个正常的事务 ID 是从 3 开始的，然后不停递增。事务 ID 为 0、1、2 的始终保留，也就是说它们永远都是可见的。

事务 ID 随着使用会不断增加，而实际系统中存储事务 ID 的空间是有限的（2^32 约 42 亿），42 亿可以使用多长时间呢？假设 tps 是 1000/s，那么 42 亿可以使用约 48 天。

4200000000 ÷ (24 × 3600 × 1000)=48.6 天

为了解决 XID 空间问题，PostgreSQL 提供了一种机制，可以理解为将 XID 的空间看作一个环，循环复用。达到最大值后又从头开始分配使用。事务 ID 从 3 开始。这样，空间可以看作是无限的。如图 1-5 所示：

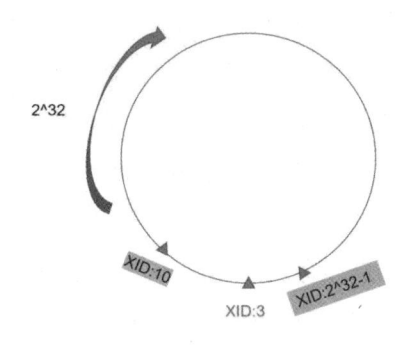

图 1-5　PostgreSQL 的 XID 循环使用示意图

但是循环复用过程中需要考虑可见性判断问题。假设事务使用过程是 4-->10-->2^32-1-->3，显然 3 是复用的 XID。事务 4 和事务 10 相比，事务 4 是过去的事务，可正常判断。事务 10 和事务 3 比较就会出现问题。因为复用后，3 应该是在将来的事务。这与可见性判断中 XID 大小比较规则相冲突。

为了解决这个问题，如果发生了 XID 回卷，即使事务 10 的 ID 比事务 3 的 ID 回卷后的 XID 大，PostgreSQL 将两个事务的差值转换为 32 位有符号整型。当两个 TXID 相减结果大于 2^31-1，转为 int32 后是个负数（TXID 是无符号 32 位整数，int32 带符号，转换为 int32 后，第一位表示符号位，最大值变为无符号整数的一半），即对事务 10 来说，事务 3 是将来的事务，从而让判断逻辑与事务回卷前都是一样的。实现代码参考如下：

```
src\backend\access\transam\transam.c

/*
 * TransactionIdPrecedesOrEquals --- is id1 logically <= id2?
 */
bool
TransactionIdPrecedesOrEquals(TransactionId id1, TransactionId id2)
{
    int32 diff;

    if (!TransactionIdIsNormal(id1) || !TransactionIdIsNormal(id2))
        return (id1 <= id2);

    diff = (int32) (id1 - id2);
    return (diff <= 0);
}
```

在这种情况下，数据取值范围为 [-2^31,2^31-1]。对于每个事务来说，都有 21 亿个事务属于过去，21 亿个事务属于将来。这样是不是就没有问题了呢？其实不然，如果事务 3 是未复用前非常旧的事务，那么事务 3 反而成了将来的事务，变得不可见。这会造成数据丢失假象，也就是事务回卷。

为了避免回卷，需要确保最新事务号与最老事务号之间的差值小于 2^31。这个差值我们称作"年龄"。PostgreSQL 数据库提供了 Vacuum 清理机制，该机制将行标记为冻结（Frozen）。这表示 XID 不再遵循普通 XID 的比较规则，并始终被认为比任何普通 XID 更老。这样可以确保行数据永久可见。在旧版本中，PostgreSQL 冻结操作将 xmin 更改为 2，而在新版本中，它在行头标记 HEAP_XMIN_FROZEN。这样随着 Vacuum 不断运行，最老的事务号会不断追赶最新的事务号，使得年龄不断减小，避免了回卷情况。

当前可用的 XID 剩下一千万的时候，会收到告警：

WARNING: database "xxxx" must be vacuumed within 2740112 transactions

当 XID 仅剩下一百万的时候，内核就会禁止实例写入并报错：

database is not accepting commands to avoid wraparound data loss in database

此时数据库会强制进行 Vacuum 清理工作，保留一百万的 XID 用于 Vacuum。每 Vacuum 一张表需要占用一个 XID。

8.5 提交日志

提交日志（CommitLog，CLog）保存事务的状态。提交日志被分配于共享内存中，并用于事务处理的全过程。

数据库定义了 4 种事务状态，IN_PROGRESS, COMMITED, ABORTED, SUB_COMMITED，每种事务状态用 2bit 表示。参考表 1-15。

表 1-15 事务状态及标识

状态	标识
IN_PROGRESS	0x00
COMMITED	0x01
ABORTED	0x02
SUB_COMMITED	0x03

提交日志是如何工作的呢？ CLog 在逻辑上是一个数组。在共享内存中由一系列 8k 页面组成。数组的序号索引对应着相应事务的标识。其内容则是事务的状态。

提交日志的维护过程如下：

- CLog 会写入 pg_xact，被命名为 0000，0001 等，文件最大尺寸 256KB。
- 数据库启动时会加载 pg_xact 中的文件, 用于初始化 CLog。
- CLog 会不断增长，Vacuum 会定期清理旧数据。

8.6 事务快照

事务快照是一个数据集，存储着某个特定事务在某个特定时间点所看到的事务状态信息：哪些事务是活跃的。

函数 txid_current_snapshot 查看当前事务的快照。

```
SELECT txid_current_snapshot();

txid_current_snapshot
-------------------------
100:104:100,102
(1 row)
```

txid_current_snapshot 的文本表示形式为 "xmin：xmax：xip_list"，这些内容描述如下。

- xmin：最早的还在活动的 TXID。所有之前的事务要么提交且可见，要么回滚而无效。
- xmax：第一个尚未分配的 TXID。所有大于或等于此值的 TXID 在快照时间之前尚未启动，因此不可见。

● xip_list：在快照时间活动的 TXID。该 list 只包含 xmin 和 xmax 之间的活动 TXID。

事务隔离的实现就是依据事务快照实现的。行数据是否可见，需要用到 xip_list。事务快照由事务管理器提供。在 Read Committed 隔离级别中，只要执行 SQL 命令，事务就会获得快照；除此之外 (Repeatable Read 或 Serializable)，事务只会在执行第一个 SQL 命令时获取快照，获取的事务快照用于元组的可见性检查。

8.7 可见性检查

可见性检查即如何为给定的事务挑选堆元组恰当版本，是多版本并发控制的体现。通过使用元组（tuple）的 t_xmin 和 t_xmax、CLog 和事务快照来确定每个元组（tuple）对事务是否可见。这些规则太复杂，此处不做详细介绍。下面给出一个示例，仅作为参考，以便理解可见性检查规则。

```
--- 创建实验环境
create table test_vm (id int,name text);
insert into test_vm values (1,'a'),(2,'b');
-----session1 操作
begin;
select name from test_vm;
---session2 操作
begin;
update test_vm set name='c' where id=1;
---session1 操作
select name from test_vm;
 name
------
 a
 b
(2 rows)
--- 查询快照
SELECT txid_current_snapshot();
 txid_current_snapshot
------------------------
 1233:1233:
(1 row)
```

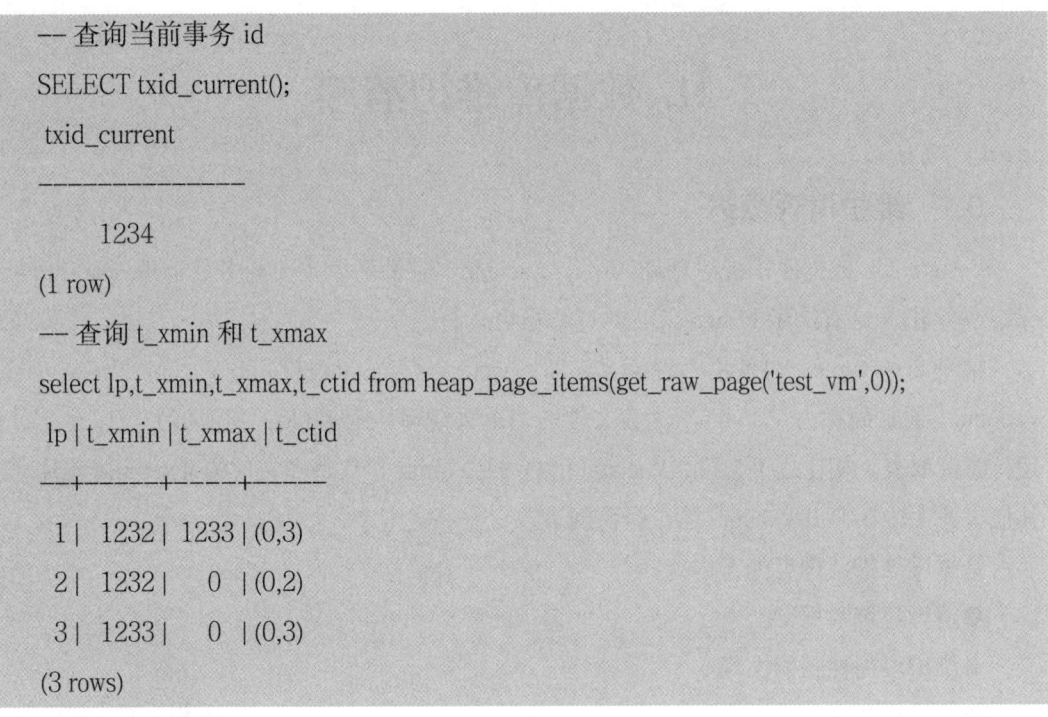

```
-- 查询当前事务 id
SELECT txid_current();
 txid_current
----------------
     1234
(1 row)
-- 查询 t_xmin 和 t_xmax
select lp,t_xmin,t_xmax,t_ctid from heap_page_items(get_raw_page('test_vm',0));
 lp | t_xmin | t_xmax | t_ctid
----+--------+--------+--------
 1  | 1232   | 1233   | (0,3)
 2  | 1232   |    0   | (0,2)
 3  | 1233   |    0   | (0,3)
(3 rows)
```

数据可见性条件：

（1）记录的头部 XID 信息比当前事务更早。

（2）记录的头部 XID 信息比快照中事务更早，如在快照中，需检查状态。

（3）记录头部的 XID 信息在 CLog 中应该显示为已提交。

这里，进行可见性检查，session1 当前的事务 ID 是 1234，test_vm 表中每行的 t_xmin 都小于 1234，因此所有行数据都可见。session1 获取的快照为 1233:1233，需检查 1233 状态，通过查看 CLog，发现 1233 状态为 IN_PROGRESS，因此 1233 不可见。最终 session1 第二次查询只能看到"a"和"b"两行，看不到"c"这行。

8.8 并发控制维护

通过前面介绍的 MVCC 机制，我们可以知道，该机制一方面可以提高并发，另一方面也会造成一些影响。如脏数据的产生、事务回卷的风险。PostgreSQL 引入 Vacuum 机制解决这些问题。

PostgreSQL 的并发控制机制需要以下过程来维护。

（1）删除 dead tuple 和指向对应的 dead tuple 的索引元组。

（2）删除 CLog 不必要的部分。

（3）冻结旧 TXID。

（4）更新 FSM、VM 和统计信息。

9. 数据库维护清理

9.1 维护清理概述

PostgreSQL 数据库维护清理动作叫作 Vacuum。它的两个主要任务是清理 dead tuple 和冻结事务 ID。这有助于 PostgreSQL 的持续稳定运行。

清理 dead tuple，可使用两种模式，即 Concurrent Vacuum 和 Full Vacuum。Concurrent Vacuum（通常简称为 Vacuum）为表文件的每个页清理 dead tuple，其他事务可以在此过程运行时读取表。相比之下，Full Vacuum 清理 dead tuple 并且整理文件的 live tuple 碎片，而其他事务无法在 Full Vacuum 运行时访问表。

数据库维护清理有如下内容：
- 清理垃圾数据
- 维护可见性映射文件
- 冻结事务 ID
- 维护 CLog 文件
- 自动维护清理（Autovacuum）
- 清理 dead tuple 并整理碎片释放空间（Full Vacuum）

以上可以看出，Vacuum 的作用主要就是解决为实现 MVCC 产生的问题。

9.2 维护清理过程

Vacuum 处理主要有以下步骤：

（1）扫描目标表，构建死元组列表，死元组列表存放在 maintenance_work_mem 里。如果可能还会冻结元组（maintenance_work_mem 已满会跳过执行后续任务，待有内存空间时返回继续扫描）。

（2）扫描完成后，根据死元组列表删除索引元组。

（3）根据死元组列表移除死元组，逐页更新 FSM 和 VM。

（4）更新与清理相关的统计信息（pg_stat_all_tables）和系统视图（pg_database，pg_class）。

（5）如果可能，移除不必要的 CLog。

清理和可见性映射（Visibility Map）

清理过程涉及全表扫描，代价高昂，因此，PostgreSQL 引入了可见性映射（Visibility

Map，VM），这提高了移除死元组的效率，改善了冻结过程的表现。

VM 用于保存文件中每个页面的可见性。页面的可见性确定了每个页面是否包含死元组。清理过程会跳过没有死元组的页面。每个 VM 由一个或多个 8KB 页面组成。文件后缀 vm 保存。VM 除了显示页面可见性之外，还包含了页面中元组是否全部冻结的信息。每个页面的状态用 2bit 表示，分别对应于该页是否存在无效元组、该页元组是否全部冻结。

VM 文件内部标记。参考表 1-16。
- 包含死元组标记为 0，不包含死元组标记为 1。
- 没有全部冻结标记为 0，已全部冻结标记为 1。

表 1-16　页面及状态

页面	状态
0th	01
1th	11
2th	00

以上第 0 和 2 页包含死元组，标记为 0，第 1 页不包含死元组，标记为 1，扫描时跳过。

冻结处理（freeze）

冻结处理依据 VM 扫描，有死元组的页面进行冻结处理。启动冻结处理时，PostgreSQL 计算 FreezeLimittxid 并冻结 t_xmin 小于 FreezeLimittxid 的元组。freezeLimit_txid 定义如下：

freezeLimit_txid =(OldestXmin−vacuum_freeze_min_age)

- OldestXmin 是当前正在运行的事务中最老的 TXID。例如，如果执行 Vacuum 命令时有三个事务（TXIDS 100、101 和 102）正在运行，则 OldestXmin 为 100。如果不存在其他事务，则 OldestXmin 是执行此 Vacuum 命令的 TXID。
- vacuum_freeze_min_age 是一个配置参数（默认 50,000,000）。

假设 Table1 由三个页组成，每个页有三个元组。当执行 Vacuum 命令时，当前的 TXID 是 50,002,500，并且没有其他事务。在这种情况下，OldestXmin 是 50,002,500；因此，freezeLimit_txid 是 2500。进程扫描每个页面，所有 t_xmin 小于 2500 的元组会被冻结，当某个页面不包含死元组时，会跳过该页面的扫描。

以上的冻结处理过程跳过页面，称为 Lazy 模式。这种模式虽然有更高的运行效率，但可能无法冻结所有需要被冻结的元组。为了弥补 Lazy 模式的缺陷，PostgreSQL 引入了 Aggressive 模式。此模式扫描所有页以检查表中的所有元组，更新相关的系统目录，并在可能的情况下删除不必要的文件和 CLog 页。

满足以下条件时执行 Aggressive 模式。

pg_database.datfrozenxid <(OldestXmin−vacuum_freeze_table_age)

pg_database.datfrozenxid 表示 pg_database 系统目录的列，并保存每个数据库最早的冻结 TXID。pg_database.datfrozenxid 对应数据库中最早的 pg_class.refrozenxid。pg_class.refrozenxid 是数据库中每个对象保存的最早的冻结 TXID。

vacuum_freeze_table_age 是数据库中的一个配置参数，默认值为 150,000,000。

Aggressive 模式冻结处理依然是 freezeLimit_txid=(OldestXmin−vacuum_freeze_min_age)，类似 Lazy 模式，只不过会扫描所有的页。

在事务时间轴上，事务相差超过 vacuum_freeze_min_age，也就是 5 千万时就开始执行冻结，事务相差超过 vacuum_freeze_table_age，1 亿 5 千万，会尝试 Aggressive 模式冻结事务。但是手动 Vacuum 带有 freeze 选项时，会强制冻结表中所有的事务标识。这里 freezeLimit_txid 被设置为 OldestXmin，而不是 OldestXmin−vacuum_freeze_min_age。

CLog 的清理

当更新 pg_database.datfrozenxid 时，也就是运行了 Aggressive 模式。PostgreSQL 会删除不必要的 CLog 文件，相应地，内存中的 CLog 页面也会被删除。假设 CLog 文件 0002 中包括最小的 pg_database.datfrozenxid，则可以删除 0002 之前的文件（0000,0001）。因为存储这些文件中的所有事务在整个数据库集簇中已经被视为冻结了。

9.3　自动清理（Autovacuum）

Autovacuum 是 PostgreSQL 的自动维护机制,用于管理多版本并发控制造成的数据碎片、收集统计信息、防止事务 ID 回卷等问题。

Autovacuum 包括两种处理进程 Autovacuum Launcher 和 Autovacuum Worker。Autovacuum Launcher 选择需要清理的数据库并调度 Autovacuum Worker 工作。Autovacuum Launcher 守护进程定期调用几个 autovacuum_worker 进程。时间间隔由参数 autovacuum_naptime 定义，默认值 1 分钟。进程数由参数 autovacuum_max_workers 定义，默认值 3。也就是说，默认情况下，每 1 分钟唤醒一次，并调用 3 个进程进行清理工作。

如下显示启用了 Autovacuum，有一个守护进程 Autovacuum Launcher 在运行。

```
$ ps –ef |grep vacuum
postgres   74419   74413  0 11 月 20 ?       00:00:00 postgres: autovacuum launcher
postgres 1107431   74317  0 15:46 pts/0     00:00:00 grep --color=auto vacuum
```

Autovacuum 运行过程中会对候选表进行清理。成为候选表的条件如下：

> #vacuum 的条件
>
> vacuum threshold = vacuum base threshold + vacuum scale factor * number of tuples
>
> vacuum insert threshold = vacuum base insert threshold + vacuum insert scale factor * number of tuples

以上可以看出，随着表中数据的更新和删除，会产生大量脏数据，当表中的脏数据超过一定阈值时，就会成为候选对象。

● vacuum threshold 是触发 Autovacuum 的阈值，自上次清理以来表中脏数据的记录数超过该值就会触发 Autovacuum，可参考 pg_stat_all_tables.n_dead_tup。

● vacuum base threshold 通过参数 autovacuum_vacuum_threshold 指定。表示能在一个表上触发 Vacuum 的被更新或被删除元组的最小数量。默认值为 50 个元组。

● vacuum scale factor 通过参数 autovacuum_vacuum_scale_factor 指定。表示一个表尺寸的比例，在决定是否触发 Vacuum 时将它加到 autovacuum_vacuum_threshold 上。默认值为 0.2（表尺寸的 20%）。

● vacuum insert threshold 是一个阈值，自上次清理以来插入的元组数量超过了定义的阈值，表也会被清理，可参考 pg_stat_all_tables.n_ins_since_vacuum。

● vacuum base insert threshold 通过参数 autovacuum_vacuum_insert_threshold 指定。表示在任何一个表中触发 Vacuum 所需要插入的元组数。默认值为 1000 个元组。

● vacuum insert scale factor 通过参数 autovacuum_vacuum_insert_scale_factor 指定。表示一个表尺寸的比例。在决定是否触发 Vacuum 时要添加到 autovacuum_vacuum_insert_threshold 上。默认值为 0.2（表大小的 20%）。

根据触发条件，假设一个表有 1000 行数据，当脏数据超过 250〔50+（1000*0.2）〕时会成为候选表，被自动清理。

此外，Autovacuum 还负责统计信息收集。成为候选表条件如下：

> #analyze 的条件：
>
> analyze threshold = analyze base threshold + analyze scale factor * number of tuples

● analyze threshold 是一个阈值，自上次统计信息收集以来表上的插入、更新、删除行数超过阈值就会进行统计信息收集。可参考 pg_stat_all_tables.n_mod_since_analyze。

● analyze base threshold 通过参数 autovacuum_analyze_threshold 指定，表示能在一个表上触发 Analyze 的被插入、被更新或被删除元组的最小数量。默认值为 50 个元组。

● analyze scale factor 通过参数 autovacuum_analyze_scale_factor 指定，表示一个表尺寸的比例，在决定是否触发 Analyze 时将它加到 autovacuum_analyze_threshold 上。默认值为 0.1（表尺寸的 10%）。

根据触发条件,假设一个表有1000行数据,当DML操作数量超过150[50+(1000*0.1)]时会成为候选表,被收集统计信息。

自动清理会先选择候选表,然后进行清理工作,清理过程中选择合适的冻结模式(Lazy或Aggressive),最终完成自动清理。

9.4 年龄、自动清理和回卷

年龄(age)就是当前最新的XID与最早的还未冻结的XID的差值。为了跟踪一个数据库中最老的未冻结XID,Vacuum在系统表pg_class和pg_database中存储XID的统计信息。表pg_class的relfrozenxid列包含上一次全表Vacuum所用的冻结截止XID。该表中所有比这个截断XID更老的XID都确保被冻结。相似地,一个数据库的pg_database的datfrozenxid列是该数据库中未冻结XID的下界。它是数据库中每一个表的relfrozenxid值的最小值。因为每次冻结操作后都会更新relfrozenxid。年龄也就是最新XID与relfrozenxid的差值,数据库的年龄就是当前最新XID与pg_database.datfrozenxid的差值,表的年龄就是当前最新的XID与pg_class.relfrozenxid的差值。

当最新的XID与最老的XID相差超过2^31,就会发生回卷(参考数据库并发控制)。因此需要保证整个数据库的最老最新事务差不能超过21亿的原则,也就是保证数据库年龄不要超过21亿。为了解决这个问题,PostgreSQL引入了autovacuum_freeze_max_age参数,默认值2亿。当一个对象的年龄(age)超过autovacuum_freeze_max_age时,系统会强制触发Autovacuum Launcher,以避免回卷问题(Wraparound)。

需要注意的是,vacuum_freeze_min_age和vacuum_freeze_table_age设置的值如果比autovacuum_freeze_max_age高,则每次autovacuum_freeze_max_age先生效,vacuum_freeze_min_age和vacuum_freeze_table_age就起不到过滤减少数据页扫描的作用。所以建议它们设置的值要比autovacuum_freeze_max_age小。但是也不能太小,太小的话会造成频繁的Aggressive Vacuum。当前PostgreSQL内核会自动调整这3个参数之间的关系。Vacuum会悄悄地将vacuum_freeze_min_age设置为autovacuum_freeze_max_age值的一半,将vacuum_freeze_table_age有效值设置为autovacuum_freeze_max_age值的95%。

freeze操作会消耗大量的IO,对于不经常更新的表,可以合理地增大autovacuum_freeze_max_age和vacuum_freeze_min_age的差值。但是如果设置autovacuum_freeze_max_age和vacuum_freeze_table_age过大,因为需要存储更多的事务提交信息,会造成pg_xact和pg_commit_ts目录占用更多的空间。例如,我们把autovacuum_freeze_max_age设置为最大值20亿,pg_xact大约占500MB,pg_commit_ts大约是20GB(一个事务的提交状态占2位)。如果是对存储比较敏感的用户,也要考虑这一点影响。而减小vacuum_freeze_min_ age 则会造成 Vacuum 做很多无用的工作，因为当数据库 freeze 了符合条件的 row 后，这个 row 很可能接着会被改变。理想的状态就是，当该行不会被改变时，才去 freeze 这行。

可以用以下 SQL 语句查询表的垃圾数据和年龄情况。

```sql
-- 表中垃圾数据查询 sql
select current_database(),
    schemaname,
    relname,
    n_dead_tup
from pg_stat_all_tables
where n_live_tup > 1000   -- 表中数据量大于 1000
    and n_dead_tup / n_live_tup > 0.2 -- 垃圾数据占比超过 20%
    and schemaname not in ($$pg_toast$$, $$pg_catalog$$)
order by n_dead_tup desc
limit 5;
-- 数据库年龄检查
select datname,
    datfrozenxid,
    age(datfrozenxid),
    2^31 - age(datfrozenxid) age_remain,
    (2^31 - age(datfrozenxid)) / 2^31 age_remain_per  -- 剩余年龄比
from pg_database
order by age(datfrozenxid) desc;

 datname  | datfrozenxid | age | age_remain |   age_remain_per
----------+--------------+-----+------------+--------------------
 postgres |     717      | 519 | 2147483129 | 0.9999997583217919
 template1|     717      | 519 | 2147483129 | 0.9999997583217919
 template0|     717      | 519 | 2147483129 | 0.9999997583217919
 demo     |     717      | 519 | 2147483129 | 0.9999997583217919
(4 rows)
-- 表的年龄排序
SELECT c.oid::regclass as table_name, greatest(age(c.relfrozenxid),age(t.relfrozenxid)) as age
```

FROM pg_class c LEFT JOIN pg_class t ON c.reltoastrelid = t.oid WHERE c.relkind IN ('r', 'm') order by age desc;

垃圾数据越多，表膨胀风险就越大。当表中所剩空间不多，而垃圾数据又没有被清理，就会申请新的 block，导致表不断膨胀。垃圾数据过多说明 Autovacuum 比较繁忙没有及时回收，可增加 autovacuum_max_workers 或者 autovacuum_work_mem。短暂的大量 DML 操作会产生大量垃圾数据，可以手动执行 Vacuum table。同样，表的年龄越大，事务回卷的风险就越高。理论上年龄（age）小于 autovacuum_freeze_max_age，就说明 Autovacuum 没有延迟，配置合理，否则就需要优化 Autovacuum 配置。

9.5 完全清理（Vacuum Full）

Vacuum 至关重要，PostgreSQL 也提供了 Autovacuum 功能。但这还不够。例如，即使删除了许多垃圾数据（dead tuple），它也不能减小表的大小。Vacuum 会使 dead tuple 空间可重用，但不能清理已经占用的空间。垃圾数据被清理，但是，表大小并未减少。这既浪费磁盘空间，也会对数据库性能产生负面影响。此时需要用到完全清理。

当对表执行 Vacuum Full 命令时，步骤如下：

（1）PostgreSQL 首先获取表的 AccessExclusiveLock 锁并创建一个大小为 8 KB 的新表文件。AccessExclusiveLock 锁不允许访问。

（2）将 live tuple 复制到新表中。

（3）删除旧文件，重建索引，并更新统计信息、FSM 和 VM。

什么时候执行 Vacuum Full？数据库中并没有针对 Vacuum Full 的时机进行提示，但可以通过扩展 pgstattuple 评估执行时机。

```
-- 创建扩展
CREATE EXTENSION pgstattuple;
-- 查询表对象类型膨胀情况（top5）
select oid::regclass,(pgstattuple(oid)).* from pg_class where relkind='r' order by free_space desc limit 5;

   oid    | table_len | tuple_count | tuple_len | tuple_percent | dead_tuple_count | dead_tuple_len | dead_tuple_percent | free_space | free_percent
----------+-----------+-------------+-----------+---------------+------------------+----------------+--------------------+------------+-------------
 test_fsm |    606208 |        5001 |    200040 |            33 |                0 |              0 |                  0 |     383592 |        63.28
```

Pg_statistic	360448	481	186359	51.7	0	0	0	167728	46.53
Pg_attribute	573440	3395	489573	85.37	217	31281	5.45	34656	6.04
Pg_proc	811008	3289	745516	91.92	20	9572	1.18	27940	3.45
Pg_constraint	49152	129	24804	50.46	6	3657	7.44	19612	39.9

(5 rows)

以上可以看到 test_fsm 表大小（table_len）约 606KB，有超过 50% 的剩余空间。剩余空间较大，很可能是表膨胀，可以进行空间回收，以减小表的大小。

vacuum full test_fsm;

select oid::regclass,(pgstattuple(oid)).* from Pg_class where relkind='r' and relname='test_fsm';

oid	table_len	tuple_count	tuple_len	tuple_percent	dead_tuple_count	dead_tuple_len	dead_tuple_percent	free_space	free_percent
test_fsm	229376	5001	200040	87.21	0	0	0	8548	3.73

(1 row)

在执行 Vacuum Full 之后，会发现表文件已被收缩，table_len 明显变小，死元组占用的空间被回收。

9.6 调整建议

Vacuum 会产生大量 I/O 流量，这将导致其他活动会话性能变差。Vacuum 不能及时清理垃圾数据，也会造成表膨胀。可以调整一些配置参数来降低后台清理活动造成的性能影响。

可能造成表膨胀的一些原因：

● Autovacuum 没有开启。

● Autovacuum 唤醒间隔时间太长。

● Autovacuum 所有 worker 繁忙。

- I/O 比较差，会导致垃圾回收变慢，从而导致膨胀。
- 数据库中存在长事务。
- 开启了 autovacuum_vacuum_cost_delay。
- 备库开启 hot_standby_feedback = on。
- 批量删除或批量更新。

Vacuum 相关参数查看：

```
select name,
    setting,
    current_setting(name)from pg_settings where name like '%vacuum%';
```

Vacuum 参数采取默认配置即可。可以根据运行情况，进行调整。

（1）表出现膨胀情况，意味着表没有被及时清理，这会过多占用磁盘空间。减小参数 autovacuum_vacuum_scale_factor，更频繁地触发 Vacuum。同时适当增加 maintenance_work_mem 内存和 autovacuum_max_workers 参数以支撑 Vacumm 操作。

（2）对于静态表，没有数据变动，可减少 Vacuum 动作，加大 Vacuum 的间隔。增加 autovacuum_freeze_max_age 或减少 vacuum_freeze_min_age 可以针对表单独配置。

（3）对于已经膨胀的表，如果膨胀率比较高，可在非业务时间段使用 Vacumm Full 释放磁盘空间。

（4）当 Vacuum 操作影响数据库正常访问时，可考虑配置 vacuum_cost_delay。当设置为非零值时，就是打开了该功能。当每次累计的工作量达到参数 vacuum_cost_limit 指定的值时，会休眠参数 Vacuum_cost_delay 指定的毫秒数，以减少 Vacuum 操作对正常访问的影响。

10. 探秘数据库内存

从物理结构上看，数据库是磁盘上的一堆文件，如果在数据文件中读写数据，需要在磁盘上进行，那么性能会非常低，因为磁盘的读写速度是很慢的。多用户并发情况下，磁盘争用会加剧性能问题。

内存(RAM)的访问延迟在纳秒级 > 固态硬盘（SSD）的访问延迟在微秒级 > 机械硬盘（HDD）的访问延迟在毫秒级。

内存的速度和硬盘的速度不在一个量级，可能差千倍以上。如果将数据放入内存中进行读写，性能会有很大提高。因此数据库加入了共享内存机制。数据库启动时，会申请一块较大的共享内存，用于读取数据。数据读入内存进行操作，减少了物理读和物理写的次数。基本上各种数据库都会采用共享内存机制。

10.1 如何配置共享内存

PostgreSQL 建议将数据库使用的共享内存设置为物理内存的 25%~40%。

PostgreSQL 对文件的读写使用的是 Buffer I/O，而不是 Direct I/O。也就是说，当需要将数据写入存储时，会先写入操作系统缓存，操作系统会周期性地将缓存数据刷入永久存储。因此，当我们将 shared_buffers 配置为推荐配置的最大值 40% 时，数据库可能会用到 80% 的内存空间。这是 PostgreSQL 的双缓存特性。

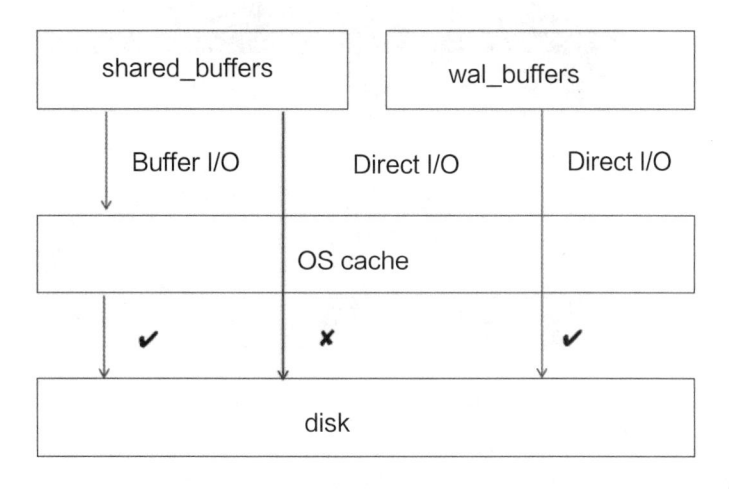

图 1-6　PostgreSQL 双缓存示意图

PostgreSQL 的双缓存机制有利有弊，优势主要体现在优化 IO 缓存方面。读方面，数据访问优先从 shared_buffers 读取，若未命中，则读取 OS 缓存，最后才访问磁盘，对重复访问的热数据效率提升明显；写方面，通过 bgwriter 后台进程和检查点（Checkpoint）分批将 shared_buffers 中的脏页刷入 OS 缓存和磁盘，避免高频磁盘写入导致的性能抖动；写操作优先更新 shared_buffers，并异步刷新至磁盘，减少事务提交的延迟。

劣势则体现在内存浪费及内存管理复杂度上，双重缓存可能会出现数据重复缓存的问题，同一数据可能同时存在于 shared_buffers 和 OS 缓存，占用额外内存空间；shared_buffers 设置过大可能会挤压 OS 缓存，导致操作系统性能下降；内存管理方面，需要平衡 bgwriter 和 checkpoint 的参数（如 bgwriter_lru_maxpages、checkpoint_timeout），避免因刷盘不及时导致的 I/O 高峰或长事务阻塞。

10.2 共享内存的管理

数据库中的数据都是加载到内存中操作。PostgreSQL 是如何使用内存的呢？下面通过一条查询语句解释 PostgreSQL 内存管理机制：

select ename from emp where empno=1369;

这条语句如何在内存中找到所需要的数据？如果内存用满了怎么办？内存中对数据做了修改，如何永久保存？要解答这些问题，需要了解缓冲区管理器是如何工作的。缓冲区管理器管理着共享内存和持久内存之间的数据传输以及内存的使用，对性能有着重要的影响。PostgreSQL 缓冲区管理器十分高效。下面描述了缓冲区管理器是如何进行内存管理的。

共享池总大小由 shared_buffers 定义，分割成若干个 buffer 槽，每个 buffer 的大小等于 page 页的大小，默认 8KB。因此每个 buffer 都能存储一个完整的 page 页，其结构示意图如下。

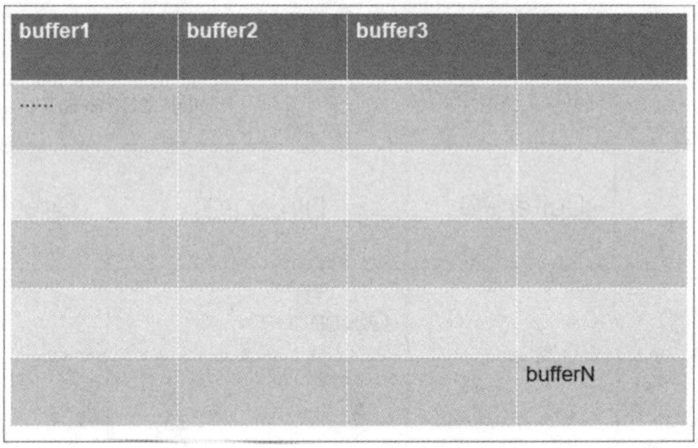

图 1-7　page 结构示意图

PostgreSQL 提供了查看数据库缓存内容的插件，插件 pg_buffercache 可以详细展示 PostgreSQL 的 buffer 信息，使用方法如下：

-- 创建扩展

create extension pg_buffercache;

-- 查询 shared_buffers 大小

select name,setting,unit,current_setting(name) FROM pg_settings WHERE name='shared_buffers';

-- 查询缓冲区个数

select count(*) from pg_buffercache;

缓冲池结构

每个 buffer 都由一个缓冲头（buffer head）和缓冲数据（buffer data）组成。

●缓冲头（buffer head）是一个散列表，保存着相应的元数据。每个数据文件页面都可以分配到唯一的标签，即缓冲区标签 buffer_tag。

●缓冲数据（buffer data）是一个数组。每个 buffer 都存储一个数据文件页，数组的索引称为 buffer_id。

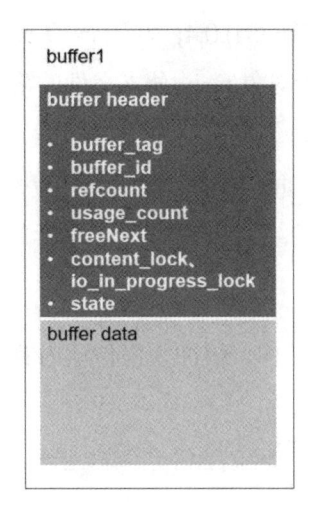

图 1-8 数据库缓冲区结构示意图

头部保存的元数据结构参考，详细解释如下：

● buffer_tag：缓冲区标签。

● buffer_id：缓冲池的 buffer_id。

● refcount：保存当前访问关联存储页面的进程数。当进程访问存储的页面时，其 refcount 必须递增 1（refcount++）。访问页面后，其 refcount 必须减少 1（refcount--）。

● usage_count：保存关联存储页面自加载到相应的缓冲池插槽以来被访问的次数。请注意，usage_count 用于页面替换算法。

● freeNext：是指向下一个描述符的指针，用于生成自由列表 free_list。

● content_lock 和 io_in_progress_lock 是轻量级锁，用于控制对关联存储页面的访问。

● state：记录页面状态。当 buffer 中没有存储页面时，页面状态为"空"；当 buffer 中存储了页面且 refcount 为零时，页面状态为"未钉住"；当 buffer 中存储了页面且 refcount 非零时，页面处于"钉住"状态。

buffer_tag 的理解。buffer_tag 由三个值组成，其结构如下：

表 1-17 buffer_tag 组成

relfilenode	forknumber	blocknumber
tablespace oid、database oid、relation oid	0/1/2	n

●第一个值 relfilenode，表示表空间、数据库、表的 oid。用于定位页面所在的关系对象。

●第二个值 forknumber，表示关系分支号。用于定位页面所属关系对象的分支（mian 分支编号为 0；FSM 分支编号为 1；VM 分支编号为 2）。

●第三个值 blocknumber，表示页面号，也就是块号。指明块在关系对象中的偏移量。

● 如 buffer_tag {(1663,15289,16384),0,4} 表示该页面是属于表空间 1663 下数据库 15289 中 16384 对象，该页面位于对象 main 分支文件的第 4 个块。

使用 pg_buffercache 查看 buffer。

```
select b.* from pg_buffercache b,pg_class c where b.relfilenode=c.relfilenode and relname='emp';
```

缓冲表结构

缓冲区管理器有一个缓冲表结构，缓冲表中包括内置 Hash 函数、Hash Bucket 桶等。参考下图：

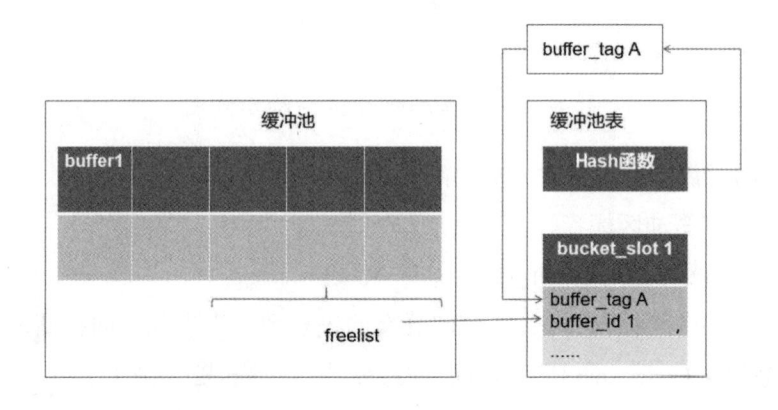

图 1-9　缓冲区结构示意图

● Hash 函数：内置 Hash 函数会对 buffer_tag 做 Hash 运算，得到一个固定的值，这个值就是 Hash 桶的值。

● Hash Bucket 桶：记录 buffer_tag 和 buffer_id 对应关系，当数据项被映射至同一个桶槽时，这些数据项被保存在一个链表中。也就是说，所有 Hash 值相同的数据都存放在一个 Hash 桶中，并在 Hash 桶中以链表的形式存在。

可以通过取余法理解 Hash 算法，例如对 3 取余：

```
buffer3/3 余 0
buffer4/3 余 1
buffer5/3 余 2
buffer6/3 余 0
...
```

Hash 值可能会有冲突，所有余数为 0 的 buffer 都在一个 Hash 桶中。

缓冲区管理器是如何工作的

缓冲区管理器基本的工作流程，参考下图：

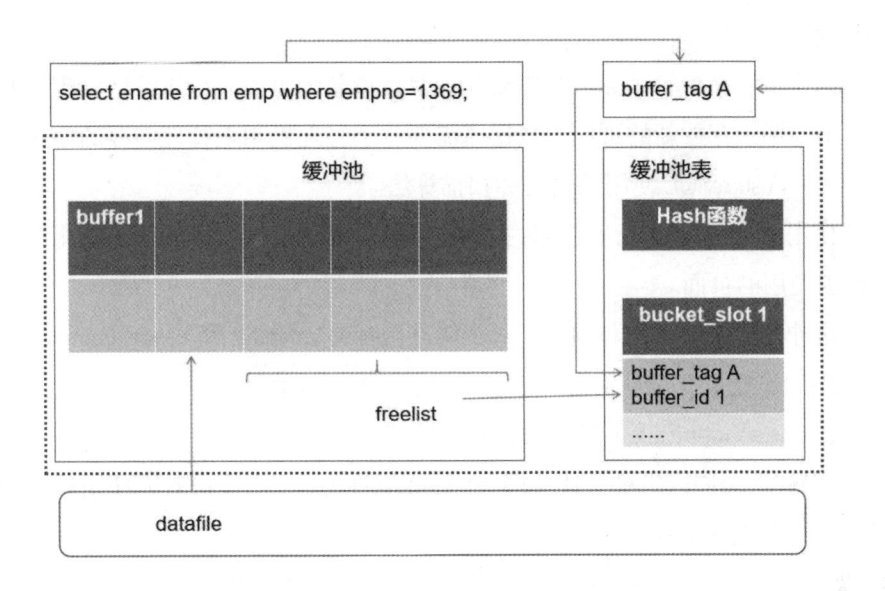

图 1-10　缓冲区管理器示意图

PostgreSQL 数据库读取数据的步骤如下：

（1）数据库后端进程发送请求时，会包含一个 buffer_tag。内置 Hash 函数会对 buffer_tag 做 Hash 运算，得到 Hash Bucket 桶的值。

（2）扫描对应的 Hash Bucket 桶，查找 buffer。其间会有共享锁 BufMappingLock 保护桶的完整性。

（3）如果在 Hash Bucket 桶上找到了，就直接读取 buffer 数据，这是逻辑读。其间会将 buffer 的状态改为"钉住"，refcount 和 usage_count 加 1。

（4）如果在 Hash Bucket 桶上没有找到，就从 freelist 列表获取一个 buffer，并得到 buffer_id。

（5）将 buffer_tag 和 buffer_id 对应，存放到 Hash Bucket 桶上。其间会有排他锁 BufMappingLock 保护桶的完整性。

（6）将数据从存储加载到 buffer 中，这是物理读，其间会有 io_in_progress 保护 buffer 的完整性。

（7）读取 buffer，获得数据。

（8）读取完数据，会更改状态，释放相关锁，refcount 减 1。

需要注意的是，在进行读取时，缓冲区管理器出于保护内存完整性会使用各种内存锁，如 BufMappingLock，类似 Oracle 的 latch。BufMappingLock 保护 Hash 桶链表的完整性。有共享和独占模式。读取条目时加共享锁，插入或删除条目时加独占锁。BufMappingLock 默认 128 个，每个 BufMappingLock 都保护着一部分散列桶，以减少散列桶的争用。

页面置换

当缓冲区中的槽位都被占用，且需要从磁盘读取新的页面时，缓冲区管理器必须选择一个页面逐出，用于存放新的页面。数据库需要一个管理机制来管理内存的使用，也就是进行页面置换。PostgreSQL 使用的是时钟扫描算法。

数据库使用的页面置换算法是时钟扫描法，这个算法遵循"最近最少使用"原则，能高效选出较少使用的页面。

可以将缓冲区看作一个循环列表。每个缓冲区都有 refcount 和 usage_count 属性。有一个 nextVictimBuffer 变量，它总是指向某个缓冲区并顺时针旋转。

（1）获取 nextVictimBuffer 指向的缓冲区。

（2）如果候选缓冲区未被钉住（即 refcount 属性为 0，当前没有人使用此缓冲区），则进入第三步，否则进入第四步。

（3）如果 usage_count 为 0（即最少使用），则选择为清理对象，并进入第 5 步，否则 usage_count 减 1，进入第 4 步。

（4）nextVictimBuffer 指向下一个缓冲区（如果到末尾则回绕至头部）并返回步骤 1，重复直至找到清理对象。

（5）返回清理对象的 buffer_id。

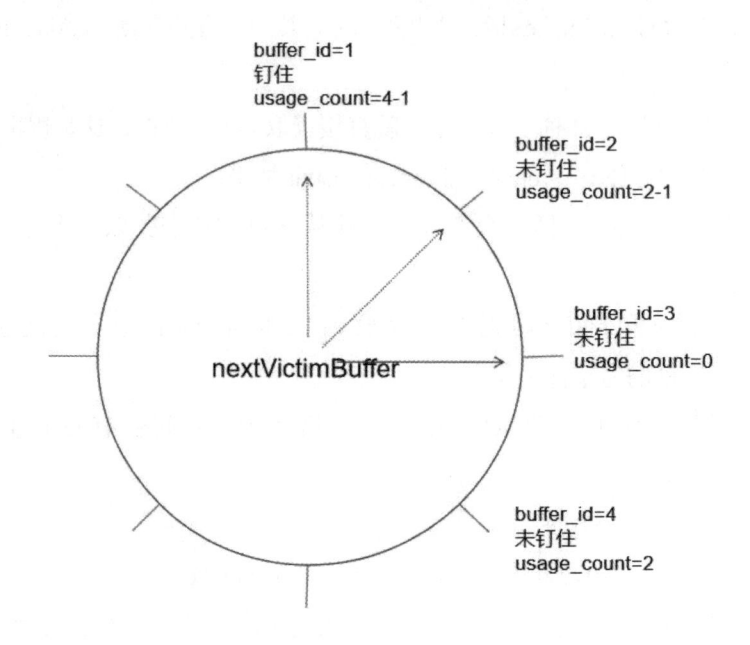

图 1-11 时钟算法页面置换示意图

首先 nextVictimBuffer 指向第一个缓冲器 buffer_id=1，此时跳过，因为缓冲区为钉住状态，正在被使用；然后获取 nextVictimBuffer 指向第二个缓冲区 buffer_id=2，此 buffer 为未钉住状态，因此将 usage_count 减 1（2-1）；然后找到 nextVictimBuffer 指向第二个缓冲区 buffer_id=3，其是未钉住状态且 usage_count 为 0，选为清理对象。

此算法扫描未钉住的缓冲区时会将 usage_count 减 1，因此，通过循环多次扫描，始终能找到 usage_count 为 0 的清理对象。

10.3 环形缓冲区

当读写大表时，PostgreSQL 会使用环形缓冲区而不是缓冲池。环形缓冲区是一个很小的临时缓冲区。满足以下条件时，PostgreSQL 将分配一个环形缓冲区。

（1）批量读取。当扫描的数据超过缓冲区四分之一时，环形缓冲区大小为 256KB。

（2）批量写入。执行以下 SQL 时:copy from、create database、create materialized view、refresh materialized view、alter table。

（3）清理过程。进行 Vacuum 清理时，环形缓冲区大小为 256KB。

环形缓冲区使用后会被立即释放。如果不使用环形缓冲区，读取大表会导致缓冲池中大量页面被置换，这会导致缓存命中率降低。环形缓冲区避免了此问题。

10.4 脏页刷盘

内存中修改的数据，最终都要被写入磁盘永久保存。检查点进程和后台写进程会将脏页刷盘，它们具有相同的功能，但角色各不相同。

●检查点进程会将检查点记录写入 wal 段文件，并在检查点开始时进行脏页刷盘。通常是批量写。

●后台写进程会一点点将脏页刷盘，尽可能减少对数据库的影响。默认情况下，后台写每 200ms 唤醒一次（参数 bgwriter_delay），且最多刷写 100 个页面（bgwriter_lru_maxpages）。

注：刷写脏页前会遵循"写前协议"，即在将脏页刷新到磁盘之前，先将脏页对应的 WAL 日志写入 wal 段文件。

后台写进程（bgwrite）可以减轻检查点（checkpoint）的压力，并快速刷新脏页以释放缓冲池，但它不会写入重做点（redo point）。因此，在发生故障时，恢复仍然依赖于检查点。

第二章
索引

在数据库管理系统中，索引是一种数据结构，用于提高数据库表的检索速度。它类似于书籍的目录，可以加快数据库的查询速度。索引可以理解为数据库表的快速查找表，它将数据表中的数据按照一定的规则存储起来，以便在查询时能够快速地定位到所需的数据行。

索引包含了对数据表中一列或多列的值进行排序的信息，以加快对这些列的查询速度。索引可以看作是一个表中某列数据的快速查找方式，它提供了一种更快速、更高效的数据访问方法。在数据库中，索引可以大大提高数据的检索速度，通过使用索引存储结构，将数据行按照索引列的值来组织和存储。

使用索引最明显的原因是提高查询速度。当数据库表中的数据量很大时，如果没有索引，数据库系统需要逐行扫描数据表来找到满足查询条件的数据，这样的操作效率非常低。而有了索引，数据库系统就可以通过索引直接定位到满足查询条件的数据行，大大提高了查询速度。

在进行排序或分组操作时，如果有适当的索引存在，数据库系统可以利用索引的有序性，避免进行全表扫描，从而加速排序和分组操作。

在进行表连接操作时，如果连接的列上有索引，数据库可以利用索引的快速定位特性，减少连接所需的时间。特别是在大型关联查询中，索引的作用更为显著。

当在某一列上定义了唯一性约束（UNIQUE 约束）时，数据库系统会自动在该列上创建索引，以确保数据的唯一性。有了索引，数据库系统可以快速检查新插入的数据是否满足唯一性约束。

类似唯一性约束，当在某一列上定义了外键约束（FOREIGN KEY 约束）时，数据库也会自动在该列上创建索引，以确保外键引用的完整性。有了索引，数据库系统可以快速检查外键约束是否满足。

当使用聚合函数（如 SUM、AVG、COUNT 等）进行计算时，如果有适当的索引存在，数据库系统可以利用索引的有序性，避免进行全表扫描，从而加速聚合函数的计算。

PostgreSQL 中创建索引的语法如下：

```
CREATE [ UNIQUE ]
INDEX [ CONCURRENTLY ] [ [ IF NOT EXISTS ] name ]
ON [ ONLY ] table_name
[ USING method ]( { column_name | ( expression ) } [ COLLATE collation ] [ opclass ] [ ASC | DESC ] [ NULLS { FIRST | LAST } ] [, ...] )
    [ INCLUDE ( column_name [, ...] ) ]
    [ WITH ( storage_parameter [= value] [, ... ] ) ]
    [ TABLESPACE tablespace_name ]
    [ WHERE predicate ]
```

● [UNIQUE]：可选，如果指定了 UNIQUE，则创建的索引将确保索引列的唯一性，不允许重复的索引键值。

● [CONCURRENTLY]：可选，如果指定了 CONCURRENTLY，则索引会以一种并发模式创建，这样在创建索引的过程中不会阻塞其他数据库操作。

● ON [ONLY] table_name：指定在哪个表上创建索引。ONLY 可选，用于明确指定只在指定表上创建索引而不包括其子表。

● [USING method]：可选，指定创建索引所使用的方法。常见的索引方法包括 B-tree、Hash、GiST 和 GIN 等。默认使用 B-tree 索引。

● ({ column_name | (expression) } [COLLATE collation] [opclass] [ASC | DESC] [NULLS { FIRST | LAST }] [, ...])：定义索引的键。可以指定一个或多个列名，也可以使用表达式来创建索引。还可以指定排序方式（ASC 升序或 DESC 降序），以及 NULLS 排序规则。

● [INCLUDE (column_name [, ...])]：可选，可以在索引中包含非键列的数据。这些列不会用于索引的排序，但可以加速某些查询操作。

● [WITH (storage_parameter [= value] [, ...])]：可选，设置索引的存储参数。这些参数可以用于微调索引的性能和存储特性。

● [WHERE predicate]：可选，指定索引的筛选条件，只有满足条件的行才会包含在索引中。

1. PostgreSQL 中的索引类型

PostgreSQL 是一种强大的开源关系型数据库管理系统，支持多种索引类型，以提高数据库查询性能。PostgreSQL 原生支持的类型包括 B-tree、Hash、GiST、SP-GiST、GIN 和 BRIN，包含一种扩展类型 Bloom，还包含分区索引和表达式索引。每一种索引类型使用了一种不同的算法来适应不同类型的查询。

下面详细介绍各种索引类型。

1.1 B-tree（B 树）索引

B 树（B-tree, Balanced Tree）索引是 PostgreSQL 中最常见的索引类型，也是默认的索引类型。它适用于各种数据类型，包括整数、字符串、日期/时间等。B 树索引是一种基于 B 树数据结构的索引类型，用于提高数据库表的查询性能。B 树是一种自平衡的树形数据结构，通过平衡树结构加速查询，能够有效地管理和维护有序数据，并提供快速的范围查询和等值查询性能。

B 树索引采用自平衡的树状数据结构，以支持高效的插入、删除和查询操作。树的根节点在顶部，每个节点可以包含多个子节点。这种多层级结构允许快速查找数据。B 树索引在磁盘上以页面（Page）为单位进行存储，每个页面通常包含多个索引键和指向实际数据行的指针。B 树索引的节点分为叶子节点和内部节点。内部节点包含键值和指向子节点的指针，用于定位到正确的叶子节点；叶子节点包含键值和指向实际数据行的指针，这使得查询能够快速定位到所需的数据。PostgreSQL 中采用了 B-tree 的修改版本，引入 "High Key" 用于描述当前节点子节点的最大值，并且引入了指向右兄弟节点的指针。B 树索引结构图如下：

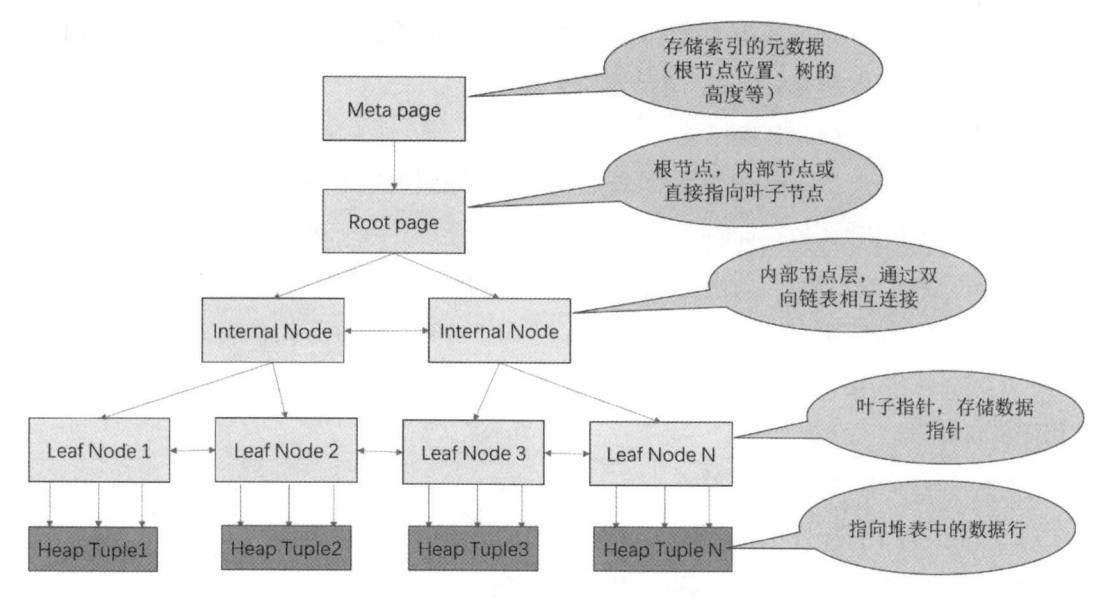

图 2-1　B 树索引结构示意图

查询时，B 树索引是从根节点开始，按照键值大小逐级向下遍历树结构，直到找到所需的数据。对于等值查询，可以直接找到匹配的键值；对于范围查询，B 树索引可以快速定位到起始点和结束点，然后在叶子节点之间遍历以找到满足范围的数据；对于排序操作，B 树索引可以帮助数据库按顺序检索数据。

B 树作为最常见和通用的索引类型，适用于多种 SQL 场景和操作符，常见的 SQL 场景和操作符有：

（1）等值比较（=）

B 树索引非常适合用于等值比较，即查找特定值的行。例如：

SELECT * FROM table_name WHERE column_name = 'some_value';

对于这种情况，B-tree 索引可以快速定位到具有匹配值的行。

（2）范围查询（<, <=, >, >=）

B 树索引可以用于范围查询，例如：

SELECT * FROM table_name
WHERE column_name > 100;

或

SELECT * FROM table_name
WHERE column_name BETWEEN 50 AND 100;

创建 B 树索引可以指定排序方式，这样可以在有序数据上执行这些操作，并快速定位到范围内的行。索引列上的 IS NULL or IS NOT NULL 条件可以与 B 树索引一起使用。

此外，由于 PostgreSQL 是强数据类型数据库，当操作符两侧的数据类型不一致时，PostgreSQL 会进行数据类型转换，导致索引失效。

（3）模糊搜索（LIKE 操作符）

B 树索引用于支持模糊搜索时，性能不如全文搜索索引（如 GIN 或 GiST）高效。例如：

```
SELECT * FROM table_name WHERE column_name LIKE 'prefix%';
```

数据库查询优化器可以将 B 树索引用于涉及模糊匹配运算符 LIKE 的查询，这种情况只能模糊匹配值的后面部分，只要前面加了通配符"%"，LIKE 操作就无法使用索引，因此，注意 LIKE 语法必须是"column LIKE 'foo%'"而不是"column LIKE '%foo'"或"column LIKE '%foo%'"。

（4）排序操作（ORDER BY）

B 树索引对于排序操作非常有用，可以用于加速排序查询，如：

```
SELECT * FROM table_name ORDER BY column_name;
```

如果查询需要按某个列的值进行排序，数据库可以使用该列上的 B 树索引来避免全表扫描或昂贵的排序操作。当在查询中使用 ORDER BY 子句来要求结果按照某一列进行排序时，PostgreSQL 可以利用 B 树索引，以有效方式按照索引列的顺序返回结果，从而减少对整个结果集进行排序的开销。如果在连接多个表时需要按照连接列的值排序，B 树索引也可以帮助优化这种情况，它可以避免连接操作中的排序操作，从而提高查询性能。B 树索引也支持降序（DESC）排序。当使用 ORDER BY ... DESC 子句时，B 树索引可以按照降序的方式返回结果，而不仅仅是升序。B 树索引可以有效地处理 NULL 值，在排序操作中，它会将 NULL 值放在索引的最开始或最末尾，具体取决于是升序还是降序。

（5）多列索引

B 树索引支持多列条件筛选，例如：

```
SELECT * FROM table_name
WHERE column1 = 'value1'
AND column2 = 'value2';
```

数据库中，一个索引可以包含两列或更多列，我们通常称之为多列索引或复合索引。在多个列上创建单一索引，这使得它们能够同时支持多个列的查询条件，以提高查询性能。PostgreSQL 中支持复合索引的类型有 B-tree、GiST、GIN 和 BRIN，最多可以支持 32 个列，当然也可以在编译 PostgreSQL 前修改源码中的 pg_config_manual.h 文件，来更改这个限制，但是将值改大会带来很大的风险。

在复合索引中，列的顺序很重要，索引的第一个列决定了索引的主排序，而后续列可以用于进一步细化排序。

当查询中涉及复合索引中的所有列时，复合索引可以被充分利用。例如，如果索引包含 (col1, col2, col3)，查询条件为 WHERE col1 = 'A' AND col2 = 'B' AND col3 = 'C'，这种情况该索引使用是非常高效的。复合索引也可以只匹配前面的部分列，如果在查询中只使用了索引的前几列，没有使用后面的列，这种情况索引也起作用。例如，如果索引是 (col1, col2, col3)，并且查询条件为 WHERE col1 = 'A'，那么查询优化器也会使用该索引。

当查询操作经常需要多个列作为筛选条件时，使用复合索引可以减少索引数量，提高查询性能；使用复合索引时，应根据具体的业务查询和需求来创建合适的复合索引，并使用合适的列顺序；但不要创建过于复杂或包含 n 个列的索引，因为这会增加数据库写操作的开销，导致负面影响。

1.2　Hash 索引（哈希索引）

PostgreSQL 数据库中，哈希索引是一种用于快速查找数据的索引类型。与常见的 B 树索引不同，哈希索引使用哈希函数将索引键（通常是列的值）转换为哈希值，然后将这个哈希值映射到特定的存储桶（Bucket）中，每个桶中存储了具有相同哈希值的索引项，查询优化器通过这些索引项可以快速找到需要的数据。

哈希索引中的"存储桶"（Bucket）是一种数据结构，用于存储哈希索引的实际数据。每个存储桶是一个包含具有相同哈希值的索引键的集合。这些存储桶是哈希索引的核心组成部分，有助于加速对数据的查找。

在创建哈希索引时，PostgreSQL 会为每个索引条目计算哈希值，这是通过使用哈希函数实现的。这个哈希函数将键值映射到一个固定大小的哈希值（通常是 32 位或 64 位），哈希值确定了数据存放在哪个桶中。哈希索引结构图如下：

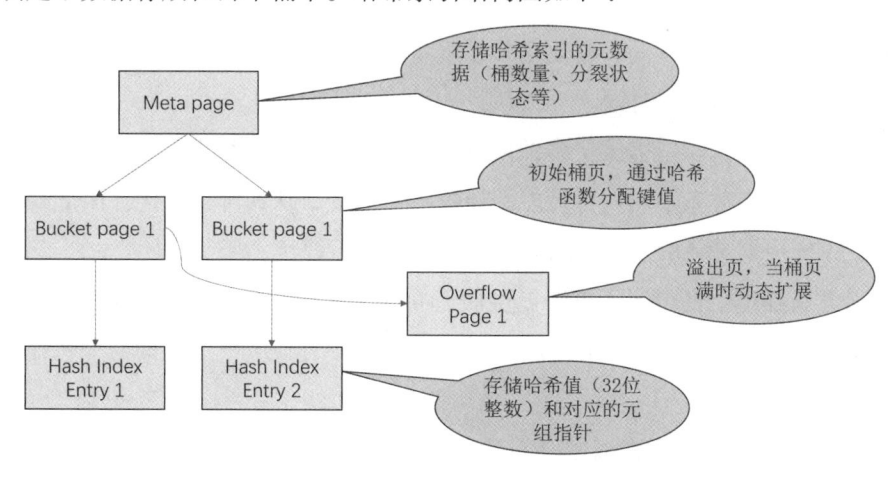

图 2-2　哈希索引结构示意图

哈希索引的核心是哈希函数，哈希函数为索引键的值计算出一个哈希值，哈希值决定了数据应该存储在哪个桶中，好的哈希函数应该均匀地将值分散到不同的桶中，以减少哈希冲突的可能性。在查询时，哈希函数将查询条件的值通过相同的哈希函数计算出哈希值，然后用于查找数据。PostgreSQL 使用 MurmurHash 或 Jenkins 哈希等高效哈希函数。这些哈希函数具有良好的分布特性，以减少冲突的可能性。

哈希冲突是指两个或多个不同的键值具有相同的哈希值，导致它们被映射到同一个桶中。由于哈希函数的性质，可能会发生哈希碰撞，即不同的键值映射到相同的哈希桶中，PostgreSQL 必须处理这种情况，并在桶中使用链表或其他数据结构来存储具有相同哈希值的多个索引项。

当执行使用哈希索引的查询时，PostgreSQL 会首先使用哈希函数将查询条件中的值映射到相应的桶中。然后，系统在选定的桶中搜索匹配查询条件的数据。由于哈希冲突的存在，可能需要在桶中的链表或数据结构上执行线性搜索，以确保找到所有匹配的数据。

PostgreSQL 的哈希索引支持的操作符非常有限，哈希索引的主要目的是支持等值查询，即使用等号操作符（=）查找具有特定键值的行。执行查询时，其中条件使用等号操作符，PostgreSQL 可以利用哈希索引来快速查找匹配的行。哈希索引不支持范围查询、不等操作符（>, <, >=, <=）以及类似的范围查询操作。这是因为哈希索引不提供有序排列的数据，而是根据哈希值将数据分散在桶中，因此不能有效地支持这些操作。

PostgreSQL 哈希索引使用注意事项：

●每个哈希索引元组仅存储 32 位或 64 位的哈希值，而不存储实际的列值。因此，在索引较长的数据项中，哈希索引可能比 B 树索引小得多。

●哈希索引最适合对较大表使用等号操作符条件的 Select 和 Update 操作。

●在 B 树索引中，查询是自上而下，直到找到叶子节点，在较大体量表中，这种查询方式会增加数据的查找时间；相比之下，哈希索引允许直接访问存储桶页面，从而潜在地减少较大表中的索引访问时间。

●此外，哈希索引可能需要更多的内存来运行，因此在创建索引时需要谨慎考虑内存使用情况。如果数据分布不均匀，可能会导致哈希冲突，从而降低性能。因此，在选择索引类型时，需要根据具体的查询需求和数据分布来进行权衡。

●哈希索引在适当的情况下可以提供快速的等值查询性能，但在需要范围查询或按排序访问数据时，B 树索引可能更为适用。在设计数据库时，应根据查询需求选择适当的索引类型。

● PostgreSQL 的哈希索引通常会自动调整其大小以适应不断变化的数据量。这是因为哈希函数和桶的数量通常是在创建索引时确定的，但随着数据的插入和删除，需要自动调整桶的数量以保持索引的性能。

1.3 GiST 索引

PostgreSQL 中，GiST（Generalized Search Tree，通用搜索树）索引是一种通用索引类型，用于支持复杂数据类型和多维数据的高效搜索。GiST 索引是多用途的，它可以应用于各种数据类型，例如几何数据、全文搜索、IP 地址范围等。GiST 索引的设计灵活，用户可以自定义搜索策略，以适应各种数据类型和查询需求。

GiST 索引是一种通用多维数据索引结构，其存储方式和原理比较复杂。GiST 索引的存储方式基于多层次的树结构，其中每个节点代表一个数据范围或数据区域。树的顶层是一个根节点，它包含索引的整个数据范围，这个根节点通常是一个搜索策略节点，不包含实际数据。内部节点是树的中间层，它们包含搜索策略或者数据范围的信息，用于分割和组织数据；每个内部节点通常有多个子节点，根据搜索策略来决定如何划分数据范围；不同类型的搜索策略可能包括 B-tree、R-tree、等距分割等，这取决于索引的构建方式和数据类型。叶子节点是树的底层，它们包含实际数据的引用或索引，以及适当的元数据。在 GiST 索引中，叶子节点可以包含多个数据项，每个数据项表示一个数据范围或对象。这些数据项的结构也依赖于具体的数据类型和搜索策略。搜索策略节点用于指导如何处理数据范围，不同搜索策略的节点结构和行为可能会有所不同。GiST 索引结构如下：

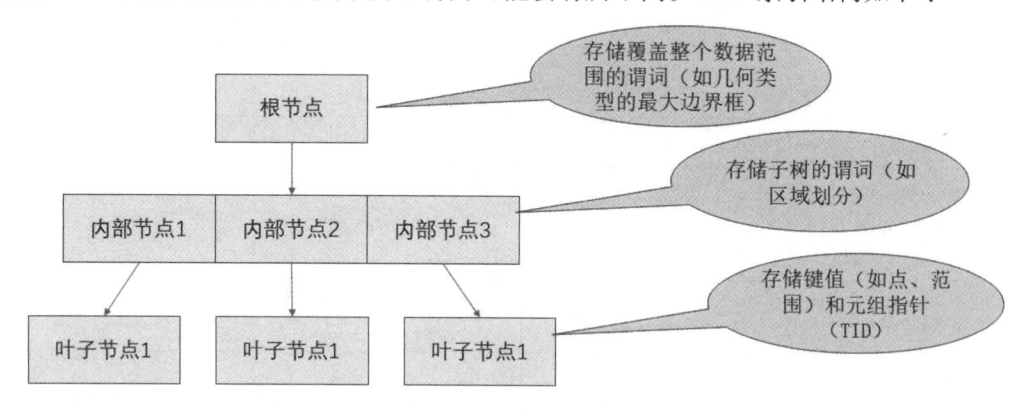

图 2-3　GiST 索引结构示意图

GiST 索引的构建过程涉及将数据按照多维度分层组织，以便进行高效的范围查询。GiST 支持多种搜索策略，如 R 树、四叉树等。选择合适的策略取决于数据的特性和查询的需求。GiST 索引的构建过程中，数据被逐层分裂和合并。每个节点都包含一个或多个条目，每个条目都描述了子树的一部分。数据被插入到相应的节点中，以构建层次结构。节点的构建可能涉及数据的多维度划分，这取决于所选择的搜索策略。

一旦 GiST 索引构建完成，数据库便可以使用该索引来执行查询。PostgreSQL 的查询优化器负责选择最优的查询计划，其中包括是否使用 GiST 索引。这可能涉及估计查询代价、选择合适的索引和访问路径等。当执行查询时，系统使用 GiST 索引的树结构进行遍历。

查询条件将引导系统沿着树的路径移动，以尽可能快地找到匹配的数据。GiST 索引的搜索策略影响了数据的组织方式和查询的执行过程。例如，对于 R 树，可能涉及选择空间范围、计算相交等操作。一旦找到匹配的数据，系统将返回相应的结果给用户。

GiST 索引的关键部分是搜索策略和操作符。搜索策略定义了如何划分数据范围并对其进行组织，以支持不同类型的查询。操作符定义了如何比较和匹配数据范围，以确定查询结果。GiST 索引支持各种查询类型，包括点查询、范围查询、相交查询等。这是通过搜索策略和操作符的多态性来实现的。GiST 索引可以动态选择适当的搜索策略和操作符来处理特定类型的查询。为了创建 GiST 索引，需要为数据类型编写适当的搜索策略和操作符，以便索引能够正确地组织和比较数据。GiST 原生支持的操作符如表 2-1 所示。

表 2-1　GiST 原生支持的操作符

操作符类型	数据类型	支持的操作符	支持的排序操作符
box_ops	box	&& &> &< &<| >> <<<<| <@ @> @ |&> |>> ~ ~=	
circle_ops	circle	&& &> &< &<| >> << <<| <@ @> @ |&> |>> ~ ~=	<->
inet_ops	inet, cidr	&& >> >>= > >= <> << <<= < <= =	
point_ops	point	>> >^ << <@ <^ ~=	<->
poly_ops	polygon	&& &> &< &<| >> << <<| <@ @> @ |&> |>> ~ ~=	<->
range_ops	any range type	&& &> &< >> << <@ -|- = @>	
tsquery_ops	tsquery	<@ @>	
tsvector_ops	tsvector	@@	

● box_ops：用于字段类型 box 的索引，用于处理二维空间中的矩形盒子，并支持范围查询和空间关系查询。

● circle_ops：用于字段类型 circle 的索引，用于处理圆形数据类型，如圆形几何形状，用于比较、相交、包含和与圆形对象相关的查询。例如，你可以使用这些操作符来查找与给定圆形相交的数据项。

● inet_ops：用于字段类型 inet、cidr 的索引，适用于处理 IPv4 和 IPv6 网络地址的数据类型，用于包含、相交以及与网络地址相关的查询。

● point_ops：用于字段类型 point 的索引，用于处理二维点数据，用于比较、相交、包含和与点相关的查询。可以使用这些操作符来执行空间查询,例如查找包含特定点的多边形。

● poly_ops:用于字段类型 polygon 的索引,适用于多边形数据类型,如多边形几何形状。用于比较、相交、包含和与多边形对象相关的查询。

● range_ops:用于处理范围数据类型,如日期范围、数字范围等几乎所有的范围类型。用于比较、相交、包含和与范围相关的查询。它对于执行范围查询非常有用,例如查找包含特定日期的事件。

● tsquery_ops:适用于数据类型 tsquery,它支持全文搜索查询中的逻辑操作符,用于构建复杂的全文搜索查询。

● tsvector_ops:适用于数据类型 tsvector,它支持全文搜索向量之间的比较和相关性计算,用于支持全文搜索查询的性能优化。全文搜索查询时,将查询条件处理成 tsquery 类型,将查询内容处理成 tsvector 类型,然后进行全文搜索查询。

GiST 索引在 PostgreSQL 中具有广泛的应用场景,特别适用于处理复杂数据类型和多维数据。下面是一些主要的使用场景和应用示例:

● 几何数据:GiST 索引在处理几何数据类型(如点、线、多边形等)时非常有用。它可以加快空间查询,例如在地理信息系统(GIS)应用中查找落入指定区域内的地点。

● 全文搜索:GiST 索引可以用于全文搜索,如在包含文本的列中模糊匹配关键字。通过使用适当的搜索策略和自定义操作符,可以实现高效的全文搜索功能。

● 网络地址:对于存储和查询 IP 地址范围的数据,GiST 索引可用于加速查询。例如,可以使用 GiST 索引来查找特定的 IP 地址是否在给定的 IP 地址范围内。

● 日期范围:在处理包含日期范围的数据时,GiST 索引可以帮助加快范围查询。这对于需要根据日期范围过滤和检索数据的应用程序非常有用,如日程安排、订单管理等。

● 文本相似性搜索:GiST 索引可用于执行文本相似性搜索任务,例如模糊匹配相似的字符串或检索类似的文档。这对于信息检索、推荐系统等应用非常有用。

● 复杂数据类型:GiST 索引不仅限于上述示例,还可以用于处理其他复杂数据类型,如数组、JSON、图形等。通过定义适当的搜索策略和自定义操作符,可以根据具体的数据类型和查询需求来创建适合的 GiST 索引。

需要注意的是,GiST 索引的性能和效果取决于索引的配置和使用方式。对于每种数据类型和查询场景,需要仔细选择适当的搜索策略、操作符和函数,以确保索引的最佳性能和准确性。实际应用中,需要根据具体的业务需求和性能要求来评估是否使用 GiST 索引以及如何配置它。

1.4 SP-GiST 索引

SP-GiST（Space-Partitioned Generalized Search Tree，空间划分的 GiST）索引是一种用于支持多维数据的索引类型，适用于各种多维数据类型，如几何数据、文本数据、网络数据等。SP-GiST 索引与传统的 B 树索引或 GiST 索引不同，它采用了空间划分的策略来存储和检索数据。

SP-GiST 索引用于处理多维数据，例如几何图形（points、lines、polygons）、文本（strings、documents）、网络数据（IP 地址、CIDR 范围）等。这些数据类型通常需要多个维度来进行查询和分析，而 SP-GiST 索引提供了在多维空间中进行高效搜索的能力。它采用空间分区的策略，将数据分为不相交的子空间或"分区"，每个分区都可以用一种特定的方式来表示和存储，以便更高效地进行搜索。这些分区可以是任何形状或大小，具体取决于索引的数据类型。它支持用户定义运算符和搜索策略，允许开发人员根据其数据类型的特定需求来自定义索引行为，也就是说可以为不同的数据类型实现自定义搜索策略，以提高查询性能。它支持各种查询操作，包括等于、不等于、范围查询、最近邻查询（nearest-neighbor queries）、覆盖查询（covering queries）等，这使得它非常适合处理需要多维数据查询的复杂应用场景。SP-GiST 索引在某些情况下可以提供比 GiST 索引更高的查询性能，尤其是在处理大型多维数据集时。此外，由于它采用了空间分区策略，可以更好地利用存储空间，减少索引的存储需求。

SP-GiST 索引的核心思想是将多维数据分割成不相交的区域。这些区域通常是不规则的，可以根据数据特性定制，以提高查询性能。每个区域都有一个标识符，用于快速定位和检索。这些区域的构建通常是通过自定义的分割策略来完成，不同数据类型可能需要不同的策略。SP-GiST 索引的存储结构是一种树结构，包括根节点、内部节点和叶子节点。根节点包含索引的总体信息，内部节点用于管理区域之间的关系，而叶子节点包含实际的数据项。每个节点都包含一个标识符，以便在树中进行导航。在创建 SP-GiST 索引时，首先需要定义一个适当的分割策略，以将数据分成不相交的区域。然后，通过遍历数据集，将每个数据项映射到一个或多个区域，同时构建索引的节点结构。索引构建的过程是递归的，从根节点到叶子节点，每个节点都负责维护其子节点的区域。当执行查询时，SP-GiST 索引使用多维查询运算符来优化数据检索。这些运算符可以在索引的节点上进行递归操作，以确定与查询条件匹配的区域。这使得 SP-GiST 索引能够支持多维数据的相等性、不等性、范围查询和最近邻查询等多种查询类型。与其他索引类型一样，SP-GiST 索引也需要定期维护，以处理数据的插入、更新和删除操作。维护索引包括节点的拆分和合并，以保持索引结构的平衡和性能。SP-GiST 索引结构与 GiST 相似，如下所示：

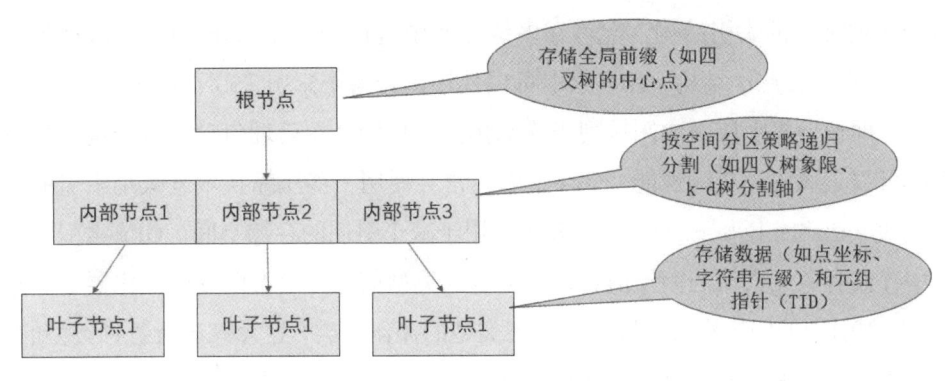

图 2-4　SP-GiST 索引结构示意图

SP-GiST 索引和 GiST 索引都用于支持复杂数据类型的高效查询，但它们之间也存在一些关键区别。GiST 索引是一种通用的索引结构，适用于各种不同类型的数据，包括文本、数值、几何数据等，是一个多用途的索引结构，可以应用于各种不同的数据类型；SP-GiST 索引专门设计用于支持多维数据类型，如几何数据、全文搜索数据等，它的设计更专注于特定数据类型的需求。GiST 索引适用于广泛的数据类型，但在某些情况下可能没有专门设计用于特定数据类型的索引效率高，它通常用于一般性的数据类型，如文本搜索和范围查询；SP-GiST 索引在处理多维数据时通常更高效，因为它专门针对多维数据类型进行了优化，适合处理具有空间关系的数据，例如地理信息系统（GIS）数据或时间序列数据。

总的来说，GiST 索引是一种通用的、可适应多种数据类型的索引，而 SP-GiST 索引是专门设计用于某些特定数据类型的索引，特别是那些需要空间分区和查询的数据类型。SP-GiST 索引更考验人员的专业能力。

1.5　GIN 索引

在 PostgreSQL 中，GIN（Generalized Inverted Index，通用倒排索引）索引是一种非常有用的索引类型，专门用于处理复杂数据类型，如数组、JSONB、HSTORE 等，包括全文检索中的 tsvector 类型。GIN 索引的设计灵感来自倒排索引，可以高效地查询包含多个值的复杂数据类型。

PostgreSQL 中的 GIN 索引使用特殊的数据结构来存储索引数据，以支持复杂数据类型的高效查询。GIN 索引的存储方式涉及倒排列表（Inverted List）和倒排树（Inverted Tree）的结构，具体取决于被索引的数据类型。GIN 索引的基本存储单元是倒排列表，用于存储被索引列中的不同元素值。每个元素值都有一个对应的倒排列表，其中包含了该元素值的行的引用，每个引用通常是一个行号或 TID（行的逻辑标识符）。在某些情况下，如果被索引的数据类型包含层次结构，GIN 索引可以使用倒排树来组织数据。倒排树是一种用于处理复杂数据类型的索引结构，允许在多级层次中进行查询。例如，JSON 数据类型中的 JSON 文档就是一种层次结构，GIN 索引可以使用倒排树来索引 JSON 文档。GIN 索引可以是多级的，即包含多个层次的倒排列表或倒排树，特别是在处理包含嵌套结构或数组的数据类型时可以大大提高查询性能。GIN 索引通常会使用一些压缩技术来减小索引的存储需求，这包括 Variable-Byte Encoding 等方法，用于减小引用的存储空间。GIN 索引通常在倒排列表中存储有关元素值的额外信息，如标签或类型信息，以帮助查询优化器更好地理解索引。GIN 索引中的倒排列表可以支持不同类型的操作符类，这允许进行各种类型的查询，包括等值查询、范围查询、包含查询和排除查询等。GIN 的可能结构如下：

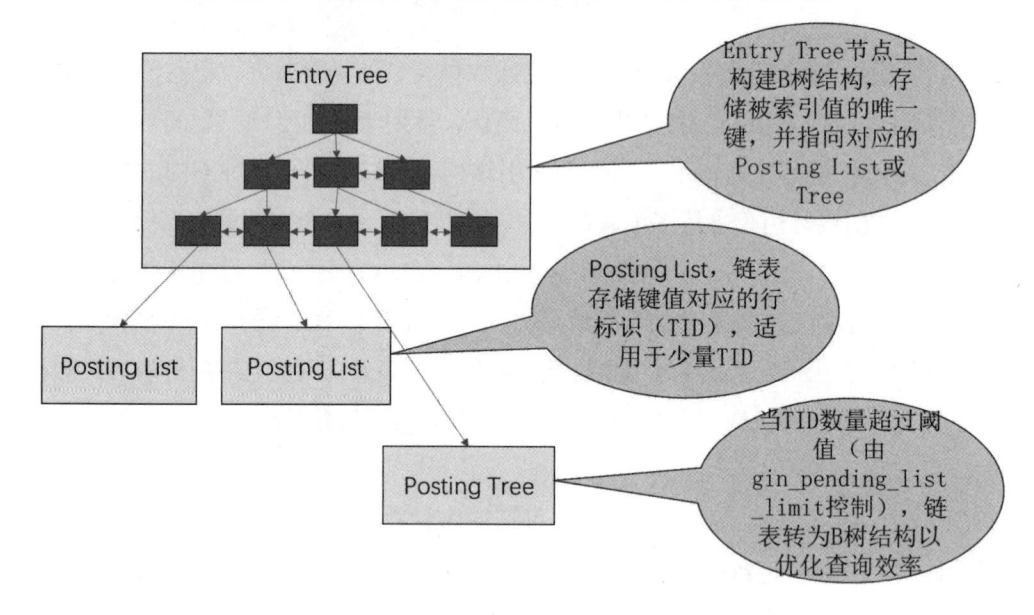

图 2-5 GIN 索引结构示意图

在 PostgreSQL 中，GIN 索引的查询过程是高效的，它允许针对复杂数据类型（例如数组、JSONB、HSTORE）进行快速检索。如果 PostgreSQL 的查询优化器决定使用 GIN 索引，查询将会通过索引来访问数据。对于 GIN 索引中的每个元素值，存在一个对应的倒排列表，查询引擎会定位到与查询条件匹配的元素值，并访问相应的倒排列表，这是在索引的第一个层次上执行的。在访问倒排列表后，查询引擎将应用与查询条件中使用的操作符类相对应的操作符函数，这些操作符函数将进一步筛选出符合条件的数据。如果查询条件包含多个，查询引擎会将这些条件的结果集合并，以找到符合所有条件的数据，这是 GIN 索引多级结构的体现，因为每个层次都可以应用不同的条件。查询引擎将从 GIN 索引中检索到的数据返回给用户或用于进一步处理。

1.6 BRIN 索引

BRIN（Block Range INdex，块范围索引）是 PostgreSQL 中一种特殊的索引类型，旨在优化范围查询操作。BRIN 索引与常见的 B-tree 和 GiST 索引不同，其主要用途是加速大型表上的范围查询，如时间序列数据或其他有序数据。

BRIN 索引是一种轻量级索引，用于处理有序数据列。与 B-tree 索引不同，它不维护精确的键-值对，而是将数据列划分成块（通常是连续的块），并为每个块维护一个范围值。这个范围值通常是块内的最小值和最大值。BRIN 索引的设计目标是减少索引的维护开销，尤其是在大型表上。

BRIN 索引的基本结构包括块范围和对应的摘要值。块范围是数据表中连续的块，而摘要值是对这些块的汇总信息。BRIN 索引通常将数据表的内容分成不相交的块，每个块有一个范围值（最小值和最大值），然后摘要值是对每个块的数据的聚合。BRIN 索引的结构图如下：

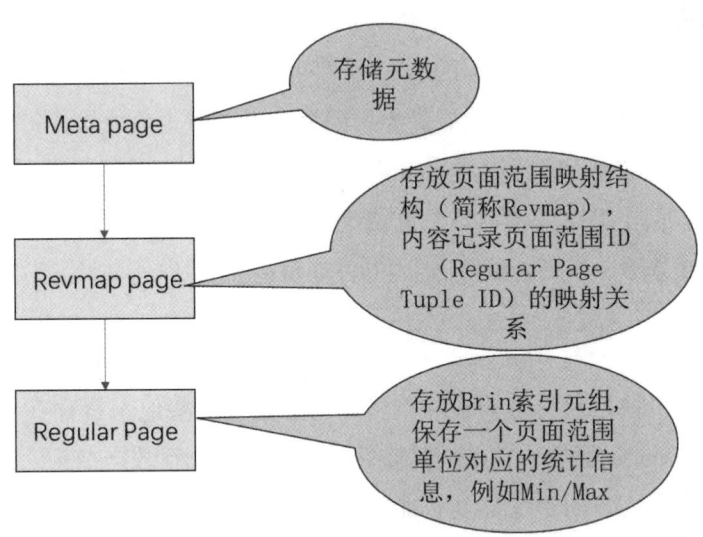

图 2-6　BRIN 索引结构示意图

BRIN 索引的核心思想是将数据表划分为不相交的块，并为每个块维护一个范围值的摘要信息。这种设计可以显著减少索引的维护成本，特别适用于范围查询操作。

BRIN 索引的存储方式相对简单，主要包括以下几个要素：

● 块范围（Block Range）：BRIN 索引将数据表分成不相交的块，每个块都包含一定范围内的数据。这些块的信息会存储在索引中。

● 摘要信息（Summary Information）：对于每个块，BRIN 索引会维护摘要信息，通常是该块内数据的最小值和最大值。这些摘要信息充当了该块的代表，用于加速查询。

● 元数据信息：BRIN 索引还包含元数据信息，用于描述如何将数据划分成块以及如何计算块内的摘要信息。

在创建BRIN索引时，系统会初始化索引并指定如何划分数据块以及如何计算块的摘要信息。这通常需要提供一个包含有序数据的列，以便分割数据。数据表中的数据被划分成不相交的块，每个块都有一个范围值，通常是最小和最大值，这些范围值存储在BRIN索引中。当执行范围查询时，PostgreSQL会尝试使用BRIN索引，它会查找索引以确定哪些块可能包含查询范围的数据，如果某个块的范围与查询范围有重叠，系统将继续在该块中进行详细扫描，否则将跳过该块。当BRIN索引确定了可能包含匹配数据的块后，查询将针对这些块进行扫描。这通常比扫描整个表的数据更快。随着数据的插入、更新和删除，BRIN索引会在块的边界进行维护。新数据的范围值会被合并到现有块中，或者新块会被创建以容纳数据。

BRIN索引查询过程的关键在于它能够快速排除不包含匹配数据的数据块，从而显著减少需要扫描的数据块数量。这种索引在处理大量有序数据的范围查询时非常高效，例如在时间序列数据或有序数值数据的分析中。

BRIN索引特别适用于有序数据的表，如时间序列数据、价格历史记录等。在这些情况下，BRIN索引可以提供显著的性能优势，因为它可以将表分成块，每个块都有一定范围的数据，并且在范围查询时可以快速排除不相关的块。但它并不适用于所有情况，尤其是在具有高基数（不同值很多）的列上，它的性能可能不如B-tree索引或GiST索引。另外，当表有大量插入或删除操作时，BRIN索引的性能可能会受到一定的影响。

1.7　Bloom 索引

Bloom索引是一种特殊类型的索引，可以用于检查某些值是否存在于某个集合中。Bloom索引基于Bloom过滤器，它是一种空间效率很高的概率数据结构，用于测试一个元素是否属于一个集合。Bloom过滤器是PostgreSQL扩展提供的，源码在contrib/bloom路径下。

Bloom过滤器的核心结构是一个位数组（Bit Array）和多个哈希函数。位数组的所有位最初被设置为0。当一个元素被加入集合时，通过多个哈希函数计算出多个哈希值，然后将位数组中对应的位置设置为1。当需要检查一个元素是否在集合中时，同样使用相同的哈希函数计算出哈希值，然后检查对应的位是否为1。如果所有的位都是1，那么元素"可能在集合中"；如果有一个或多个位为0，那么元素"一定不在集合中"。

Bloom索引基于Bloom过滤器的概念，它使用多个哈希函数将数据映射到一个位数组。通过将数据哈希到位数组中，Bloom索引可以快速判断某个值是否可能存在于索引中，但并不能确定是否存在，因为可能存在误判。这种概率误报是由Bloom过滤器的特性决定的，因此在需要精确匹配的情况下，Bloom索引并不适用。

Bloom 索引的存储结构与一般的 B 树索引不同。在内部，Bloom 索引的数据通常以一种紧凑的格式存储，以节省空间。位数组的位通常被打包在字节中，从而减少存储开销。这种方式可以节省存储空间，但也可能增加索引的读取开销，因为需要进行位操作以获取和设置位。

位数组的长度（m）和哈希函数的数量（k）对误差率和性能有重要影响。更长的位数组和更多的哈希函数可以减小误差率，但会增加存储需求和查询开销。

因此，在使用 Bloom 索引时，需要根据应用程序的要求和数据特性权衡查询性能和误差率。

1.8 分区表索引

分区表索引与普通表索引有些许不同，因为分区表本身就是一种特殊的表结构。在 PostgreSQL 中，分区表是通过在主表上创建分区的方式实现的，每个分区都可以有自己的索引。

可以在单个分区上创建索引，这意味着索引仅适用于特定的分区，而不是整个表。每个分区都可以有自己的索引，这有助于提高查询性能，尤其是当查询涉及特定分区时。通过在每个分区上创建索引，可以在特定分区上提高查询性能，减少索引维护的开销。分区表可以更有效地管理大量数据，根据特定的分区策略进行存储和检索。根据不同的需求在分区上创建不同类型的索引，以满足查询需求。但是它无法用于跨分区查询。

可以在分区主表上创建索引，它适用于整个分区表，而不仅仅是单个分区。这对于那些在整个表上执行的查询非常有用。这种索引对于跨分区的查询非常有用，但在插入和删除数据时可能会有性能开销。

分区表通过分区键（Partition Key）来划分数据，分区键是一个列或一组列，根据其值将数据分布到不同分区。在分区表上创建索引时，通常需要考虑分区键，以便索引可以更有效地支持分区查询。在分区表中，查询优化器需要考虑分区键和索引之间的关系，以确定是否可以有效利用索引。它需要根据查询条件优化跨分区查询和单个分区查询。分区表上的索引通常与分区键直接关联，以便更好地支持分区表的数据划分和查询优化。

分区表的索引性能和维护复杂度与分区键强相关。跨多分区查询场景因涉及多分区数据遍历，会对查询性能有一定影响。主表上定义的索引在维护时需同步处理多分区数据，所以分区表上的索引维护更加复杂。

1.9 表达式索引

表达式索引是一种特殊类型的索引，用于加速对表中数据的查询，特别是那些包含表达式计算的查询。表达式索引可以在索引中存储计算表达式的结果，以便更快地执行与这些表达式相关的查询。表达式索引存储一个表达式的计算结果，而不是直接存储列的值，这可以帮助加速需要使用该表达式的查询。表达式可以包括数学运算、字符串操作、日期函数等各种 SQL 表达式。当查询包含与表达式索引匹配的表达式时，数据库可以直接使用索引而不必重新计算表达式的值，从而提高查询性能。

表达式索引示例，假设有表 employees，其中包含工资（salary）列，为工资的平均值创建一个表达式索引：

```
CREATE INDEX avg_salary_index ON employees ((salary / 12));
```

在这个示例中，avg_salary_index 是一个表达式索引，它存储了工资除以 12（月份）的结果，以便可以更快地执行与平均工资相关的查询。

表达式索引可以加速包含表达式的查询，尤其是当这些表达式涉及计算时。表达式索引不会占用大量存储空间，因为它们存储的是计算结果，而不是列值。可以创建各种类型的表达式索引，以满足不同的查询需求，但不是所有的表达式都适合用来创建索引。

1.10 索引语法示例

以下是 PostgreSQL 中不同类型索引的使用示例：

（1）B-tree 索引

B-tree 索引是 PostgreSQL 中最常见的索引类型，适用于等值查询和范围查询。

```
-- 创建一个 B-tree 索引
CREATE INDEX btree_index ON employees (employee_id);

-- 查询使用 B-tree 索引
SELECT * FROM employees WHERE employee_id = 123;
```

（2）Hash 索引

Hash 索引适用于等值查询，但不支持范围查询。

```
-- 创建一个 Hash 索引
CREATE INDEX hash_index ON products USING hash (product_code);

-- 查询使用 Hash 索引
SELECT * FROM products WHERE product_code = 'ABC123';
```

（3）GiST 索引

GiST 索引适用于各种数据类型，支持全文搜索和范围查询。

—— 创建一个 GiST 索引

CREATE INDEX gist_index ON documents USING gist (document_data);

—— 查询使用 GiST 索引

SELECT * FROM documents

WHERE document_data @@ to_tsquery('search term');

（4）SP-GiST 索引

SP-GiST 索引用于自定义数据类型，如几何数据类型。

—— 创建一个 SP-GiST 索引

CREATE INDEX sp_gist_index ON shapes USING spgist (shape_data);

—— 查询使用 SP-GiST 索引

SELECT * FROM shapes WHERE shape_data && 'point(2,3)';

（5）GIN 索引

GIN 索引适用于文本搜索和数组查询。

—— 创建一个 GIN 索引

CREATE INDEX gin_index ON documents USING gin (document_keywords);

—— 查询使用 GIN 索引

SELECT * FROM documents WHERE document_keywords @> ARRAY['keyword1', 'keyword2'];

（6）BRIN 索引

BRIN 索引适用于大型表中的范围查询，如时间序列数据。

—— 创建一个 BRIN 索引

CREATE INDEX brin_index ON events USING brin (event_date);

—— 查询使用 BRIN 索引

SELECT * FROM events WHERE event_date BETWEEN '2025-01-01' AND '2025-12-31';

这些示例展示了不同类型的索引在不同场景下的用法。选择适当的索引类型可以显著提高数据库查询性能。

2. 索引关注点

2.1 索引膨胀

索引膨胀（Index Bloat）是指在 PostgreSQL 数据库中索引结构不断增长并占用更多磁盘空间，但其中包含的实际数据却很少或不再有效。索引膨胀可能会导致查询性能下降，因此需要定期维护。

索引膨胀主要是由于数据更新操作（如 INSERT、UPDATE、DELETE）引起的。以下是一些常见的引起索引膨胀的原因：

- 数据插入：每次插入新数据行时，索引需要增长，可能会导致碎片化。
- 数据更新：当更新索引列的数据时，可能会导致索引项的变动，增加了索引的大小。
- 数据删除：删除数据行时，索引中的相应项并不会立即被删除，而是被标记为无效，这可能导致废弃项的积累。
- Vacuum 未及时运行：PostgreSQL 使用 Vacuum 操作来回收无效的索引项，如果不能定期运行 Vacuum，索引中的废弃项会持续存在。

由于索引变得更大，查询操作需要更多的 I/O 操作，因此查询性能可能会降低；膨胀的索引会占用大量磁盘空间，浪费资源；同时插入、更新和删除操作在膨胀的索引上需要更多时间。

可以使用 pg_stat_user_indexes 视图来查看索引的统计信息，特别是 idx_scan、idx_tup_read、idx_tup_fetch 等字段，以了解索引的使用情况。也可以使用 pg_stat_statements 扩展来跟踪查询性能，以检测是否有查询受到膨胀索引的影响。

解决索引膨胀问题的方法包括：

- 定期运行 Vacuum 或 Analyze 操作以回收废弃索引项和重新组织索引结构。
- 选择合适的索引类型和列，避免不必要的索引。
- 使用索引表达式来减小索引大小。
- 重新构建索引：可以使用 REINDEX 命令来重新构建索引，从而恢复其性能。
- 考虑使用自动化工具来监控和维护索引。

索引膨胀是 PostgreSQL 中一个常见的性能问题，特别是在高写入负载下。

2.2 重建索引

在 PostgreSQL 中，索引重建是一种维护索引性能的重要操作，用于解决索引膨胀和其他索引性能问题。索引重建的情况通常取决于索引的使用情况和数据库的工作负载。以下是一些需要重建索引的常见情况。

索引膨胀是最常见的需要重建索引的情况之一，它发生在索引结构变得过大，其中包含了大量无效或不再使用的索引项的情况。这可能会导致查询性能下降。重建索引可以清除废弃的索引项，恢复索引性能。

频繁的数据更新。如果表中的数据频繁更新，特别是更新索引列的值，索引可能会变得不均匀，其中一些页内存放的过时索引项没有及时清理。这时重建索引可以帮助重新组织索引结构，提高查询性能。

大批量数据加载。当大量数据一次性加载到表中时，索引可能会变得不连续和膨胀。在大数据导入后，执行重建索引操作可以优化索引的结构。

大量数据删除。如果删除了大量数据行，废弃的索引项可能会积累，导致索引性能下降。重建索引可以帮助清除这些废弃项。

索引类型更改。如果更改索引的数据类型、表达式或列，需要重建索引。

数据库升级。在将 PostgreSQL 数据库升级到新的主要版本时，建议对现有索引进行重建，以确保它们与新版本的数据库引擎兼容并保持最佳性能。

性能调优。为了优化特定查询或应用程序的性能，可能需要重建索引，以更好地满足查询的要求。这可能涉及添加新索引、删除不必要的索引或更改索引的类型。

表结构更改。如果修改了表的结构，如添加、删除或更改列，可能需要重新创建相关的索引，以确保它们与表的新结构一致。

索引重建时，可以使用 PostgreSQL 提供的 REINDEX 命令。重建大型表的索引可能需要一定时间，并且可能会占用大量磁盘空间。因此，在执行重建操作之前，建议对其进行充分的计划和测试。不仅要关注重建索引的时机，还要考虑如何最小化对生产环境的影响。

2.3 不使用索引

在 PostgreSQL 中，即使已经创建了索引，有时查询也可能选择不使用索引。这可能会导致性能下降和查询速度变慢。以下是一些可能导致查询不走索引的常见情况：

●数据量过小：当表中的数据量较小时，查询优化器可能不会使用索引，而选择顺序扫描整个表。因为对于小规模数据，使用索引的代价比较高，在 PostgreSQL 中索引扫描属于随机扫描，因此这种情况下查询优化器会倾向于走全表扫描。

●索引列类型不匹配：如果查询中使用的索引列与索引定义的数据类型不匹配，或者进行了隐式类型转换，优化器可能无法使用索引。因此，在查询时需要确保索引列的数据类型与查询条件相匹配。

●查询条件涉及函数操作：如果查询中使用了函数操作，比如对索引列进行函数计算或操作，优化器可能无法使用索引。例如，WHERE LOWER(column_name) = 'some_value' 会导致该查询不走索引。在可能的情况下，应该尽量避免在索引列上使用函数。

●使用通配符搜索：当使用通配符（如 % 或 _ ）搜索时，索引的效率通常会降低。例如，WHERE column_name LIKE '%some_value%' 可能无法有效使用索引。如果需要模糊搜索，可以考虑使用全文搜索引擎或其他专门的搜索解决方案，而不是通配符搜索。

●使用多列索引中的某些列：如果查询条件仅涉及多列索引中的一部分列，优化器可能无法有效使用索引。确保查询条件覆盖索引的左侧列可以提高索引使用的可能性。

●使用 OR 条件：当查询中包含多个 OR 条件时，优化器可能无法有效使用索引。这是因为 OR 条件会使索引不适用，尤其是当 OR 条件涉及不同的列时。在这种情况下，可以尝试重写查询以使用 UNION 或其他方法，以便每个部分查询都可以使用索引。

●使用聚合函数：在查询中使用聚合函数，如 SUM、COUNT、AVG 等，通常会导致索引无法使用。这些函数需要扫描整个数据集以计算结果，而不是使用索引。

●使用子查询或连接：复杂的子查询或连接操作可能会导致索引不被使用，尤其是当连接条件不涉及索引列时。

●数据分布不均匀：当数据分布不均匀时，优化器可能会认为全表扫描比使用索引更有效。例如，如果索引列的大部分数据值是相同的，而查询条件涉及较少数量的不同值，优化器可能选择不使用索引。

●过时的统计信息：如果表的统计信息过旧，优化器可能会做出错误的判断，选择不使用索引。定期更新统计信息可以帮助优化器做出更准确的决策。

2.4 索引设计原则

设计索引时，有一些关键原则可以帮助你优化数据库性能，提高查询效率。以下是一些 PostgreSQL 索引设计的基本原则：

选择适当的列：确保选择适合索引的列。通常，那些经常用于检索、过滤和排序数据的列是最佳选择。避免在不必要的列上创建索引，因为它会增加存储开销和维护成本。

唯一性索引：对于唯一性约束的列（例如主键），应该创建唯一性索引，以确保数据完整性和高效查找。唯一性索引还可以用来加速连接操作。

组合索引：如果经常需要根据多个列进行查询，可以考虑创建组合索引。组合索引可以提高多列条件的查询性能。然而，不要创建过多的组合索引，因为每个索引都需要额外的存储和维护成本。

顺序索引：如果你经常按升序或降序对数据进行排序，可以创建顺序索引（升序或降序）。这将提高排序操作的性能。

避免过度索引：不要过多创建索引，因为这会增加写入操作的开销，降低性能。维护索引也需要时间，只创建必需的索引。

分析查询：在设计索引之前，分析查询语句。了解哪些查询频繁执行，以及它们使用的列。这将帮助确定最需要哪些索引。

考虑查询性能：索引设计应该考虑查询性能。确保索引可以加速最常见的查询，但不要过于关注不常见的查询，以免浪费资源。

监控索引性能：定期监控索引的性能。如果索引不再有效，或者表的数据分布发生变化，可能需要重新评估和调整索引。

使用 B-Tree 索引：大多数情况下，B-Tree 索引是最常用的索引类型，因为它们适用于范围查询、等值查询和排序操作。其他索引（如哈希索引、GiST、GIN 等）通常用于特定的场景。

定期重建索引：长期运行的数据库可能需要定期重建索引，以清理不必要的碎片并维持高性能。

考虑内存和磁盘：确保索引适合系统的内存和磁盘容量。大型索引可能导致内存不足或磁盘空间不足的问题。

综合考虑这些原则，可以设计出有效的索引策略，以满足应用程序的性能需求。不同的应用程序和查询模式可能需要不同的索引策略，因此索引设计应该根据具体情况进行调整和优化。同时，定期监测和维护索引也是保持数据库性能的关键步骤。

2.5 使用索引提高查询效率

在 PostgreSQL 中，使用索引可以大大提高查询效率的情况包括：

●等值查询（Equality Searches）：当使用等值查询时，索引通常会非常有效。例如，WHERE column_name = 'some_value'，如果列上有相应的等值索引，查询性能将得到很大提升。

●范围查询（Range Searches）：对于范围查询，例如 WHERE column_name > 100 AND column_name < 200，如果列上有范围索引，查询性能将显著提高。

●排序（Sorting）：如果查询需要对结果进行排序，数据库可以使用排序索引来避免实际排序操作，从而提高性能。

●连接（Joins）：在连接操作中，索引通常用于加速连接列的匹配，特别是在外连接时。如果连接列上有索引，查询性能会更好。

●主键和唯一约束（Primary Keys and Unique Constraints）：主键和唯一约束通常在数据库表中自动创建唯一索引。这些索引确保表中的数据唯一性，并用于加速等值查找。

● ORDER BY 和 GROUP BY：如果查询包含 ORDER BY 或 GROUP BY 子句，数据库可以使用索引来优化排序和分组操作。

●部分索引（Partial Indexes）：部分索引只包含表中特定条件下的数据，当查询条件匹配部分索引时，可以显著提高性能。

●覆盖索引（Covering Indexes）：覆盖索引是包含查询所需的所有列的索引。这可以避免从表中读取实际数据行，而是从索引中获取所需的信息，从而提高查询性能。

●全文搜索索引（Full-Text Search Indexes）：对于全文搜索操作，使用全文搜索索引可以提高性能，以便更快地找到匹配的文本。

需要注意的是，索引并不是在所有情况下都能提高性能。过多的索引可能会导致性能下降，因此需要根据具体的查询需求和访问模式来精心设计索引。同时，定期维护和重建索引以保持其性能也是非常重要的。

2.6 性能优化时的索引使用

PostgreSQL 的查询优化器和索引类型之间存在密切的关系，因为查询优化器的任务之一是选择最合适的索引来执行查询。

查询优化器的一个关键任务是选择最适合执行特定查询的索引类型。不同的索引类型适用于不同的数据模式和查询模式。优化器需要考虑查询中涉及的表、列、过滤条件以及连接条件等因素，以决定使用哪种类型的索引或是否使用索引。例如，如果查询中包含范围查询，可能会选择 B-tree 索引；如果查询涉及全文搜索，可能会选择 GIN 或 TSVector 索引。

一旦决定使用哪种索引，优化器还需要选择如何使用索引来访问数据。这通常包括确定是否使用索引扫描（Index Scan）、索引范围扫描（Index Range Scan）、位图扫描（Bitmap Scan）等访问方法。不同的索引类型和查询模式可能会导致不同的访问方法选择。

在某些情况下，一个查询可能涉及多个索引，优化器需要决定是否使用多个索引来加速查询，这涉及位图或与操作（Bitmap And/Or）等策略。选择正确的组合对于查询性能非常重要。

查询优化器还依赖于数据库的统计信息，这些统计信息描述了表中数据的分布和索引的选择性。这些信息有助于优化器评估不同查询计划的成本，以选择最佳执行计划。

不同类型的索引具有不同的特性，例如，B-tree 索引适用于等值查找和排序，GIN 索引适用于包含多个元素的数据类型，GiST 索引适用于复杂数据类型，等等。查询优化器需要了解这些特性，并根据查询要求选择适当的索引类型。

PostgreSQL 的查询优化器在决定如何执行查询时，会考虑索引类型、索引访问方法、多索引选择、统计信息以及索引类型的特性。这个决策过程的目标是生成一个执行计划，以最有效的方式检索数据并返回查询结果，从而提高查询性能。正确选择和配置索引类型对于数据库性能至关重要。

3. 索引其他信息

3.1 索引的存储

PostgreSQL 使用共享缓冲池来存储索引数据的一部分，以加速查询。这是内存中的一块区域，用于存储最频繁访问的数据页面，包括索引页。当查询需要访问索引数据时，如果数据在共享缓冲池中，查询性能将得到显著提升。

PostgreSQL 中的索引数据通常存储在操作系统的文件系统中。每个索引都有一个关联的文件，它们通常位于数据库集群的数据目录下。这些文件存储了索引的数据页面、元数据和其他相关信息。索引数据在磁盘上的存储通常是持久的，以便在数据库重新启动后仍然可用。

尽管索引数据存储在文件系统中，但它实际是存储在磁盘上的。当查询需要访问尚未加载到共享缓冲池中的索引数据时，系统会从磁盘读取相应的数据页面。

索引数据的一部分也会存储在内存中，特别是在执行查询时，相关的索引页面会从磁盘加载到共享缓冲池中，然后缓存在内存中，以便快速访问。

索引在共享缓冲池和文件系统之间的交互非常关键，因为共享缓冲池允许数据库在内存中维护索引数据的一部分，以提高查询性能。当查询需要访问索引时，数据库会首先查看共享缓冲池中是否已经存在所需的数据页面，如果不存在，它会从磁盘加载。当索引数据发生更改时，相应的变化也会在内存和磁盘之间同步。

3.2 索引的选择性

索引选择性（Index Selectivity）是索引列中不同值的数量（基数）与表中总记录数的比值，取值范围为 1/T 到 1（T 为表的总行数）。索引的选择性是衡量索引列数据唯一性和查询条件过滤效率的关键指标。高选择性的索引能显著提升查询性能，而低选择性的索引可能增加维护成本。

索引选择性计算公式：选择性 =count(distinct column)/count(*)。选择性越接近 1，列中唯一值越多，越适合创建索引。反之，选择性越接近 0，重复值越多，越不适合使用索引。

数据库在使用过程中，数据是不断变化的，数据库无法实时获取表中数据的分布情况，也就无法实时计算索引选择性，这可能会导致 SQL 执行计划在是否使用索引上出现偏差。为解决这个问题，PostgreSQL 通过 Analyze 收集数据分布统计信息（如直方图、常用值列表），优化器据此估算选择性。若统计信息不准确，可能导致错误选择索引。在一些数据经常变化的表中，默认的 Analyze 策略可能无法及时收集统计信息，可以考虑调整 Analyze 收集策略，如可以增加采样行数，以提升估算精度。

ALTER TABLE ... ALTER COLUMN ... SET STATISTICS 1000;

除了统计信息的准确性，根据数据类型和使用场景选择合适的索引类型也非常重要。如默认索引类型 B-Tree，适合等值和范围查询（如时间戳、ID）；GIN/GiST 索引类型适用于全文搜索、数组或多值类型（如 JSONB）；BRIN 索引类型适合线性分布的大数据（如时序数据），依赖数据物理顺序。详细信息参考前面的索引类型介绍。

3.3 复合索引

当单列索引选择性不高时，可以考虑采用复合索引提升索引的选择率。PostgreSQL 中的复合索引（Composite Index）是一种在表的多个列上创建的索引结构，也称为多列索引或组合索引。其核心作用是通过优化多条件查询的性能，减少数据扫描的范围，从而加速数据检索。

复合索引是 PostgreSQL 中优化多列查询的重要工具，但其设计需结合业务场景、查询模式和数据分布。合理选择列顺序，遵循最左前缀原则，并定期评估索引效率，才能最大化其性能优势。

当查询涉及多个列时，复合索引比单独索引更高效。例如，查询 WHERE a=1 AND b=2，复合索引 (a, b) 可直接定位数据，而单独索引需要合并两个索引结果。若复合索引包含查询所需的所有列（如 SELECT a, b FROM table WHERE a=1），数据库可直接从索引中获取数据，无须访问表（Index-Only Scan），减少 I/O 开销。复合索引的列顺序与 ORDER BY 子句匹配时，可避免额外的排序操作。例如，索引 (a DESC, b) 可优化 ORDER BY a DESC, b 的查询。

复合索引创建语法

CREATE INDEX index_name ON table_name (column1, column2, ...);

复合索引适用场景

最左前缀原则，复合索引仅对连续的前导列有效。例如，索引 (a, b, c) 可用于以下查询：

WHERE a=1

WHERE a=1 AND b=2

WHERE a=1 AND b=2 AND c=3 但无法用于 WHERE b=2 或 WHERE c=3，因缺少前导列

高频查询列应放在前面，将常用作筛选条件的列置于索引左侧，以提高命中率。

复合索引的优缺点

复合索引的优点如下：

- 缩短多条件查询的响应时间。
- 支持覆盖索引，避免回表查询。
- 优化排序和分组操作。

复合索引的缺点也比较明显，如下：
- 维护成本高，频繁的数据插入、更新或删除会增加索引维护开销。
- 存储占用多，复合索引比单列索引占用更多磁盘空间。
- 并非适用于所有查询，若查询条件不匹配索引前导列，可能无法使用索引。

复合索引使用建议
- 避免过度索引：仅为高频且必要的查询创建复合索引。
- 监控索引使用情况：通过 Explain Analyze 分析查询计划，确保索引被正确使用。
- 结合部分索引：若仅需索引部分数据（如 WHERE status='active'），可创建带条件的复合索引以减少存储占用。

3.4 索引的统计信息

在 PostgreSQL 中，索引的统计信息是优化查询性能的核心依据，主要包含索引的使用频率、数据分布特征及存储效率等关键指标。

索引的统计信息分成两类：索引使用频率统计和数据分布统计。索引使用频率统计可以通过系统视图 pg_stat_user_indexes 获取索引的扫描次数（idx_scan）、读取行数（idx_tup_read）及有效检索行数（idx_tup_fetch）。这些数据反映索引的实际利用率，高扫描次数但低有效检索可能提示索引冗余或设计不当。

数据分布统计，pg_stats 视图存储索引列的直方图（histogram_bounds）、唯一值比例（n_distinct）、空值比例（null_frac）等，帮助优化器估算索引条件的选择率。

除前面两个统计信息，索引大小也可能会对性能有一定影响。在 PostgreSQL 中，索引也可能会膨胀，甚至会出现大于所属表的情况。这就需要定时检查索引的大小，避免因索引膨胀或索引过大引起的性能问题。下面的 SQL 语句可以查询索引的大小。

```
SELECT
    schemaname AS schema_name,
    relname AS table_name,
    indexrelname AS index_name,
    pg_size_pretty(pg_indexes_size(indexrelname::regclass)) AS index_size
FROM pg_stat_user_indexes;
```

这个查询会从 pg_stat_user_indexes 视图中检索用户表的索引信息，并显示每个索引的模式、表名、索引名以及索引的占用空间大小。系统视图 pg_stat_sys_indexes、pg_indexes、pg_class 都可以查询索引信息。

● pg_stat_statements：这是一个用于捕获 SQL 查询性能统计信息的模块。它不仅包括表的性能信息，还包括索引的性能信息。你可以通过查询 pg_stat_statements 视图来获取有关索引使用情况的信息。

● pg_stat_user_indexes（pg_stat_sys_indexes、pg_indexes、pg_class）：这些系统视图包含了关于索引的性能统计信息，提供了索引扫描的次数、索引扫描的行数、索引扫描读取的实时表行数等信息。

● Analyze 命令：使用 Analyze 命令可以更新表和索引的统计信息。这对于确保查询优化器能够做出正确的决策非常重要。你可以针对特定表或索引运行 Analyze 命令。

这些查询和工具可以帮助了解索引的性能和选择性，同时也能监控索引的性能，从而优化数据库的查询计划和性能。

第三章
性能测试

随着数据量和需求的不断增长，数据库系统的性能变得至关重要。无论是传统的关系型数据库还是 NoSQL 数据库，都需要经过性能测试来验证其可扩展性、并发处理能力和响应时间等方面的表现。数据库性能测试是评估数据库系统性能和稳定性的关键环节。它可以帮助企业和开发团队确定数据库在处理数据负载时的能力，并发现可能存在的瓶颈或优化机会。

1. 为什么要进行性能测试

对数据库进行性能测试是确保系统高效、稳定和安全运行的核心环节。以下从多个维度分析其必要性及价值，并结合实际应用场景进行说明。

（1）确保系统稳定性与可靠性。数据库作为系统的核心组件，其稳定性直接影响业务连续性。性能测试通过模拟高并发、大数据量等场景，能够发现数据库在极端条件下的表现，如主从延迟、死锁或连接数耗尽等问题。

（2）优化资源利用率与成本控制。性能测试可识别资源使用瓶颈，如 CPU、内存、磁盘 I/O 和网络带宽等硬件资源消耗情况。例如，通过监控发现查询缓存命中率低或索引失效的情况，可调整配置参数或优化 SQL 语句，以减少不必要的资源浪费。

（3）提升用户体验与业务效率。数据库响应速度直接影响用户体验，性能测试通过分析慢查询日志、优化索引和调整事务处理逻辑，可显著缩短查询时间。

（4）保障数据安全与一致性。性能测试不仅关注速度，还需验证数据在并发操作下的完整性和一致性。例如，通过事务处理能力测试，确保在高负载时 ACID 特性（原子性、一致性、隔离性、持久性）不受影响。此外，测试还可以暴露安全漏洞，如未授权访问或敏感数据泄露等风险，从而加强权限控制和提升加密措施。

（5）支持系统扩展性与未来规划。性能测试为容量规划提供依据，帮助判断是否需要分库分表或升级硬件。例如，水平拆分通过一致性哈希算法分散数据压力，适用于单表数据过大的场景。

（6）预防潜在问题与降低维护成本。未经验证的数据库可能在运行中突发性能问题，导致修复成本高昂。性能测试通过早期发现慢查询、锁竞争或存储引擎不匹配等问题，避免生产环境故障。例如，可以通过压力测试提前发现死锁，优化事务隔离级别，避免生产事故。

（7）验证架构设计与技术选型的合理性。数据库架构（如主从复制、双机热备）和存储引擎（类似 MySQL 的 InnoDB 和 MyISAM）的选择直接影响性能，通过测试对比不同方案的吞吐量和延迟，可为技术决策提供依据。例如，一主多从架构在读写分离场景下表现优异，而双活或多主架构更适合写入密集型的业务。

2. 性能指标

数据库性能指标是衡量数据库系统性能的关键参数，涵盖响应时间、吞吐量、并发性能等多个维度。通过将这些指标数据量化，能够准确评估一款数据库的性能表现。数据库性能评估涉及多个评判指标，完整的测试过程复杂且成本高昂，通常难以对所有指标进行全面测试。因此，选取部分关键指标进行量化评判是实际操作中的常见做法。以下是能够反映数据库性能的指标项：

（1）吞吐量：数据库在单位时间内处理的事务或请求数量。高吞吐量表明系统性能优越，具备高效处理大量并发操作的能力。

（2）错误率：表示在负载测试期间发生错误的百分比。低错误率是系统性能良好的直接体现，而高错误率则明确指示系统可能存在潜在问题。

（3）资源利用率：涉及 CPU、内存、磁盘 I/O 等资源的使用情况。监测资源利用率有助于精准定位系统在高负载下的性能瓶颈，并确保资源利用率维持在合理区间。

（4）响应时间：衡量系统对用户请求的响应速度，即从请求发出到接收响应的时间跨度。较短的响应时间是良好性能的显著标志。

（5）并发性能：反映系统在同时处理多个用户或事务时的性能表现。并发性能测试能够有效揭示系统在高负载条件下的稳定性和性能水平。

（6）可伸缩性：体现系统在负载增加时的应对能力，用于确定系统是否能够高效扩展以处理更多负载请求。

（7）事务一致性：涵盖事务的隔离性、原子性、一致性和持久性等方面，用以测试数据库在高负载时维护数据一致性和完整性的能力。

（8）故障恢复性：涉及系统在发生故障时的恢复速度和可靠性，包括数据库恢复、事务回滚等性能表现。

（9）可用性：反映数据库系统在不同条件下的可用性状况，包括系统的稳定性以及对故障的快速恢复能力。

（10）查询性能：评估数据库在执行各类查询（如简单查询、复杂查询和连接查询等）时的性能表现。

（11）数据存取速度：衡量数据库系统对数据进行读取和写入操作的速度。

上述指标中，部分指标与硬件资源性能密切相关，从侧面反映了硬件资源的性能状况。

数据库系统对硬件环境存在依赖性，硬件资源的稳定是保障数据库性能的基础条件。在当下广受关注的云环境中，数据库性能可能会受到影响。因此，在进行性能测试时，必须准确判断硬件资源对数据库性能的影响程度。一旦确定了硬件资源的外在影响，应将其排除并重新进行测试，以确保对数据库性能的客观评价。若硬件环境无法达到稳定要求，则上述各指标的量化结果将无法保证准确性。

3. 常见性能测试基准解析

在 IT 行业，性能测试基准多种多样。尽管 TPC 基准逐渐被其他新型基准测试所替代，但在国内，TPC 基准凭借其较为成熟的技术体系和广泛的行业应用基础，依旧占据重要地位，尤其是在数据库层面，TPC-C 更是受到普遍青睐。以下将详细介绍常见的 TPC 基准测试类型。

3.1 TPC-C：联机事务处理性能标杆

TPC-C 是联机事务处理（OLTP）领域的经典基准测试。相较于早期的 OLTP 测试标准，TPC-C 在复杂度上实现了跨越式提升，它融入了多种事务类型，构建了更为复杂的数据库结构与执行框架。具体而言，TPC-C 涵盖了五种不同特性的并发事务场景，这些事务既支持即时在线处理，也可按照预设规则排队等待执行。其采用仓库管理系统作为核心测试模型，精准模拟了真实 OLTP 应用场景中的业务流程。然而，随着信息技术产业的飞速发展，TPC-C 在应对当下复杂多变的业务操作场景时略显乏力，同时，开展 TPC-C 测试所需的巨大成本也促使了 TPC-E 的诞生，尽管 TPC-E 有望成为新一代 OLTP 性能测试标准，但就目前国内的实际应用状况来看，TPC-C 仍凭借其深厚的技术积累和广泛的行业认可度占据主流地位。

TPC-C 模拟了一个完整的业务环境，其中一组事务在数据库中执行，包括输入和交付订单、记录付款、检查订单状态，以及监控仓库的库存水平。tpm-C 指标是每分钟执行的新订单事务数。考虑到所需的组合以及事务之间的各种复杂性和类型，该指标更好地模拟完整业务活动，而不仅仅是一两个事务或计算机操作。因此，tpm-C 指标被视为业务吞吐量的度量。tpm-C 不仅衡量一些基本的计算机或数据库事务，还衡量每分钟可以处理多少个完整的业务操作。

3.2 TPC-DS：数据分析性能的权威测试

TPC-DS 专注于数据分析类性能评估，主要用于测试单用户模式下的查询响应时间、多用户场景下的查询吞吐量，以及在复杂工作负载环境下硬件、操作系统和数据处理系统对数据的维护性能。这一基准测试为大数据系统等新兴技术提供了标准化的测试框架，使其能够进行有效的性能对比与评估。

3.3 TPC-DI：数据集成性能的精准度量

TPC-DI 是数据集成领域的首个行业标准测试基准。它着重关注数据从各种源系统提取、转换并加载（ETL）到数据仓库的全过程。随着技术的演进，更全面的数据集成（DI）理念逐渐取代了传统的 ETL 模式。DI 涵盖了从不同数据源中提取和组合数据，将其转换为统一格式并加载至目标数据存储的完整流程。TPC-DI 测试基准通过模拟从 OLTP 系统及其他数据源中提取、合并与转换数据，并加载至数据仓库的过程，为衡量数据集成系统的性能提供了精准的量化手段。

3.4 TPC-E：新型联机事务处理测试标准

TPC-E 是一种先进的联机事务处理（OLTP）性能测试基准。与 TPC-C 相比，TPC-E 在事务类型、数据库结构和整体执行框架的复杂度上都有显著提升。它包含了 12 种不同特性的并发交易组合，这些交易既支持即时在线执行，也可依据价格或时间条件触发。TPC-E 的数据库由 33 个表构成，这些表具备丰富的列、基数和缩放属性。TPC-E 以每秒事务数（tpsE）作为性能度量单位。其测试模型基于股票经纪公司的实际业务活动，能够更贴近当下复杂的业务操作场景，为 OLTP 系统的性能评估提供了更为精准的参考。

3.5 TPC-H：决策支持性能的有力评估

TPC-H 是决策支持领域的标准测试基准，通常用于分布式场景。它通过一系列面向业务的即时查询和并发数据修改操作，模拟了决策支持系统在处理大规模数据、执行高度复杂的查询以及应对关键业务问题时的性能表现，为企业级数据分析和决策制定提供了量化评估依据。

3.6 TPC-W：Web 应用性能的专业测试

TPC-W 专注于事务性 Web 应用性能测试。其工作负载在受控的 Internet 环境中执行，模拟面向业务的事务性 Web 服务器的活动。TPC-W 的性能指标是每秒处理的 Web 交互数。它通过多种 Web 交互场景模拟零售店的业务活动，每个交互都受到严格的响应时间限制。此外，TPC-W 还通过改变浏览与购买的比率，模拟了三种不同的业务配置文件，包括主要是购物（WIPS）、浏览（WIPSb）和基于 Web 的订购（WIPSo）场景，为评估 Web 应用在不同业务负载下的性能表现提供了全面的测试方案。

TPC 基准测试是基于实际生产应用程序和环境建模的，与独立的计算机测试不同，这些测试能够综合评估用户界面、网络、磁盘 I/O、数据存储以及备份和恢复等关键因素。

除了上述 TPC 基准和其他公开的基准测试外，一些大型企业或关键业务客户还会根据自身独特的业务场景，开发专有的基准测试和工具。这些专有基准测试通常针对企业内部的核心业务流程和关键应用系统，一方面能够精准满足企业特定的性能评估需求，另一方面也有助于避免因使用通用基准测试可能导致的厂商优化过度等问题，从而确保性能测试的公平性和客观性，在指导数据库选型、优化以及业务部署等方面发挥着重要作用。

4. 常用测试工具

在性能测试领域，测试工具是不可或缺的，它们能够实现自动化测试，有效减少人工操作。这些工具可以模拟并发访问，能够真实还原多种场景，帮助用户直观了解数据库、应用程序和服务器的性能。用户只需在测试工具上进行一次配置，便可重复执行测试，十分便捷。

对于 PostgreSQL 数据库的性能测试，常用的工具有 pgbench、BenchmarkSQL、JMeter、sysbench 和 LoadRunner 等。其中，pgbench、BenchmarkSQL 和 JMeter 是开源免费的测试工具，在数据库测试方面应用广泛。sysbench 既可以用于测试数据库，也可以用于测试 CPU、内存和文件 IO 性能，不过在实际使用中相对较少。而 LoadRunner 是一款商业软件，适合进行复杂场景的性能测试。

下面重点介绍一下 pgbench、BenchmarkSQL、JMeter 这三种常用工具。

4.1 pgbench

pgbench 作为 PostgreSQL 官方提供的性能测试工具，凭借其与数据库的高度集成和高度定制化能力，能够精准模拟各种典型负载场景，为数据库性能评估提供可靠的量化依据。它支持用户自定义事务脚本，以满足不同业务场景的模拟需求。通过灵活指定事务类型和执行顺序，可以模拟出贴合实际业务的复杂场景。此外，pgbench 利用多线程技术模拟高并发访问，用户可自定义客户端数量、事务数量等参数，从而精准评估数据库在不同并发负载下的性能表现。

4.1.1 内置测试场景

pgbench 内置了一个标准的类 TPC-B 测试场景，该场景中包含 4 个测试表，可使用的内建脚本有 tpcb-like、simple-update、select-only，默认的是 tpcb-like，这三个内建脚本中不包含 delete 操作。

如果想使用默认的测试场景测试数据库，需要预先创建好测试表，并填充好数据，示例如下：

```
pgbench –i –s 5 pgbenchdb
```

-i：初始化模式，创建测试用表。

-s：填充数据的比例因子，表的数据量为默认值的 5 倍，默认表规模为"-s 1"时产生的数据量。

初始化之后，会创建四个表，分别是 pgbench_branches、pgbench_tellers、pgbench_accounts 和 pgbench_history，-s 设置为 1 时，生成的行数如下：

table	# of rows
pgbench_branches	1
pgbench_tellers	10
pgbench_accounts	100000
pgbench_history	0

测试表创建完成后，就可以进行测试了。

内置测试场景的测试表创建完成后，可以使用 pgbench 对数据库进行并发测试，常用的命令选项如下：

- -c：模拟的客户端数量，默认为 1。可以设定真实场景下的客户端数量。
- -j：pgbench 中的工作者线程数量，可以根据 CPU 核数进行配置，默认为 1。
- -t：每个客户端运行的事务数量，默认为 10。
- -T：运行测试持续的时间，不能与 -t 选项一起使用。
- -r：收集每个客户端执行每个语句的事务时间，测试结束后，打印出平均时间。
- -d：指定需要测试的数据库。

测试场景如下：

（1）持续测试 10s，默认每个客户端事务数是 10 个。

```
pgbench –r –c 8 –j 2 –T 10 –d pgbenchdb
```

（2）测试一次，不设定持续时间。

```
pgbench –r –c 8 –j 2 –t 10 –d pgbenchdb
```

这两种测试场景使用的都是 pgbench 的内建脚本，默认的是 tpcb-like，如果想使用 simple-update、select-only，则可以指定 –N 或 –b simple-update、–S 或 –b select-only。

4.1.2 使用自定义脚本

pgbench 有内置的测试脚本，同时也支持自定义测试脚本，用户可以根据提供的测试库，创建符合实际场景的脚本，然后进行测试。

使用自定义测试脚本时，用到的选项是 –f，指定自定义的脚本文件，示例如下：

pgbench –r –c 200 –j 2 –n –t 10 –f /xxx/1.sql –d testdb

pgbench 支持本地测试和远程测试。在低网络延迟的情况下，可以在其他客户端运行 pgbench 以远程测试数据库的性能，这种方式有助于减少本地数据库服务器的压力，能获取更真实的数据库性能。示例如下：

pgbench –h ip –p port –U username –r –c 10 –j 2 –n –t 10 –f /xxx/1.sql –d testdb

–f 指定的测试脚本需要放到运行 pgbench 的服务器上。

4.1.3 结果解析

pgbench 运行结束后，会输出一个总结性报告，详情如下：

......

transaction type: <builtin: TPC–B (sort of)>

列出设定的选项信息

scaling factor: 5

query m ode: simple

number of clients: 8

number of threads: 2

number of transactions per client: 10

测试正常的情况下，实际的事务数与预计的事务数相同

number of transactions actually processed: 80/80

平均延迟时间

latency average = 5.749 ms

首次连接时间

initial connection time = 13.896 ms

吞吐量

tps = 1391.449543 (without initial connection time)

下面是执行测试脚本中每条语句的平均时间

statement latencies in milliseconds:

    0.022 \set aid random(1, 100000 *:scale)

    0.021 \set bid random(1, 1* :scale)

    0.029 \set tid random(1, 10 * :scale)

    0.016 \set delta random(–5000, 5000)

    0.377 BEGIN;

```
    0.699  UPDATE pgbench_accounts SET abalance = abalance + :delta WHERE aid = :aid;
    0.640  SELECT abalance FROM pgbench_accounts WHERE aid = :aid;
    0.643  UPDATE pgbench_tellers SET tbalance = tbalance + :delta WHERE tid = :tid;
    1.050  UPDATE pgbench_branches SET bbalance = bbalance + :delta WHERE bid
= :bid;
     0.452  INSERT INTO pgbench_history (tid, bid, aid, delta, mtime) VALUES (:tid, :bid,
:aid, :delta, CURRENT_TIMESTAMP);
     0.899  END;
```

pgbench 内置的测试场景较为简单，适用于快速评估 PostgreSQL 数据库的性能。若需针对特定业务库进行测试，且数据量符合实际业务场景，则推荐使用自定义测试脚本。

初始化表的比例因子（-s）：在使用内置测试场景时，初始化表的比例因子应至少设置为与客户端数量（-c）相同。这可避免在更新 pgbench_branches 表时发生更新阻塞。比例因子过小可能导致多个客户端同时更新 pgbench_branches 表中的相同行，造成更新阻塞，影响测试结果的准确性。

测试大量客户端会话：当尝试测试大量客户端会话时，pgbench 自身可能成为性能瓶颈。可以采用的解决方案：在数据库服务器之外的低网络延迟机器上运行 pgbench；在多个客户端机器上并发运行多个 pgbench 实例，共同针对同一个数据库服务器进行测试。这可进一步分散测试负载，提高测试的准确性和可靠性。

4.2 BenchmarkSQL

BenchmarkSQL 是一款基于 TPC-C 标准的数据库性能测试工具，能够模拟多种事务处理场景，包括新订单管理、支付操作、订单状态查询、发货和库存状态等。用户可以根据实际需求配置不同事务类型的权重，从而测试多种并发场景，获取真实的压测数据。与 pgbench 相比，BenchmarkSQL 的测试场景更加贴近实际应用场景，适用于对数据库性能进行深入评估和对比不同数据库的性能表现。

BenchmarkSQL 采用 Java 实现，通过 JDBC 访问数据库，这使得它具有良好的跨平台性和对多种数据库的兼容性。用户只需调整配置文件，即可方便地对不同数据库进行统一测试，方便进行数据库选型或性能对比。测试配置灵活可调，用户可根据需求设置仓库数量、终端用户数量等参数，还能自定义事务权重，模拟不同业务负载，满足多样化的测试需求。

4.2.1 安装与配置

BenchmarkSQL 提供 Java 源码，需要先安装 Java 编译工具 ant，安装及编译过程都比较简单，如下所示：

```
yum install ant
unzip benchmarksql-5.0.zip
cd benchmarksql-5.0
ant
```

执行完上面操作后，BenchmarkSQL 安装完成。其中 benchmarksql-5.0 的 lib 目录下放置各个数据库的驱动文件，run 目录下是数据库配置文件和测试脚本。

BenchmarkSQL 是使用 Java 语言编写的，需要 JDBC 驱动包，/benchmarksql-5.0/lib/postgres 目录下自带了 PostgreSQL 数据库的驱动包，不过版本比较低，可以下载最新版本的 JDBC 进行替换。

/benchmarksql-5.0/run 目录下有一个 props.pg 文件，该文件是 PostgreSQL 数据库的配置文件，包括驱动配置、url 配置、性能测试相关参数的配置和收集测试结果的配置，可以根据测试需求进行合理化配置。下面会对该文件进行详细介绍。

BenchmarkSQL 自带的数据库配置文件 props.pg 中包含了一些必要的配置，配置之后才能初始化测试库并进行压测。主要的配置参数如下：

● warehouses：仓库数量，每个仓库的大小大概是 100MB，该参数设置为 5，初始化后的测试库大小大概是 500MB。需要根据测试环境的硬件配置和系统资源进行设定，以保证测试结果的准确性和可靠性。

● loadWorkers：用于在数据库中初始化数据的加载进程数量，建议填写 CPU 核数。

BenchmarkSQL 压测时，初始化测试库需配置关键参数，后续测试过程中不得修改 warehouses 的值，以免与数据库中加载的仓库数不一致导致报错。以下是核心参数介绍：

● terminals：表示并发客户端数量，应根据真实的业务场景进行设定。

● runTxnsPerTerminal：每个客户端的事务数，用于通过设定事务数来控制测试时间。当该参数非 0 时，runMins 参数必须是 0。

● runMins：整个测试持续的时间，通过设定时间长度来控制测试时间。当该参数非 0 时，runTxnsPerTerminal 参数必须是 0。单位为分钟。

● limitTxnsPerMin：每分钟事务总数的限制，默认值为 300。在测试数据库的吞吐量时，需要将该参数设置为足够大的值，以保证不会出现某个终端 sleep 现象，从而准确评估数据库的最大事务处理能力。

上面介绍了压测过程中需要配置的主要参数，props.pg 文件中还包括了 PostgreSQL 连接信息配置参数、收集测试结果配置参数等，根据需要配置即可。

4.2.2 性能测试

BenchmarkSQL 内置测试场景，初始化测试库和实施测试都是执行内置的脚本，测试步骤比较简单，示例如下：

```
## 创建测试用户和测试库
create user benchmarksql with password 'xxxxxx';
create database benchmarkdb owner benchmarksql;
## 配置 benchmark 配置文件 props.pg
conn=jdbc:postgresql://localhost:5432/benchmarksql
user=benchmarksql
password=changeme


warehouses=10
loadWorkers=4
terminals=20
runTxnsPerTerminal=10
runMins=0
## 初始化测试库，创建 warehouses
./runDatabaseBuild.sh props.pg
## 运行 BenchmarkSQL 压测
./runBenchmark.sh  props.pg
```

4.2.3 结果解析

BenchmarkSQL 测试脚本执行完成后，会输出测试结果，信息如下：

```
......
16:23:40,802 [Thread-14] INFO   jTPCC : Term-00, Measured tpmC (NewOrders) = 80.04
16:23:40,803 [Thread-14] INFO   jTPCC : Term-00, Measured tpmTOTAL = 214.51
16:23:40,803 [Thread-14] INFO   jTPCC : Term-00, Session Start     = 2023-12-19 16:22:44
16:23:40,804 [Thread-14] INFO   jTPCC : Term-00, Session End       = 2023-12-19 16:23:40
16:23:40,806 [Thread-14] INFO   jTPCC : Term-00, Transaction Count = 200
```

Measured tpmC (NewOrders)：每分钟执行的 NewOrders 事务数量，用于衡量数据库在处理新订单事务时的性能表现。

Measured tpmTOTAL：每分钟执行的事务总数，综合反映数据库的整体事务处理能力。

Transaction Count：执行的交易总数量。当 runTxnsPerTerminal 非零时，它是 terminals 参数和 runTxnsPerTerminal 参数值的乘积；当 runMins 非零时，它是在 runMins 参数设定的

时间长度内执行的交易总数量。

在数据库配置文件 props.pg 中配置 resultDirectory 参数后，BenchmarkSQL 会在 run 目录下生成一个类似"my_result_2023-12-19_162244"格式的目录，用于存储测试结果数据。用户可以使用 generateReport.sh 和 generateGraphs.sh 脚本生成图形化的测试报告，但需提前安装 R 环境。

以下为生成测试报告的示例命令：

生成文本报告
./generateReport.sh my_result_2025-3-19_162244 /path/to/output/report.html

生成图形化报告（需安装 R 环境）
./generateGraphs.sh my_result_2025-3-19_162244 /path/to/output/
./generateGraphs.sh my_result_2025-3-19_162244

测试报告的分析要点如下：

●事务吞吐量分析：重点关注 Measured tpmC 和 Measured tpmTOTAL 指标，评估数据库在不同负载下的事务处理能力。

●事务响应时间：检查事务的平均响应时间、最大响应时间等指标，确保数据库性能满足业务要求。

●资源利用率：结合数据库服务器的 CPU、内存、磁盘 I/O 等资源利用率指标，评估数据库性能瓶颈。

●错误率分析：检查测试过程中是否出现事务执行失败的情况，分析失败原因并进行优化。

通过以上步骤和方法，用户可以全面、准确地评估数据库性能，并根据测试结果进行针对性的优化。

BenchmarkSQL 通过内置的 TPC-C 测试场景对数据库进行压测，能够在相同的工作负载条件下对比不同数据库的性能，精准评估它们之间的性能差异。它支持模拟多样化的 workload 来测试数据库，并依据结果优化数据库和服务器参数配置。同时，用户可利用 BenchmarkSQL 检测现有数据库潜在的性能瓶颈，如内存不足、磁盘 IO 延迟等。

但 BenchmarkSQL 也有其局限性。它不具备对业务库直接压测的能力，也不能协助优化业务 SQL。对于业务库性能测试，建议选用 JMeter 等工具。

4.3　JMeter

JMeter 是一款功能强大、灵活性高的性能测试工具，广泛应用于 Web 应用程序的性能测试、负载测试和功能测试。它还可以单独对 SQL 语句进行压测，以评估数据库性能。

与 pgbench 和 BenchmarkSQL 不同，JMeter 不提供内置的测试场景，而是通过 JDBC 驱动连接到被测业务库，用户需自行设计测试计划来实现特定的压测场景。测试完成后，JMeter 能够生成多样化的测试报告，帮助用户直观地评估应用程序和数据库的性能表现。

在进行数据库性能测试时，用户可以通过 JMeter 的 JDBC 请求组件，灵活地定义 SQL 查询、更新等操作，并模拟多个用户并发访问数据库，从而对数据库进行压力测试。同时，JMeter 提供了丰富的监听器组件，用于收集和展示测试结果，包括响应时间、吞吐量、错误率等关键性能指标。通过这些指标，用户可以深入分析数据库性能，及时发现潜在的性能瓶颈。

4.3.1 安装与配置

JMeter 安装简单，从官网下载解压后即可使用。

下载地址：https://jmeter.apache.org/download_jmeter.cgi

JMeter 是一个 Java 程序，通过 JDBC 驱动访问数据库。在使用 JMeter 之前，需要下载测试数据库的 JDBC 驱动程序，然后把它放置到 JMeter 安装目录的 lib 目录下。

JDBC 驱动放置好之后，即可启动 JMeter 进行测试前的准备工作，然后进行测试。

中文配置，修改文件 $\apache-jmeter-5.6.2\bin\jmeter.properties，增加参数 language=zh_CN，启动 JMeter 后，界面内容显示为中文。

4.3.2 编写压测脚本

JMeter 通过 JDBC 连接数据库，能够对并发性高的业务 SQL 语句进行压测。通过多次运行并发测试，可以筛选出在高并发场景下执行效率较低的 SQL 语句，进而对其优化。此外，并发测试的 SQL 语句还有助于用户对数据库进行优化调整。

以下以 PostgreSQL 为例，详细介绍压测 SQL 语句的配置步骤：

（1）添加 JDBC 驱动，在测试计划"Test Plan"界面的"Add directory or jar to classpath"选项中选择本地 PostgreSQL 的 JDBC 驱动。

（2）创建线程组，在 JMeter 界面中，右键单击"Test Plan"节点，选择"Add" -> "Threads(Users)" -> "Thread Group"，创建一个线程组。在线程组中需要填写的项目如下：

- Number of Threads (users)：输入并发用户数。
- Ramp-Up period (seconds)：输入线程组的启动时间，即模拟用户在多长时间内全部启动。例如，设置为 10 秒，表示在 10 秒内逐渐启动所有线程。
- Loop Count：输入每个线程要循环执行的次数。
- Specify Thread lifetime：可选配置，用于指定线程的生命周期，即线程运行的总时长。

（3）配置数据库连接信息，选中线程组，点击右键，选择"Add" -> "Config

Element"->"JDBC Connection Configuration",配置数据库连接信息。需要填写的项目如下：

● Variable Name for created pool：输入一个变量名，用于引用数据库连接配置，例如 jdbctest。

● Database URL：填写数据库的连接 URL，格式为 "jdbc:postgresql://<ip>:<port>/<database>"。

● JDBC Driver class：选择与测试数据库对应的 JDBC 驱动程序类，对于 PostgreSQL，通常为 "org.postgresql.Driver"。

● Username：配置数据库的用户。

● Password：配置数据库的密码。

（4）配置 JDBC Request，选中线程组，点击右键，选择 "Add"->"Sampler"->"JDBC Request"，用于执行 SQL 查询或更新操作。需要填写的项目如下：

● Variable Name of Pool declared in JDBC Connection Configuration：输入在 "JDBC Connection Configuration" 中设定的变量名，例如 jdbctest。

● SQL Query：填写要执行的 SQL 语句。

● Query Type：选择合适的 SQL 语句类型，例如 Select Statement、Update Statement 等。

（5）添加监听器，监听器用于收集和展示测试结果，生成各种测试报告。右键单击 "Test Plan" 节点，选择 "Add"->"Listener"，然后根据需要选择以下监听器：

● View Results Tree：用于查看详细的请求和响应信息，帮助分析具体 SQL 语句的执行情况。

● Summary Report：生成性能测试的汇总报告，包含关键性能指标，如平均响应时间、吞吐量等。

● Aggregate Report：提供更详细的聚合报告，包括每个 SQL 语句的执行次数、平均响应时间、最小 / 最大响应时间等。

（6）运行压测，完成上述配置后，点击 JMeter 界面上的 "Start" 按钮，开始执行压力测试。JMeter 将根据线程组和 JDBC Request 的配置，模拟多个用户并发执行 SQL 语句，并将测试结果记录在所选的监听器中。

测试结束后，通过监听器生成的报告分析 SQL 语句的执行效率，找出性能瓶颈，并对低效的 SQL 语句进行优化。例如，可以添加索引、重写查询语句或调整数据库参数等，以提高数据库的整体性能。

4.3.3 结果解析

在 JMeter 压测过程中，配置的监听器负责收集请求数据和测试结果数据。压测结束后，JMeter 依据收集的数据生成对应的测试报告。以下是报告的详细介绍：

（1）查看结果树

在 JMeter 中，"查看结果树"（View Results Tree）是一种监听器，用于查看和分析请求的详细结果。它可以记录每个请求的相关信息，方便分析性能问题和验证预期结果。通过这个监听器，用户可以深入了解每个请求的具体表现。

查看结果树的示例如下图所示。

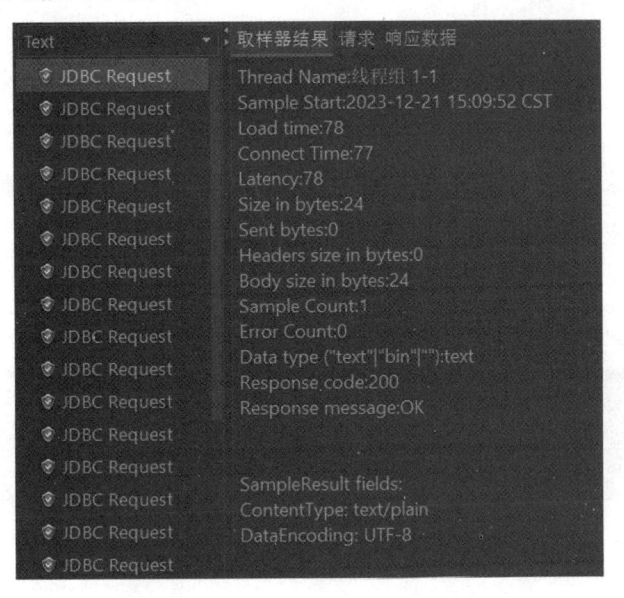

图 3-1　JMeter 结果树示意图

"查看结果树"（View Results Tree）监听器在 JMeter 中用于详细查看每个请求和响应信息。以下是各个项目的解释：

● Thread Name：线程组的名称，表示这个请求是由哪个线程组执行的。

● Sample Start：请求开始执行的时间。

● Load time：请求的总执行时间。

● Connect Time：建立连接所花费的时间。

● Latency：从请求发出到收到第一个响应字节所花费的时间。

● Size in bytes：响应返回的字节数。

● Sent bytes：发送的字节数。

● Headers size in bytes：请求头的字节数。

● Body size in bytes：响应正文的字节数。

● Sample Count：请求执行的次数。

● Error Count：错误次数。如果为 0，表示本次请求没有出现错误。

● Data type：数据类型。数据类型为 "text"，表示请求和响应的数据都是以文本形式进行传输。

- Response code：HTTP 响应状态码。状态码为 200，表示请求成功。
- Response message：响应消息为"OK"，表示请求处理成功。
- ContentType：响应的内容类型，如"text/plain"，表示响应内容为纯文本。
- DataEncoding：数据编码方式，如 UTF-8，表示响应文本数据使用 UTF-8 编码。

这些信息帮助分析请求和响应的详细情况，从而更好地理解性能测试结果。

（2）汇总报告

在 JMeter 中，"查看结果树"（View Results Tree）是一个监听器，用于查看和分析每个请求的执行结果。它提供了丰富的信息，帮助用户深入了解每个请求的详细表现。用户可以查看每个请求的详细信息，包括请求头、请求体、响应头、响应体等。它适用于需要详细分析单个请求和响应的情况，特别是当测试结果不符合预期时，可以帮助快速定位问题。如下图所示。

Label	# 样本	平均值	最小值	最大值	标准偏差	异常 %	吞吐量
JDBC Request	200	576	0	835	224.12	0.00%	116.1/sec
总体	200	576	0	835	224.12	0.00%	116.1/sec

图 3-2 汇总报告示例

以下是各项统计信息的说明：

- Label：请求的名称或操作名称，用于标识具体的请求。
- 样本：执行的样本总数，即该请求被执行的总次数。
- 平均值：所有执行时间的平均值，单位为毫秒。
- 最小值：所有执行时间中的最小值，单位为毫秒。
- 最大值：所有执行时间中的最大值，单位为毫秒。
- 标准偏差：所有执行时间的标准差，反映执行时间的离散程度。
- 异常率：错误样本所占的百分比，反映请求的错误率。
- 吞吐量：每秒处理的请求数量，单位为请求数/秒。

通过查看"汇总报告"，用户可以全面了解整个测试计划的性能表现，包括请求的执行时间、错误率、吞吐量等信息。这些数据为性能分析和优化提供了有力支持。

（3）聚合报告

聚合报告能够助力评估与优化系统性能，并且可以了解每个请求的性能表现和资源利用情况。以下是一个典型的聚合报告示例及各项指标的解释：

Label	# 样本	平均值	中位数	90% 百分位	95% 百分位	99% 百分位	最小值	最大值	异常 %	吞吐量
JDBC R...	200	576	658	799	817	832	96	835	0.00%	116.1/sec
TOTAL	200	576	658	799	817	832	96	835	0.00%	116.1/sec

图 3-3　聚合报告示例

聚合报告是一种详细的性能测试工具，用于评估系统的性能表现。以下是各项统计信息的具体说明：

- Label：请求的名称或操作名称，用于标识测试中的具体请求。
- 样本：执行的样本总数，即该请求被执行的总次数。
- 平均值：所有请求的平均响应时间，单位为毫秒。
- 中位数：表示有一半的请求响应时间小于等于该值，单位为毫秒。
- 90% 百分位：表示 90% 的请求响应时间小于等于该值，单位为毫秒。
- 95% 百分位：表示 95% 的请求响应时间小于等于该值，单位为毫秒。
- 99% 百分位：表示 99% 的请求响应时间小于等于该值，单位为毫秒。
- 最小值：请求的最小响应时间，单位为毫秒。
- 最大值：请求的最大响应时间，单位为毫秒。
- 异常 %：错误率，即错误样本所占的百分比。
- 吞吐量：每秒处理的请求数量，单位为请求数 / 秒。

通过聚合报告，可以全面了解每个请求的性能表现，从而为系统的性能优化提供数据支持。

①支持客户端和命令行两种测试方式

pgbench 和 BenchmarkSQL 测试工具通常以命令行的形式操作，而 JMeter 测试工具既可以通过命令行的形式操作，也可以通过客户端界面操作。在 JMeter 客户端界面上配置好测试计划后，可以直接点击界面上的启动按钮进行测试。另外，还可以将测试计划保存为 jmx 文件，然后将该文件分发到安装了 JMeter 的测试执行机器上，通过执行 jmeter 命令来运行测试。示例如下：

```
jmeter -n -t xxx.jmx -l xxx.jtl
```

-n 参数表示在非 GUI 模式下运行 JMeter，这种模式下不启动 JMeter 的图形化界面，直接以命令行方式执行测试，可以节省系统资源并提高测试执行效率。

-t 参数用于指定要运行的 JMeter 测试文件，其文件扩展名为 .jmx。

-l 参数用于指定测试结果数据的记录文件路径，测试结果将被记录到指定的 .jtl 文件中，后续可以使用 JMeter 的客户端界面读取该文件，生成可读的测试报告。

②测试应用系统

JMeter 可以通过发送 HTTP 请求、模拟用户行为等多种方式，对 Web 应用程序的各项功能进行全面的测试，确保其正常运行。同时，JMeter 能够模拟多用户并发访问 Web 服务器，从而精准地测试系统在高负载情况下的性能指标，包括并发用户数、吞吐量、响应时间等关键性能参数。

③内置函数

在 JMeter 中，函数是具备特定功能的动态元素，可用于生成值或执行操作，进而填充测试树中元件的字段。

JMeter 函数的标准语法为：${__functionName(var1, var2, var3)}。当函数参数中存在逗号时，需使用反斜杠"\"对其进行转义，以避免语法冲突。此外，JMeter 函数和变量是严格区分大小写的。

JMeter 自带的函数助手，列举了所有内置函数，并提供了每个函数的详细使用说明，包括参数要求、返回值类型等信息，用户可借此深入了解各函数的使用方法。

4.3.4 最佳实践

JMeter 支持客户端操作和命令行操作。由于客户端操作会消耗一定的系统资源，从而对数据库压测结果产生一定的影响，建议的实践方法是：先在客户端配置好测试计划，然后将其保存为 jmx 文件，在进行压测时采用命令行方式进行操作，以减少资源占用对压测结果的干扰。

JMeter 作为一个基于 Java 的程序，在压测过程中必然会占用一定的硬件资源。为了确保压测结果的准确性和避免资源竞争，建议不要将 JMeter 和数据库部署在同一台服务器上。

5. 科学选择性能测试方案

在性能测试领域，深刻理解其必要性、目的与作用是基础，同时需熟练掌握性能指标、常用基准及测试工具的相关知识。为确保性能测试的准确性与稳定性，测试方案要考虑以下情况。测试方案需紧密贴合用户需求；测试方案可借助测试结果实现对数据库、服务器的优化调整；选择高性价比的测试方案至关重要。

挑选合适的测试方案需考量众多因素，以下是几种核心要素：

（1）明确测试目标。性能测试启动前，精准定位本次测试目标至关重要，如对 IO 评估、高并发情境下数据库的性能表现等。唯有锚定测试目标，方能锁定测试核心区域与关键指标。

（2）确定关键指标。一旦测试目标明晰，便可据此圈定关键性指标，如吞吐量、响应时间、并发数、错误率等。这些关键指标将为数据库性能评估提供有力支撑，助力精准定位性能瓶颈所在。

（3）测试方式。数据库性能测试可多管齐下：一方面，针对业务 SQL 实行综合性封闭测试，直击业务逻辑核心；另一方面，对软件系统展开性能测试，借此从侧面洞察不同数据库间的性能差异，为数据库选型与优化提供参考依据。

（4）硬件配置。开展数据库性能测试时，硬件配置不容小觑。需依据真实业务环境遴选硬件资源，涵盖 CPU 核数和主频、内存容量、磁盘类别、网络带宽等关键要素。硬件环境越贴近实际业务场景，输出的测试报告就越具参考价值，越能精准助力用户评估数据库性能。反之，若硬件环境与现实业务场景大相径庭，则测试结果对数据库性能评估的辅助作用将大打折扣。

（5）压测数据的设计。围绕既定测试目标与指标，精心雕琢测试数据，力求契合真实场景下的数据负载特性，包含数据量级、数据分布规律、数据请求频率等维度。一套逼真且贴合实际的测试数据，将极大地提升数据库性能评估的精准度与实效性。

（6）并发模式的设定。模拟高并发压测数据库是性能测试的常见手段，但并非并发数越高越能反映真实性能。务必依据实际业务场景合理设定并发数，同时兼顾读写操作的比例关系，毕竟真实业务中读操作与写操作的频率往往存在显著差异。科学合理的并发数设定，有助于精准定位数据库在特定并发区间内的性能表现，判断该区间是否契合业务需求，以及是否有必要针对数据库或服务器进行优化调整。

（7）工具的选择。在测试目标、指标、数据等要素时，甄选一款契合的测试工具成为关键步骤。当前市面上的数据库测试工具琳琅满目，如 pgbench、BenchmarkSQL、JMeter 等，测试人员需依据自身测试需求进行挑选，以确保测试工具能精准模拟真实场景，为性能测试提供坚实支撑。

（8）监控和分析。测试工具完成压测后，虽能输出测试结果或生成测试报告，但报告往往仅呈现最终测试成果，压测过程中数据库与服务器的运行状态则隐匿其中。此时，部署专业监控系统便显得至关重要，在压测过程中实时追踪数据库与服务器的运行状况，常用监控工具包含 Prometheus、nmon、pg_top、pgcenter 等。测试报告生成后，借助既定指标（如响应时间、吞吐量、并发数等）剖析数据库性能表现，针对不尽如人意的指标深入探究其根源，并迅速实施优化调整措施。

（9）在确保数据库安全性与稳定性不受影响的前提下，量身定制一套贴合真实业务场景的测试方案，不仅能极大地提升数据库性能评估的科学性与准确性，更能精准助力用户挖掘数据库性能瓶颈，从而为后续的优化调整工作铺就平坦道路。

6. 性能测试结果分析与优化

在完成数据库性能测试后，系统会输出测试结果并生成详细的测试报告。然而，若仅止步于获取结果而不进行深入分析，便无法精准洞察数据库的性能表现。因此，我们必须对测试结果进行全面且深入的分析，从而全面评估数据库的性能表现，并针对性能不足之处实施相应的优化调整，确保数据库在各类复杂工作负载下均能维持高效且稳定的性能表现。

为了更精准地解读测试结果，我们首先需要对测试环境与测试方法有清晰的认识。测试环境涵盖操作系统详细信息、硬件配置（包括 CPU 核数与主频、内存容量与类型、磁盘种类与 I/O 性能等）、网络信息（如网络带宽大小、拓扑结构形式等）。测试方法则涉及测试数据的规模设定，是直接对 SQL 语句进行压测还是通过应用系统间接压测数据库等。深入了解这些信息，对于后续的测试结果分析具有重要的奠基作用。

以下是性能测试结果分析的具体流程：

（1）查看测试报告。测试报告内容丰富，我们应着重关注几个关键性能指标，例如吞吐量、响应时间和错误率等。对这些指标项的数据进行深入剖析，能够助力用户精准定位数据库的性能瓶颈以及表现欠佳的环节。此外，借助测试报告，我们还能明确数据库所能承受的最大并发数，以及在不同工作负载条件下数据库的性能。

（2）定位性能问题。通过对性能测试结果的细致分析，能够揭示一些潜在的性能瓶颈。这些瓶颈可能源自多个方面，包括但不限于数据库自身的性能局限、网络带宽的约束、CPU 和内存的利用率过高等。同时，还需留意测试期间是否出现诸如内存泄漏、连接池溢出等异常状况，这些异常往往会对数据库性能造成严重负面影响。

（3）分析数据库性能。针对数据库测试报告，尤其是压测 SQL 语句的报告，我们常常能够发现一些执行缓慢的 SQL 语句，其中查询语句尤为常见。对于这类问题，需要深入分析 SQL 语句的执行计划，并针对高并发查询场景进行优化。优化手段包括合理调整数据库参数、优化索引策略、对 SQL 语句进行重构等，以此提升查询效率。此外，还需检查数据库的连接状态，确保连接能够正常释放与创建，避免连接长时间被占用，从而保证连接所占用的内存得以及时释放，保障服务器的稳定运行。

（4）分析网络性能。在通过远程连接对数据库进行压测时，若网络延迟较大，将显著影响数据传输效率，从而导致从请求发起至数据获取的整个过程耗时较长。在某些情况下，SQL 语句在数据库端的执行速度较快，但远程压测的响应时间却过长，此时则需要重点考虑网络延迟因素，评估是否有必要对网络带宽或网络配置进行优化调整。

在完成性能测试结果的全面分析后,对于表现不佳的环节,必须深入探究其根源,并据此实施优化措施。优化方向主要涵盖服务器配置、网络配置以及数据库配置等方面。在数据库层面,具体优化手段包括参数精细化调整、索引优化以及 SQL 语句重构等。优化实施完成后,应再次开展压测,以验证优化举措的实际成效。

总而言之,通过对性能测试结果的深入分析并结合针对性的优化调整,能够有效提升数据库的性能表现,确保其在不同工作负载条件下稳定运行。鉴于业务需求处于动态演变之中,数据库性能也会随之发生相应变化,因此性能优化绝非一劳永逸之举,而是一个需要持续投入的动态过程。唯有不断地进行监控、分析与调优,方能保证数据库以及业务系统的高效、稳定运行。

总结

数据库性能测试不仅是对数据库系统进行检验的重要手段,更是提升数据库运行效率、优化系统架构的有力工具。通过对测试结果的分析与总结,我们可以全面了解数据库系统的性能状况,找出潜在问题并提出改进措施。这些建议可能包括优化查询语句、调整数据库配置参数以及合理升级硬件等。根据测试结果,我们还应制定未来改进和优化的方向,为数据库性能提供长期规划。

在实施改进策略的过程中,持续监控数据库性能是至关重要的。通过实时监控,我们能够根据实际情况动态调整优化策略,从而不断提升数据库系统的性能和稳定性,确保其能够满足不断增长的业务需求。

第四章
备份与恢复

　　数据库是业务系统正常运转的基石，其中存储的数据更是企业和个人至关重要的资产。为确保数据安全与可靠，备份和恢复是数据库管理中不可或缺的关键任务。本章聚焦于 PostgreSQL 的备份与恢复机制，深入探讨其相关技术细节，并介绍一些实用的插件及特殊恢复工具，为企业和个人提供数据保护的全面解决方案。

1. 备份与恢复工具

PostgreSQL 数据库备份通常分为两种类型：逻辑备份和物理备份。这两种备份方法有不同的优势和适用场景。

表 4-1　逻辑备份和物理备份区别

	逻辑备份	物理备份
定义	逻辑备份是通过导出 SQL 脚本来备份数据库的结构和数据。这种备份方法产生的备份文件包含了 CREATE 和 INSERT 语句，可以通过 SQL 脚本还原数据库	物理备份是直接备份数据库底层的二进制文件，包括数据目录、配置文件和 WAL 日志等。这种备份方法创建一个数据库的物理副本，可以直接用于还原
特点	逻辑备份不依赖于底层存储结构。这使得备份文件可以在不同的 PostgreSQL 版本之间进行导入和导出	物理备份是底层存储结构的备份，因此速度较快。备份文件对于 PostgreSQL 版本和操作系统有依赖
优点	备份灵活，可以选择备份的对象，例如特定的表或数据库对象。适用于小型数据库，方便进行数据筛选和修改	备份恢复速度快，可根据需求基于时间点进行恢复，且可以配合归档文件实现基于时间点的恢复（PITR）
缺点	速度较慢，无法实现基于时间点的恢复	不够灵活，备份文件通常与特定的 PostgreSQL 版本和操作系统相关。在不同的 PostgreSQL 版本或操作系统上进行还原可能会有问题
常用工具	pg_dump、pg_dumpall	pg_basebackup pg_rman pgBackRest

下面我们会介绍 pg_dump、pg_basebackup、pg_rman 和 pgBackRest 工具的使用，其中更多篇幅会侧重于 pgBackRest，该备份软件功能较多，适合场景也较多。

表 4-2　各备份工具对比

功能	备份工具			
	pgBackRest	pg_rman	pg_basebackup	Barman
多实例	是	否	是	是
保留策略	是	是	否	是
远程备份	是	否	是	是
备份到云	是	否	否	否
压缩备份	是	否	是	是
并行备份	是	否	是	是
增量备份	是	是	否	否
验证数据	是	否	否	否
备份加密	是	否	否	否
单库还原	是	否	否	否

1.1　pg_dump

前面我们对数据库逻辑备份和物理备份有了一定的了解。下面详细介绍几个相关工具，首先来看逻辑备份工具 pg_dump 及其恢复命令 pg_restore。

pg_dump 是一个功能强大的逻辑备份工具，它可以灵活地导出 PostgreSQL 实例中的一个数据库、模式、表等。如果需要导出整个数据库集群或者备份集群中所有数据库共有的全局对象（如角色和表空间），则需要使用 pg_dumpall。下面主要列出一些使用 pg_dump 备份和恢复的参考语句：

```
# 备份数据库 mydb
pg_dump mydb > db.sql


# 恢复数据到 newdb 数据库中
psql -d newdb -f db.sql


# 使用自定义格式备份数据库
pg_dump -Fc mydb > db.dump
```

使用目录格式备份数据库
pg_dump –Fd mydb –f dumpdir
使用并行备份数据库,这里用了 5 个并行
pg_dump –Fd mydb –j 5 –f dumpdir

恢复文件到数据库 newdb 中
pg_restore –d newdb db.dump

备份表 mytab
pg_dump –t mytab mydb > db.sql

备份 detroit 模式中以 emp 开始的所有表,并排除名为 employee_log 的表
pg_dump –t 'detroit.emp*' –T detroit.employee_log mydb > db.sql

备份名称以 east 或者 west 开始并且以 gsm 结束的所有模式,排除名为 test 的模式
pg_dump –n 'east*gsm' –n 'west*gsm' –N 'test' mydb > db.sql

也可以用正则表达式实现上面的操作
pg_dump –n '(east|west)*gsm' –N 'test' mydb > db.sql

备份名称以 ts_ 开头的表之外的所有数据库对象:
pg_dump –T 'ts_*' mydb > db.sql

备份名称有大小写混合的表
pg_dump –t '"MixedCaseName"' mydb > mytab.sql

备份数据量较大的数据库时,可以配合 split 切分大小
pg_dump dbname | split –b 2G – filename

恢复 SQL 格式的备份文件
psql dbname < dumpfile.sql

除了使用 psql 读取文本文件进行应用恢复外，PostgreSQL 还提供了 pg_resotre 工具，它主要用于 pg_dump 导出的非纯文本数据的恢复，还可以指定数据库恢复，如果不指定，会先建库再恢复，当然也可以选择恢复的内容，如表、模式、数据库、触发器等。

```
# 创建数据库并恢复 '-C' 创建数据库
pg_restore -C -d postgres db.dump


# 恢复到指定数据库 newdb 中
pg_restore -d newdb db.dump
```

1.2　pg_basebackup

pg_basebackup 是 PostgreSQL 数据库内置的基础备份工具，它可以在不中断业务的前提下，对正在运行的 PostgreSQL 数据库集群执行在线基础备份，确保其他客户端可以正常访问数据库。借助归档日志，它支持基于时间点的恢复功能，并且可以作为日志传送或流复制备用服务器的初始化起点。由于其技术原理限制，不支持增量备份和并行备份。尽管如此，凭借基于时间点的恢复能力，它仍适合作为小型数据库的定期备份方案。

pg_basebackup 具体参数此处不作赘述，如需深入了解，可运行"pg_basebackup --help"命令获取帮助信息。下面是使用 pg_basebackup 备份数据库的示例。

```
# 将本机数据库备份至 /backup/data 目录
pg_basebackup -h 127.0.0.1 -U postgres -D /backup/data


# 备份到目录 backup 中，打 tar 包，使用 gzip 压缩，且显示运行进度报告
pg_basebackup -D /backup -Ft -z -P


# 备份到目录 backup 中，打 tar 包，使用 gzip 压缩，设置压缩级别为 9
pg_basebackup -D /backup -Ft --compress=gzip:9


# 备份到目录 backup 中，将位于 /opt/ts 的表空间备份到 /backup/ts
pg_basebackup -D /backup -T /opt/ts=/backup/ts
```

1.3　pg_rman

pg_rman 是一款开源的 PostgreSQL 数据库备份与恢复工具，借鉴了 Oracle RMAN 的设计理念，能够实现全量备份、增量备份以及归档备份，同时支持在线恢复和基于时间点（PITR）的恢复功能。它为 PostgreSQL 提供了高效、可靠的备份与恢复解决方案，确保

数据库在遇到故障或需要恢复时，可以快速、准确地恢复到指定状态，保障数据的完整性和可用性。

项目地址：https://github.com/ossc-db/pg_rman

pg_rman 的下载、编译配置过程遵循常规流程，与多数插件类似，此处不再赘述。以下是其使用示例：

```
# 初始化备份目录
pg_rman init -B /database-backup/PostgreSQL-backup/fullbackup


# 配置环境变量
export BACKUP_PATH=/database-backup/PostgreSQL-backup/fullbackup
# 设置备份策略
cat pg_rman.ini
ARCLOG_PATH='/home/postgres/arch'  # 归档目录
SRVLOG_PATH='/home/postgres/data/log'  # 数据库错误日志目录
COMPRESS_DATA = YES # 压缩数据
KEEP_ARCLOG_FILES = 10 # 保存归档文件个数
KEEP_ARCLOG_DAYS = 10 # 保存归档的天数
KEEP_DATA_GENERATIONS = 3 # 备份冗余度
KEEP_DATA_DAYS = 10 # 保存备份集时间
KEEP_SRVLOG_FILES = 10 # 保存日志文件个数
KEEP_SRVLOG_DAYS = 10 # 保存日志文件天数
# 执行全备
$pg_rman backup --backup-mode=full --with-serverlog --progress
# 增量备份
$pg_rman backup --backup-mode=incremental --with-serverlog --progress
# 查看备份信息
pg_rman show


# 校验备份集
pg_rman validate
# 删除备份信息（注意保留备份冗余）
pg_rman delete -f '2023-10-14 15:59:57'
```

```
# 恢复到指定时间点
pg_rman restore --recovery-target-time='2023-10-14 12:7:16'
```

在执行备份或恢复操作时，可利用参数 --backup-path 显式指定备份目录位置。其他相关命令可通过查阅帮助文档获取。

1.4 pgBackRest

pgBackRest 是一款针对 PostgreSQL 的可靠备份与恢复解决方案，具备出色的扩展性，能够满足大型数据库及高负载需求。其核心特性如下：

● 并行备份与恢复：支持并行备份和恢复操作，提升处理效率。

● 本地及远程操作：可基于最小配置实现本地备份、恢复与存档，也支持通过 TLS/SSH 进行远程备份、恢复及存档操作。

● 多存储库支持：允许设置多个存储库，例如本地存储库保留较少备份以实现快速还原，远程存储库保留更长备份周期以保障冗余和企业级访问。

● 多种备份级别：支持完整备份、差异备份和增量备份。采用块级备份机制，仅复制已更改文件部分，节省存储空间，无须对每个文件进行单独校验和计算。

● 备份轮换与存档周期：可针对完整备份和差异备份制定保留策略，灵活覆盖不同时间范围的恢复需求。

● 数据完整性保障：备份过程中为每个文件计算校验和，并在还原或验证时重新检查，确保数据完整性。

● 页校验功能：备份时验证每个文件的校验和，及时发现潜在数据页问题。

● 断点续备功能：支持从中断的备份点继续备份，已复制的文件会与清单中的校验和对比，以保障数据完整性。

● 流式压缩与校验和：文件复制到存储库时，同步进行流式压缩和校验计算，提升效率与数据安全性，无论存储库位于本地还是远程。

● 增量恢复优化：备份清单记录每个文件的校验和，恢复时利用其加速处理，大幅提高恢复效率。

● 并行异步的 WAL 推送与获取：配备专用命令用于 WAL 归档推送与获取，且支持并行处理及异步运行，兼顾处理速度与 PostgreSQL 响应时间。

● 表空间及链接支持：全面支持表空间，恢复时可灵活地重新映射表空间位置。

● 对象存储兼容性：兼容 S3、Azure 和 GCS 等对象存储，且可对存储库加密，确保备份在各种存储位置的安全性。

● 多版本兼容性：支持多个 PostgreSQL 版本，具有良好的兼容性。

pgBackRest 是开源软件，项目地址：https://pgbackrest.org/。

1.4.1 安装与配置

pgBackRest 提供了源码，使用前需要编译安装，编译前需要准备编译环境，编译使用的依赖包如下：

```
mount -t iso9660 -o loop /opt/software/CentOS-7-x86_64-DVD-2009.iso /mnt
yum -y install wget gcc gcc-c++ make openssl-devel perl-devel perl-DBD-Pg perl-IO-Socket-SSL.noarch perl-XML-LibXML perl-JSON-PP.noarch libxml2-devel
rpm -ivh libyaml-devel-0.1.4-11.el7_0.x86_64.rpm
perl -V | grep USE_64_BIT_INT
```

编译安装：

```
wget https://github.com/pgbackrest/pgbackrest/archive/refs/tags/release/2.54.2.tar.gz
tar -zxvf 2.54.2.tar.gz

cd pgbackrest-release-2.54.2/src && ./configure && make
cp pgbackrest $PGHOME/bin
```

创建运行时使用的相关目录：

```
mkdir -p -m 770 /pgdata/pgbackrest/log
mkdir -p /pgdata/pgbackrest/conf.d
touch /pgdata/pgbackrest/pgbackrest.conf
chmod 640 /pgdata/pgbackrest/pgbackrest.conf
chown -R postgres: /pgdata/pgbackrest
```

可以通过以下命令验证是否安装成功：

```
pgbackrest version
```

1.4.2 配置备份

在使用 pgBackRest 进行备份和恢复之前，需要先编写 pgbackrest.conf 配置文件，配置文件示例如下：

```
$ cat pgbackrest.conf
[pg15]
# 目标库 data 目录
pg1-path=/pgdata/postgres15/data
#PostgreSQL 数据库端口
pg1-port=5432
```

```
[global]
log-path=/var/log/pgbackrest
# 存放备份文件目录
repo1-path=/pgdata/pgbackup
# 配置保留策略，备份时会自动保留两份，并清理之前备份信息
repo1-retention-full=2
repo1-retention-diff=2
# 执行快速备份，默认情况下需要等待检查点，启动快速备份会自动执行检查点操作
start-fast=y
[global:archive-push]
# 归档压缩级别
compress-level=3
```

配置目标备份库 pg15 归档：

```
# vi $PGDATA/postgresql.conf
archive_mode = 'on'
archive_command = 'pgbackrest --stanza=pg15 archive-push %p'
max_wal_senders = 3
wal_level = replica
```

创建目标库配置信息：

```
[postgres@ms2 pgbackrest]$ pgbackrest --stanza=pg15 --log-level-console=info stanza-create
   2024-03-06 16:19:31.970 P00   INFO: stanza-create command begin 2.51dev: --exec-id=9097-672eef72 --log-level-console=info --log-path=/var/log/pgbackrest --pg1-path=/pgdata/postgres15/data --pg1-port=5416 --repo1-path=/pgdata/pgbackup --stanza=pg15
   2024-03-06 16:19:32.572 P00   INFO: stanza-create for stanza 'pg15' on repo1
   2024-03-06 16:19:32.583 P00   INFO: stanza-create command end: completed successfully (614ms)
```

检查目标库配置信息：

```
[postgres@ms2 pgbackrest]$ pgbackrest --stanza=pg15 --log-level-console=info check
   2024-03-06 16:22:34.804 P00   INFO: check command begin 2.51dev: --exec-id=9297-15708b4b --log-level-console=info --log-path=/var/log/pgbackrest --pg1-path=/pgdata/postgres15/data --pg1-port=5416 --repo1-path=/pgdata/pgbackup --stanza=pg15
```

2024-03-06 16:22:35.409 P00　INFO: check repo1 configuration (primary)

2024-03-06 16:22:35.613 P00　INFO: check repo1 archive for WAL (primary)

2024-03-06 16:22:35.613 P00　　INFO: WAL segment 000000010000000500000044 successfully archived to '/pgdata/pgbackup/archive/pg15/15-1/0000000100000005/000000010000000500000044-33dc6b606e8daf14d9fc7bf3b70a3f48a84f725b.gz' on repo1

2024-03-06 16:22:35.613 P00　INFO: check command end: completed successfully (810ms)

删除目标库节点信息：

先停止相关服务
pgbackrest --stanza=pg15 --log-level-console=info stop

删除备份目标库资料库 1 的备份信息
pgbackrest --stanza=pg15 --repo=1 --log-level-console=info stanza-delete

1.4.3 常用参数

pgBackRest 相关参数比较多，下面按分类介绍各种参数。

（1）常规备份参数

● --stanza：指定数据库实例的标识符，用于区分不同的备份任务。例如：--stanza=main，表示对名为"main"的数据库实例进行备份操作。

● --backup：触发备份操作。--backup=full，执行完整备份，创建数据库的完整副本；--backup=diff，执行差异备份，仅备份自上次完整备份以来更改的数据。--backup=incr，执行增量备份，仅备份自上次备份（可以是完整备份或差异备份）以来更改的数据。

● --repo：指定存储库，用于存放备份数据。--repo=1，使用主存储库。

（2）压缩相关参数

● --compress：启用压缩功能，压缩备份文件。--compress，启用压缩，采用默认压缩级别；--compress-level=9，指定压缩级别为 9，数字越大，压缩率越高，但可能会影响性能。

（3）并发处理参数

● --process-max：设置最大并发进程数，提升备份效率。--process-max=4，最多同时使用 4 个进程进行备份操作。

（4）日志与报告参数

● --log-level：控制日志的详细程度。--log-level=info，记录一般信息级别的日志；--log-level=debug，记录调试级别的详细日志，用于问题排查。

● --report：在备份完成后生成报告，便于查看备份结果和相关统计信息。

（5）其他参数

● --no-archive：在备份过程中，不进行归档日志的备份操作，在特定场景下使用。

● --delta：启用增量备份时，仅备份自上次备份以来更改的数据块。

● --online：执行在线备份，数据库在备份过程中保持运行状态。

下面是一些常用备份命令：

```
# 完整备份命令
pgbackrest --stanza=main --backup=full --repo=1 --compress --process-max=4 --log-level=info --report
# 差异备份命令
pgbackrest --stanza=main --backup=diff --repo=1 --compress --process-max=4 --log-level=info --report
# 增量备份命令
pgbackrest --stanza=main --backup=incr --repo=1 --compress --process-max=4 --log-level=info --report
# 禁用归档日志备份的完整备份命令
pgbackrest --stanza=main --backup=full --repo=1 --no-archive --compress --process-max=4 --log-level=info
# 启用增量块级备份的增量备份命令
pgbackrest --stanza=main --backup=incr --repo=1 --delta --compress --process-max=4 --log-level=info --report
# 在线完整备份命令
pgbackrest --stanza=main --backup=full --repo=1 --online --compress --process-max=4 --log-level=info --report
```

这些参数可以根据实际需求进行组合和调整，以满足不同的备份场景和要求。

1.4.4 备份与恢复示例

（1）对数据库执行全库备份。

```
[postgres@ms2 pgbackrest]$ pgbackrest --stanza=pg15 --log-level-console=info backup
2024-03-06 16:29:28.472 P00   INFO: backup command begin 2.51dev: --exec-id=9846-cc286245 --log-level-console=info --log-path=/var/log/pgbackrest --pg1-path=/pgdata/postgres15/data --pg1-port=5416 --repo1-path=/pgdata/pgbackup --repo1-retention-full=2 --stanza=pg15 --start-fast
         WARN: no prior backup exists, incr backup has been changed to full
```

……

2024-03-06 16:34:53.773 P00   INFO: expire command end: completed successfully (3ms)

（2）执行 diff 增量备份，执行 incr 时，更改即可。

[postgres@ms2 pgbackrest]$ pgbackrest --stanza=pg15 --type=diff --log-level-console=info backup

2024-03-06 16:57:52.685 P00   INFO: backup command begin 2.51dev:

……

2024-03-06 16:57:54.866 P00   INFO: backup command end: completed successfully (2182ms)

2024-03-06 16:57:54.867 P00   INFO: expire command begin 2.51dev: --exec-id=11605-77634d34 --log-level-console=info --log-path=/var/log/pgbackrest --repo1-path=/pgdata/pgbackup --repo1-retention-full=2 --stanza=pg15

2024-03-06 16:57:54.870 P00   INFO: expire command end: completed successfully (3ms)

（3）查看备份信息。

[postgres@ms2 ~]$ pgbackrest info

stanza: pg15

  status: ok

  cipher: none

  db (current)

    wal archive min/max (15): 000000010000000500000044/00000001000000050000004E

    full backup: 20240306-162929F

      timestamp start/stop: 2024-03-06 16:29:29+08 / 2024-03-06 16:34:53+08

      wal start/stop: 000000010000000500000048 / 000000010000000500000048

      database size: 10.4GB, database backup size: 10.4GB

      repo1: backup set size: 2.3GB, backup size: 2.3GB

    diff backup: 20240306-162929F_20240306-165753D

……

    incr backup: 20240306-162929F_20240306-170139I

……

```
        diff backup: 20240306-162929F_20240306-170255D
......
```

上面内容是备份后的备份信息，下面是该内容的解释说明：

"database size"表示数据库的完整未压缩大小，"database backup size"则指实际需要备份的数据量。执行全备时，这两者大小相同。

"repo"用于标识存储备份数据的存储库位置。"backup set size"包含了该备份所需的所有文件以及存储库中用于恢复的任何引用备份文件，"backup size"仅包含当前备份中的文件。执行全备时，两者大小一致。若在 pgBackRest 中启用压缩功能，则存储库大小会反映压缩后的文件大小。

"backup reference list"显示了恢复当前备份所需的其他备份。借助引用列表，可以清晰地区分增量备份（incr）和差异备份（diff）。

手动清理完整备份时，系统会同时清理基于该完整备份的所有增量备份相关文件。

```
#stanza 必须有，备份片可选择，手动清理至少会保留全备
pgbackrest --stanza=pg15 --set=20240306-162929F expire
```

pgBackRest 依赖操作系统定时任务实现定时备份，示例如下：

```
#Linux 定时任务示例
30 06 * * 0    pgbackrest --type=full --stanza=pg15 backup
30 06 * * 1-6  pgbackrest --type=diff --stanza=pg15 backup
```

（4）恢复数据库。

```
pg_ctl stop
# 删除 data 目录
find data -mindepth 1 -delete
# 启动恢复
[postgres@ms2 ~]$ pgbackrest --stanza=pg15 restore
[postgres@ms2 ~]$ pg_ctl start



# 工具相关日志，在开始配置的日志目录中
[root@ms2 pgbackrest]# pwd
/var/log/pgbackrest
[root@ms2 pgbackrest]# ls -lrt
总用量 20
-rw-r------ 1 postgres postgres 1342 3 月  6 16:19 pg15-stanza-create.log
```

-rw-r------ 1 postgres postgres 5407 3月 6 17:02 pg15-backup.log

-rw-r------ 1 postgres postgres 1414 3月 6 17:02 pg15-expire.log

-rw-r------ 1 postgres postgres 779 3月 7 08:36 pg15-restore.log

通过恢复日志可以看到，参数列表会根据配置文件及备份信息添加相关值，也可以手动指定。

[root@ms2 pgbackrest]# cat pg15-restore.log
-------------------PROCESS START-------------------
2024-03-07 08:34:58.239 P00   INFO: restore command begin 2.51dev: --exec-id=5548-e3416d4e --log-path=/var/log/pgbackrest --pg1-path=/pgdata/postgres15/data --repo1-path=/pgdata/pgbackup --stanza=pg15

2024-03-07 08:34:58.248 P00   INFO: repo1: restore backup set 20240306-162929F_20240306-170255D, recovery will start at 2024-03-06 17:02:55

2024-03-07 08:36:04.505 P00   INFO: write updated /pgdata/postgres15/data/PostgreSQL.auto.conf

2024-03-07 08:36:04.508 P00   INFO: restore global/pg_control (performed last to ensure aborted restores cannot be started)

2024-03-07 08:36:04.509 P00   INFO: restore size = 10.5GB, file total = 1777

2024-03-07 08:36:04.510 P00   INFO: restore command end: completed successfully (66272ms)

查看指定备份片备份信息，列出备份的数据库。

查看某备份片备份的数据库列表
[postgres@ms2 ~]$ pgbackrest --stanza=pg15 --set=20240306-162929F info
stanza: pg15
    status: ok
    cipher: none

    db (current)
        wal archive min/max (15): 000000010000000500000044/000000020000000500000052

        full backup: 20240306-162929F
            timestamp start/stop: 2024-03-06 16:29:29+08 / 2024-03-06 16:34:53+08
            wal start/stop: 000000010000000500000048 / 000000010000000500000048

lsn start/stop: 5/48000028 / 5/48000138

database size: 10.4GB, database backup size: 10.4GB

repo1: backup set size: 2.3GB, backup size: 2.3GB

database list: postgres (5), xk_db (24765)

（5）指定数据库，进行恢复。

\# 停止数据库

pg_ctl stop

\# 指定恢复某个数据库，如 xk_db

pgbackrest --stanza=pg15 --delta --db-include=xk_db --type=immediate --target-action=promote restore

\# 恢复日志

2024-03-07 09:52:23.323 P00   INFO: restore command begin 2.51dev: --db-include=xk_db --delta --exec-id=10472-df3b1d8e --log-path=/var/log/pgbackrest --pg1-path=/pgdata/postgres15/data --repo1-path=/pgdata/pgbackup --stanza=pg15 --target-action=promote --type=immediate

……

2024-03-07 09:52:37.835 P00   INFO: restore command end: completed successfully (14513ms)

（6）基于时间点进行恢复。

pgbackrest --stanza=pg15 --delta --type=time "--target=2024-03-07 10:50:46.844967+08" --target-action=promote restore

\# 恢复信息

2024-03-07 10:51:54.840 P00   INFO: restore command begin 2.51dev: --delta --exec-id=14174-42a41ace --log-path=/var/log/pgbackrest --pg1-path=/pgdata/postgres15/data --repo1-path=/pgdata/pgbackup --stanza=pg15 --target="2024-03-07 10:50:46.844967+08" --target-action=promote --type=time

……

2024-03-07 10:52:08.074 P00   INFO: restore command end: completed successfully (13235ms)

pgbackrest 工具会在 PostgreSQL 参数文件 postgresql.auto.conf 中自动添加恢复相关参数

```
cat postgresql.auto.conf
# Recovery settings generated by pgBackRest restore on 2024-03-07 10:52:08
restore_command = 'pgbackrest --stanza=pg15 archive-get %f "%p"'
recovery_target_time = '2024-03-07 10:50:46.844967+08'
recovery_target_action = 'promote'
```

1.4.5 通过 SQL 查看备份信息

pgBackRest 提供了两个 SQL 脚本，分别是用于创建函数的脚本和查询备份信息的脚本。其工作原理是将备份信息以 JSON 格式导入数据库的临时表中，然后通过查询该临时表来查看备份相关信息。这些 SQL 脚本存储于 /soft/pgbackrest-main/doc/example 目录下。

创建函数：

```
# 将数据拷贝到数据库临时表，执行完删除临时表
[postgres@ms2 example]$ psql -f pgsql-pgbackrest-info.sql
CREATE SCHEMA
CREATE FUNCTION
```

查看备份，只列出最后备份时间。默认没有备份类型，可以在脚本自行添加 [(last_backup->'type'::varchar) as last_backuptype]。

```
[postgres@ms2 example]$ psql -f pgsql-pgbackrest-query.sql
  name  | last_backuptype | last_successful_backup  |    last_archived_wal
--------+-----------------+-------------------------+--------------------------
 "pg15" | "diff"          | 2024-03-06 17:02:57+08  | 000000020000000500000050
(1 row)
```

1.4.6 备份保留策略

之前设置的完整备份和增量备份的保留策略均为保留最近的 2 次备份。目前已经执行了 1 次完整备份、2 次差异备份（diff）和 1 次增量备份（incr）。现在再次执行差异备份，由于保留策略的限制，系统会自动清理最早的备份以符合保留策略。此时完整备份的文件数量和大小保持不变，差异备份的文件数量和大小与前一次增量备份相同，同时最早的备份会被清理。

```
[postgres@ms2 ~]$ pgbackrest --stanza=pg15 --type=diff --log-level-console=info backup
2024-03-07 09:23:42.585 P00   INFO: backup command begin 2.51dev: --exec-id=8734-51545f9a --log-level-console=info --log-path=/var/log/pgbackrest --pg1-path=/pgdata/postgres15/data --pg1-port=5416 --repo1-path=/pgdata/pgbackup --repo1-retention-diff=2 --repo1-retention-full=2 --stanza=pg15 --start-fast --type=diff
```

......

    2024-03-07 09:23:58.388 P00   INFO: expire command begin 2.51dev: --exec-id=8734-51545f9a --log-level-console=info --log-path=/var/log/pgbackrest --repo1-path=/pgdata/pgbackup --repo1-retention-diff=2 --repo1-retention-full=2 --stanza=pg15

    2024-03-07 09:23:58.388 P00   INFO: repo1: expire diff backup set 20240306-162929F_20240306-165753D, 20240306-162929F_20240306-170139I

    2024-03-07 09:23:58.391 P00   INFO: repo1: remove expired backup 20240306-162929F_20240306-170139I

    2024-03-07 09:23:58.392 P00   INFO: repo1: remove expired backup 20240306-162929F_20240306-165753D

    2024-03-07 09:23:58.392 P00   INFO: expire command end: completed successfully (4ms)

根据 pgBackRest 的备份保留策略，当设置完整备份和增量备份的保留策略均为保留最近的 2 次备份时，执行备份操作后系统会自动清理最早的备份以符合保留策略。通过日志可以观察到清理了两个备份，再通过备份信息可以确认，清理的是最早执行的差异备份（diff）和增量备份（incr）。

```
[postgres@ms2 ~]$ pgbackrest info
stanza: pg15
    status: ok
    cipher: none

    db (current)
        wal archive min/max (15): 000000010000000500000044/000000020000000500000052

        full backup: 20240306-162929F
......
            repo1: backup set size: 2.3GB, backup size: 2.3GB


        diff backup: 20240306-162929F_20240306-170255D
......


        diff backup: 20240306-162929F_20240307-092343D
......
```

1.4.7 配置多个存储库

pgBackRest 作为一款高效的 PostgreSQL 备份与恢复工具，自 v2.33 版本起引入了多存储库支持功能，显著提升了数据冗余性和灾难恢复能力。以下从核心特性、配置使用及优势三个方面进行详细介绍：

多仓库配置。pgBackRest 最多支持配置 4 个独立存储库，每个存储库可为不同类型（如本地文件系统、S3、Azure、GCS 等），并支持差异化保留策略。例如，本地仓库可设置为短期保留以节省空间，而云存储库可长期保留以实现跨地域冗余。

优先级管理。按编号（repo1、repo2 等）定义优先级，编号越小优先级越高。在执行恢复操作时，pgBackRest 优先选择高优先级且满足条件的备份，确保快速恢复。

统一管理与独立操作。部分命令（如 stanza-create、check）会自动作用于所有仓库，以确保一致性；通过 --repo 参数指定目标仓库进行备份，允许不同仓库按需执行差异化的备份计划。

配置文件示例，定义两个存储库：repo1 为本地路径，repo2 为 Azure 云存储。保留策略分别为 2 次全备和 8 次全备。

```
[demo]
pg1-path=/var/lib/postgresql/13/demo
[global]
repo1-path=/var/lib/pgbackrest
repo1-retention-full=2
repo2-type=azure
repo2-azure-account=pgbackrest
repo2-path=/demo-repo
repo2-retention-full=8
```

初始化与检查

初始化所有仓库：pgbackrest --stanza=demo stanza-create，自动为每个仓库创建元数据。

检查 WAL 归档状态：pgbackrest --stanza=demo check，验证所有仓库的归档完整性。

备份与恢复

独立备份：需分别执行 pgbackrest --stanza=demo --repo=1 backup 和 --repo=2。

智能恢复：恢复时自动选择最优备份（如时间点恢复），或通过 --repo 强制指定仓库。

多存储库的优势与适用场景

冗余与容灾：通过多地存储（如本地 + 云）实现数据多重保护，避免单点故障。

成本与性能优化：本地仓库提供快速访问，云仓库降低长期存储成本。例如，高频备份存本地，低频归档至云端。

灵活策略适配：支持按需配置不同保留周期、加密策略及压缩级别，以适应企业级合规要求。

多存储库的注意事项

版本兼容性：多仓库功能需 v2.33 及以上版本，旧版本可能存在配置冲突（如无效的 repo2-path 警告）。

异步归档：建议启用 archive-async=y 以避免归档阻塞，确保 WAL 分段高效推送至各仓库。

1.4.8 远程备份

pgBackRest 的远程备份配置通过分离备份服务器与数据库服务器，提供更高的安全性和资源隔离。配置方法如下：

（1）服务器角色划分

数据库服务器：运行 PostgreSQL 实例，需配置 WAL 归档和 SSH/TLS 通信。

备份服务器：存储备份数据，需安装 pgBackRest 并与数据库服务器互通。

（2）安装 pgBackRest

在两台服务器上安装相同版本的 pgBackRest。

（3）配置操作系统 SSH 免密登录

生成密钥：分别在数据库服务器（postgres 用户）和备份服务器（pgBackRest 用户）上生成 RSA 密钥。

交换公钥：通 ssh-copy-id 或手动追加公钥至对方 .ssh/authorized_keys 文件。

测试连接：验证双向无密码 SSH 访问（如 sudo -u pgbackrest ssh postgres@db1）。

数据库归档路径等设置与本地配置相同。后续可以创建 stanza，并测试备份，相关命令请参考前面步骤。

1.4.9 注意事项

（1）配置与路径管理

●路径一致性：确保 repo1-path（备份仓库路径）与数据库的 data 路径在物理存储上一致，避免因符号链接导致校验失败或备份中断；容器化环境中，需确保容器内路径映射与宿主机路径完全匹配，避免恢复时路径解析错误。

●配置文件权限：pgbackrest.conf 及日志目录需赋予 PostgreSQL 运行用户读写权限，否则备份可能因权限不足而失败。

（2）备份策略

● 备份类型与频率：首次必须执行全量备份，之后建议每周至少备份一次；增量备份适用于日常频繁备份，但需定期验证其完整性。

● 保留策略：通过 repo1-retention-full 控制全量备份保留数量，避免存储空间耗尽。

（3）性能优化参数

● 并行处理：通过设置 process-max 提高备份速度，但建议不超过 CPU 核心数的 25%，避免资源争抢。

● 压缩与缓冲区：使用 compress-type=zst（Zstandard）平衡压缩率与速度，提高参数 buffer-size 可以提升大文件处理效率。

（4）归档模式与 WAL 管理

● 开启 PostgreSQL 归档，并配置 archive_command 指向 pgBackRest，确保 WAL 日志实时归档。

● 定期检查 WAL 归档完整性，避免因日志缺失导致恢复失败。

（5）权限与安全

● SSH 免密配置：在多节点备份（如主从集群）时，需配置 SSH 密钥对实现免密登录，否则远程备份可能中断；使用 pg1-host-user 和 pg1-host-port 明确指定远程节点用户及端口。

● 加密与访问控制：启用 TLS/SSL 或 SSE-C 加密备份数据，防止传输与存储过程中的泄露风险。避免在配置文件中明文存储密码，可通过环境变量或密钥管理工具动态注入。

（6）恢复与验证

● 恢复前的检查：使用 pgBackRest info 确认备份集状态，确保目标备份的 status: ok。

● 时间点恢复（PITR）：指定恢复时间点时，需确保目标时间在备份时间范围内。

● 恢复后操作：恢复完成后，需手动清理旧数据目录并重启 PostgreSQL 服务。验证恢复数据的一致性，可通过 pg_checksums 或对比业务关键表数据。

（7）特殊场景与故障处理

● 主从集群备份：使用 backup-standby=y 从备库执行备份，减少主库负载，但需确保备库与主库数据同步。若备库因故障中断，需切换至主库重新生成备份链。

（8）容器化与云存储

● MinIO/S3 集成：配置 repo2-type=s3 并正确设置存储桶和密钥，避免因网络超时导致备份失败。

● 混合云冗余：结合本地仓库（快速恢复）与云仓库（灾备），通过多仓库策略提升容灾能力。

（9）故障恢复建议

● 若出现 "right sibling's left-link doesn't match" 等索引错误，优先通过 REINDEX 重

建索引，而非直接恢复备份。
- 备份过程中断时，优先检查磁盘空间、网络连接及日志，定位具体错误。

（10）运维最佳实践
- 定期测试恢复流程：至少每季度执行一次全量恢复演练，确保备份有效性。
- 监控与告警：集成 Prometheus 或 Zabbix 监控备份状态、仓库容量及 WAL 归档延迟。
- 文档与备份策略同步更新：在数据库架构变更（如新增表空间）后，及时调整备份配置。

2. 数据修复性恢复

本节内容聚焦于因异常情况引发的数据损坏问题，阐述相应的处理措施及数据恢复方法。需明确的是，各类特殊恢复工具均存在固有限制，无法充分保障数据的完整性，它们仅是在极端情境下尽可能修复数据的应急手段。在数据库运维过程中，强烈建议实施定期备份策略并建立完善的灾备体系，以确保数据库的安全稳定运行以及数据的完整无缺。以下所列工具及方法仅供参考。

2.1 坏块校验

在数据库领域，坏块是指存储于磁盘上的数据块或数据页出现损坏或错误的情况。坏块的存在会对数据库的完整性和可靠性产生严重的负面影响，包括数据的丢失或损坏以及数据不一致等问题。通过校验坏块，能够及时发现并修复数据库中已损坏的块，从而有效保护数据的完整性，降低数据丢失的风险。

2.1.1 checksum

在 PostgreSQL 中，WAL 默认开启 checksum 功能。确保从 WAL 缓冲区写入 WAL 日志的数据一致性，并且在读取时会根据每个 WAL 日志页面的 checksum 检查页面内容的正确性。

对于数据文件，默认未开启 checksum 功能。如果需要开启，可以在初始化数据库时通过 initdb 命令的 --data-checksums 参数配置，或者使用 pg_checksums 命令开启。

数据库页面的 checksum 在缓冲区刷新到磁盘时设置，并在页面再次读取到缓冲区时进行检测。在刷新到磁盘的过程中，缓冲区仅持有共享锁，其他进程可能会更新提示位。因此，如果进行校验和操作，数据库会将页面复制到私有存储空间，即先复制页面，再计算 checksum 值。

PostgreSQL 采用全页写（Full Page Writes, FPW）机制来防止因写入失败导致的数据不可用问题。如果数据页面中的提示位发生变化，checksum 值也会相应变化。在启用 checksum 的环境中，执行检查点后，页面的第一次修改如果涉及提示位更新，则会触发全页写，增加 WAL 日志的空间占用。

无论是计算 checksum 还是校验该值，都会消耗一定的系统资源，从而对数据库性能产生一定的影响。因此，是否开启 checksum 功能需要根据实际需求进行充分测试和评估。

下面通过具体场景介绍 checksum 相关功能的特点（可以在测试环境学习，不要在生产环境中进行 dd 测试）。

查看数据库是否开启 checksum：

```
postgres=# show data_checksums ;
 data_checksums
----------------
 on
(1 row)
```

如未开启，使用下面命令开启，操作前需要关闭数据库：

```
[postgres@ms2 ~]$ pg_checksums –e –P
11517/11517 MB (100%) computed
Checksum operation completed
Files scanned:   2066
Blocks scanned: 1474205
Files written: 0
Blocks written: 0
pg_checksums: syncing data directory
pg_checksums: updating control file
Checksums enabled in cluster


# 关闭 checksum 命令
pg_checksums –d –P
```

创建测试表：

```
postgres=# create table tab_chk (id int,name text);
CREATE TABLE
postgres=# insert into tab_chk values(1,'aaa');
INSERT 0 1
```

postgres=# insert into tab_chk values(2,'bbb');
INSERT 0 1

查看表的物理位置：

postgres=# select pg_relation_filepath('tab_chk');
 pg_relation_filepath
----
 base/14486/33258
(1 row)

当前文件大小为 8KB，我们通过 dd 命令增加一个块（复制原块内容），也就是实际上表数据文件有四条数据了：

$ dd bs=8192 count=1 seek=1 of=/var/lib/pgsql/14/data/base/14486/33258 if=/var/lib/pgsql/14/data/base/14486/33258
1+0 records in
1+0 records out
8192 bytes (8.2 kB) copied, 0.0020077 s, 4.1 MB/s

执行 pg_checksums 命令需要关闭数据库，下面我们通过该命令检查校验和，这时会提示有一个错误：

$ pg_ctl stop
waiting for server to shut down.... done
server stopped
$ pg_checksums –c
pg_checksums: error: checksum verification failed in file "/var/lib/pgsql/14/data/base/14486/33258", block 1: calculated checksum B27 but block contains B28
Checksum operation completed
Files scanned: 1929
Blocks scanned: 99093
Bad checksums: 1
Data checksum version: 1

如果忽略 checksum，是可以正常启动数据库的，并可以查看到四条数据：

postgres=# show ignore_checksum_failure ;
 ignore_checksum_failure

```
 off
(1 row)
postgres=# select * from tab_chk ;
 id | name
----+------
  1 | aaa
  2 | bbb
  1 | aaa
  2 | bbb
(4 rows)
```

在 PostgreSQL 中，启用 checksum 功能具有重要意义。当存在坏块或类似问题时，若数据库查询涉及该表，会触发错误提示。然而，若数据库启动时出现坏块，但查询未涉及坏块中的数据，即使启用了 checksum，也不会报错。

此外，存在一种情况即使启用 checksum 也不会报错。假设一张表有多个数据文件，若删除其中某个非首个数据文件，不影响表的查询和插入操作。若数据库处于运行状态时通过 rm 删除数据文件，重启后数据库会自动修复。而若在数据库关闭状态下删除数据文件，重启后对缺失部分物理文件的表进行查询和插入操作时，数据库无异常表现，但这对表的数据一致性影响较大，查询缺失数据部分时将无法获取相应数据。

这些情况表明，尽管 checksum 功能有助于检测数据损坏问题，但在某些特定场景下可能无法全面保障数据一致性和完整性，需要结合其他数据库管理和监控措施，确保数据库的可靠运行和数据安全。

2.1.2 函数校验

在 PostgreSQL 中，可用自定义函数来遍历指定表的所有记录。若过程中出现错误，函数会引发异常，并返回最后一个正常行的 CTID，该 CTID 的下一行即为损坏行。

需注意的是，此函数依赖于 hstore 扩展。该扩展实现了 hstore 数据类型在一个单一的 PostgreSQL 值中存储键值对。要使用此函数，需先创建 hstore 扩展。

CTID 是 PostgreSQL 中的系统列，表示表中每一行的物理位置，可用于定位表中的具体记录。这种机制允许在遇到错误时，快速定位到可能出现问题的行，方便后续的数据修复或进一步的诊断操作。使用自定义函数来遍历记录并结合 CTID 来定位损坏行，是处理数据损坏问题的一种常见且有效的方法。而 hstore 扩展提供了灵活的数据存储方式，有助于在函数中处理和存储键值对形式的数据，使得函数的实现更加高效和便捷。

安装 hstore 插件
create extension hstore;
创建校验函数。
CREATE OR REPLACE FUNCTION
 find_bad_row(tableName TEXT)
 RETURNS tid
 as $find_bad_row$
DECLARE
 result tid;
 curs REFCURSOR;
 row1 RECORD;
 row2 RECORD;
 tabName TEXT;
 count BIGINT := 0;
BEGIN
 SELECT reverse(split_part(reverse($1), '.', 1)) INTO tabName;
 OPEN curs FOR EXECUTE 'SELECT ctid FROM ' || tableName;
 count := 1;
 FETCH curs INTO row1;
 WHILE row1.ctid IS NOT NULL LOOP
  result = row1.ctid;
  count := count + 1;
  FETCH curs INTO row1;
  EXECUTE 'SELECT (each(hstore(' || tabName || '))).* FROM '
   || tableName || ' WHERE ctid = $1' INTO row2
    USING row1.ctid;
  IF count % 100000 = 0 THEN
   RAISE NOTICE 'rows processed: %', count;
  END IF;
 END LOOP;
 CLOSE curs;
 RETURN row1.ctid;

```
    EXCEPTION
      WHEN OTHERS THEN
        RAISE NOTICE 'LAST CTID: %', result;
        RAISE NOTICE '%: %', SQLSTATE, SQLERRM;
      RETURN result;
END
$find_bad_row$
LANGUAGE plpgsql;
```

启用 checksum，关库模拟坏块，通过查看：

```
postgres=# select count(*) from find_tab ;
WARNING:  page verification failed, calculated checksum 17385 but expected 17386
ERROR:  invalid page in block 1 of relation base/14486/41656
```

通过函数查看，表中 CTID 在 (0,30) 之后的数据出现异常。

```
postgres=# select find_bad_row('find_tab');
WARNING:  page verification failed, calculated checksum 17385 but expected 17386
NOTICE:  LAST CTID: (0,30)
NOTICE:  XX001: invalid page in block 1 of relation base/14486/41656
 find_bad_row
---------------
 (0,30)
```

可以按照 CTID 删除掉报错的行，再做扫描，正常后，可以导出重建表。

删除报错的数据行

delete from find_tab where ctid='(1,1)';

在未启用 checksum 的 PostgreSQL 环境中，可以利用 find_bad_row 函数扫描表中的数据块，以定位坏块。该函数可能协助我们确定数据损坏的位置，从而有助于保留其他正常数据。然而，若需全面恢复受损数据，仍需依赖备份文件或从库环境进行尝试。因此，强烈建议对数据库进行定期备份，以确保数据的安全性与可靠性。

其他未开启 checksum 的环境，也可以使用 find_bad_row 函数来扫描表中数据块，定位到坏块。函数只是有可能帮我们找到损坏的位置，有助于我们保留其他正常的数据。如需全部恢复还是要有备份文件或者从库环境来尝试恢复需要的数据，建议对数据库进行定期备份，保障数据库数据的安全和可靠性。

2.1.3 忽略坏块

数据库运行过程中遇到坏块的情况，可以通过下面的方法忽略坏块错误。

方法一，使用 ignore_checksum_failure 参数。

参数 ignore_checksum_failure 仅在开启 checksum 时生效，作用就是忽略 checksum 的报错，读出坏块中的数据，但如果页面头部（page header）损坏，数据仍无法读取，事务会终止。下面是使用 ignore_checksum_failure 参数跳过坏块的示例。

执行查询时出现错误：

```
postgres=# select * from tab_chk ;
WARNING: page verification failed, calculated checksum 2855 but expected 2856
ERROR: invalid page in block 1 of relation base/14486/33258
```

设置坏块忽略参数为 on 后，再次查询：

```
postgres=# set ignore_checksum_failure=on;
SET
postgres=# select * from tab_chk ;
WARNING: page verification failed, calculated checksum 2855 but expected 2856
 id | name
----+-------
  1 | aaa
  2 | bbb
  1 | aaa
  2 | bbb
(4 rows)
```

方法二，使用 zero_damaged_pages 参数。

开启该参数后，数据库会将损坏的页面在内存中置为空，进而获取剩余结果。即使页面头部损坏，事务也不会退出，仅抛出警告。该参数无须 checksum 启用，可帮助恢复因硬件或软件错误而损坏的数据。清零页不会强制写入磁盘，建议在关闭此参数前重建表或索引。默认设置为 off，仅超级用户或具有适当 SET 权限的用户可更改。该参数可能是最后的希望，在使用该参数之前，建议对原始数据进行完整的物理备份。示例如下：

```
postgres=# select * from tab_chk where ctid='(0,2)';
 id | name
----+-------
  2 | bbb
```

```
(1 row)
postgres=# select * from tab_chk where ctid='(1,1)';
WARNING: page verification failed, calculated checksum 2855 but expected 2856
ERROR: invalid page in block 1 of relation base/14486/33258


-- 开启参数 zero_damaged_pages
postgres=# set zero_damaged_pages =on;
SET


-- 再次查看，确认，该参数会忽略坏块，也无法找到该坏块其他数据
postgres=#  select * from tab_chk where ctid='(1,1)';
 id | name
----+------
(0 rows)
```

方法三，使用 ignore_invalid_pages 参数。

PostgreSQL13 版本新增了一个参数 ignore_invalid_pages(boolean)，用于控制数据库恢复过程中遇到文件坏块时是否绕过这个坏块继续进行数据库恢复，此参数默认值为 off。设置为 on 虽然可以继续进行数据库恢复，但这可能导致数据库无法启动、数据丢失或运行隐患等，建议谨慎使用该功能。

当设置为默认值时，若在恢复期间检测到 WAL 记录中存在对无效页面的引用（如页面逻辑损坏或物理缺失），PostgreSQL 将触发 PANIC 级错误，强制终止恢复进程，阻止数据库启动。

若设置为 on，PostgreSQL 会忽略无效页面的引用，仅记录警告信息并继续恢复流程。此操作允许数据库完成恢复并启动，但可能导致以下风险：

● 数据丢失或不一致性：跳过损坏的页面可能导致部分数据无法恢复。
● 潜在崩溃风险：后续操作可能因数据损坏而触发其他错误。
● 损坏扩散：未修复的损坏可能在后续写入中扩散。

该参数主要应用于以下特定场景：

● 紧急恢复：当数据库因无效页面导致无法正常恢复时，临时启用 ignore_invalid_pages 以绕过错误，启动数据库并导出关键数据。
● 调试与诊断：开发者或管理员可通过忽略无效页面，定位复杂恢复问题的根源，并结合日志分析具体损坏类型。
● 备用服务器容错：在流复制场景中，若备库因主库的无效页面引用无法同步，可暂

时启用此参数让备库启动，但需尽快修复主库问题。

2.2 pg_dirtyread

pg_dirtyread 是 PostgreSQL 的一款扩展插件，适用于 9.2.9 及以上版本，具备读取表中未被 Vacuum 处理的无效数据及其他数据的能力。

项目地址：https://github.com/df7cb/pg_dirtyread

编译安装过程比较简单，如下所示：

```
$ tar -zxvf pg_dirtyread-2.4.tar.gz
$ cd pg_dirtyread-2.4/
$ make
$ make install
# 连接到数据库创建插件：
postgres=# create extension pg_dirtyread ;
```

创建测试表并删除数据。此处为防止 Delete 数据后执行 Vacuum 清理，创建表时关闭了自动 Vacuum。

```
postgres=# create table a(id int,name varchar);
CREATE TABLE
postgres=# alter table a set (autovacuum_enabled = false, toast.autovacuum_enabled = false);
ALTER TABLE
postgres=# insert into a values(1,'while'),(2,'where');
INSERT 0 2

-- 删除
postgres=# delete from a where id =1;
DELETE 1
```

删除操作后，正常查询时，id = 1 的行不会显示。此时，可通过调用 pg_dirtyread 插件的函数来查看该行数据。

```
postgres=# select * from pg_dirtyread('a') as t(id int,name varchar);
 id | name
----+-------
  1 | while
  2 | where
(2 rows)
```

通过 pg_dirtyread 插件找到已删除的数据后，可将 id = 1 的数据行恢复至原表。鉴于测试示例较为简单，为避免数据混乱，恢复生产数据时，建议先将恢复的数据插入临时表，待确认无误后再插入原表。

```
postgres=# insert into a select * from pg_dirtyread('a') as t(id int,name varchar) where id=1;
INSERT 0 1
```

在使用 pg_dirtyread 插件查看已删除的数据时，如果被删除的是某一列而非整行数据，查看时需要明确指定列名。其中，dropped_2 表示被删除的是该表中的第 2 列，而非其原始列名。

```
postgres=# alter table a drop COLUMN name ;
ALTER TABLE
postgres=# select * from pg_dirtyread('a') as t(id int,dropped_2 varchar);
 id | dropped_2
----+-----------
  2 | where
  1 | while
(2 rows)
```

将被删除的列重新添加到原表，并将通过 pg_dirtyread 查到的列数据更新至原表时，需确保列名匹配。为保障数据安全，建议先将恢复的数据插入临时表，经核实无误后，再整合到原表中。

```
postgres=# alter table a add name varchar;
ALTER TABLE
postgres=# UPDATE a
postgres-# SET name = dropped_2
postgres-# FROM (
postgres(#    select * from pg_dirtyread('a') as t(id int,dropped_2 varchar)
postgres(# ) AS source_query
postgres-# WHERE a.id = source_query.id;
UPDATE 2
```

pg_dirtyread 是一款 PostgreSQL 的第三方插件，可用于读取未提交的数据和已删除的数据，适用于数据误删除、误更新、表的列被误删除等场景的数据恢复。此外，它还可查询未提交事务插入的值。使用此插件时，需确保相关表未进行 Vacuum 操作，否则死元组数据回收后将无法查询。使用完毕后，务必恢复相关表的 Vacuum 策略，防止表膨胀问题。

2.3 pg_filedump

pg_filedump 是一款能够将 PostgreSQL 表的数据文件、索引文件和控制文件解析为可读文本的工具，便于用户查看数据变化。它能获取表数据文件中存储的当前数据及旧版本数据。在误删除数据且无备份时，若尚未执行 Vacuum 操作，可利用该工具读取数据文件中删除前的记录。此外，当数据库因异常无法启动时，该工具可直接抽取数据文件数据，用于在新环境中恢复数据。

项目地址：https://github.com/df7cb/pg_filedump

编译安装示例：

```
cd pg_filedump-REL_14_1
make
make install
```

安装完成后，会有一个 pg_filedump 命令。

```
[postgres@ms2 ~]$ pg_filedump


Version 14.1 (for PostgreSQL 8.x .. 14.x)

Copyright (c) 2002-2010 Red Hat, Inc.

......


Report bugs to pgsql-bugs@PostgreSQL.org
```

我们已了解 pg_dirtyread 可用于查看已删除数据，其前提是操作的表尚未执行 Vacuum，且数据库处于运行状态。若数据库无法启动，操作步骤如下：在 PostgreSQL 数据库中，表存储的物理文件名以数字形式呈现。当数据库无法启动时，需先通过系统目录视图确定表名与数据文件名的对应关系。pg_filedump 工具可生成数据库系统视图与数据文件名的对应关系。

```
[postgres@ms2 5]$ pg_filedump -m pg_filenode.map

*******************************************************
* PostgreSQL File/Block Formatted Dump Utility
*
* File: pg_filenode.map
* Options used: -m
*******************************************************
```

Magic Number: 0x592717 (CORRECT)

Num Mappings: 17

Detailed Mappings list:

OID: 1259Filenode: 1259　—pg_class

OID: 1249Filenode: 1249　—pg_attribute

OID: 1255Filenode: 1255　—pg_proc

OID: 1247Filenode: 1247　—pg_type

……

OID: 2659Filenode: 2659

OID: 2662Filenode: 2662

OID: 2663Filenode: 2663

OID: 3455Filenode: 3455

下面示例中需在数据库无法启动的情况下恢复表 t24 的数据，可使用 pg_filedump 工具。除了系统目录视图，还需用到 pg_namespace（OID 为 2615）获取模式信息，以及 pg_database（OID 为 1262）获取数据库信息。

参数 –D 后跟 pg_class 字段类型，按照其字段顺序依次排列，后面 ~ 符是忽略后面字段相关信息。

[postgres@ms2 base]$ pg_filedump –D oid,name,oid,oid,oid,oid,oid,oid,~ $PGDATA/base/5/1259 |grep t24

COPY: 67748 t24 26170 67750 0 10 2 67748

查看表 t24 的字段信息，通过读取 pg_attribute 数据文件获取相关字段信息。

[postgres@ms2 base]$ pg_filedump –D oid,name,oid,int,smallint,smallint,~ $PGDATA/base/5/1249 | grep 67748

COPY: 67748 id 23 –1 4 1

COPY: 67748 name 1043 –1 –1 2

COPY: 67748 ctid 27 0 6 –1

COPY: 67748 xmin 28 0 4 –2

COPY: 67748 cmin 29 0 4 –3

COPY: 67748 xmax 28 0 4 –4

COPY: 67748 cmax 29 0 4 –5

COPY: 67748 tableoid 26 0 4 –6

查看表 t24 的字段类型，通过读取 pg_type 数据文件获取字段类型，跟 pg_attribute 对比，确认 ID 字段类型是 int4，name 字段类型是 varchar。

[postgres@ms2 5]$ pg_filedump –D oid,name,~ $PGDATA/base/5/1247 | egrep –i 'COPY: (23|1043)'

COPY: 23 int4

COPY: 1043 varchar

[postgres@ms2 5]$

查看表 t24 的数据，相关信息收集后，查看 t24 表数据文件，下面命令显示信息较多，可以根据需求进行过滤。

[postgres@ms2 5]$ pg_filedump –i –D int,charn $PGDATA/base/5/67748

****

* PostgreSQL File/Block Formatted Dump Utility

*

* File: /pgdata/postgres15/data/base/5/67748

* Options used: –i –D int,charn

****

Block   0 ***

<Header> -----

 Block Offset: 0x00000000   Offsets: Lower   32 (0x0020)

 Block: Size 8192 Version   4   Upper   8112 (0x1fb0)

 LSN: logid   6 recoff 0x8c01bfa0   Special 8192 (0x2000)

 Items: 2   Free Space: 8080

 Checksum: 0x3212 Prune XID: 0x00000000 Flags: 0x0000 ()

 Length (including item array): 32

 <Data> -----

  Item   1 -- Length: 35 Offset: 8152 (0x1fd8) Flags: NORMAL

   XMIN: 1757846 XMAX: 0 CID|XVAC: 0

   Block Id: 0 linp Index: 1 Attributes: 2 Size: 24

   infomask: 0x0802 (HASVARWIDTH|XMAX_INVALID)

  COPY: 1postgres

......

COPY: 2postgres2

*** End of File Encountered. Last Block Read: 0 ***

在复杂场景下，如对表执行多次 Truncate、Delete 或 Update 操作后，使用 pg_filedump 工具时可通过添加 -i 参数来显示元组标识状态，从而识别有效数据。系统表中的每条记录都包含元组的标识信息，如 xmax 和 infomask，这些信息可用于判断元组的有效性。下面执行 truncate 操作后，查看系统表数据会发现存在多条相关记录。此时，需要依据元组的状态标识，特别是 xmax 及 infomask 信息，来准确识别哪些元组包含有效的业务数据。

[postgres@ms2 5]$ pg_filedump -i -D oid,name,oid,oid,oid,oid,oid,~ $PGDATA/base/5/1259 |grep -B 6 t24

XMIN: 1757845 XMAX: 1757848 CID|XVAC: 0

Block Id: 7 linp Index: 113 Attributes: 33 Size: 32

infomask: 0x0501 (HASNULL|XMIN_COMMITTED|XMAX_COMMITTED)

t_bits: [0]: 0xff [1]: 0xff [2]: 0xff [3]: 0x3f

　　　 [4]: 0x00

COPY: 67748t2426170677500102 67748

--

XMIN: 1757848 XMAX: 0 CID|XVAC: 0

Block Id: 7 linp Index: 113 Attributes: 33 Size: 32

infomask: 0x2901 (HASNULL|XMIN_COMMITTED|XMAX_INVALID|UPDATED)

t_bits: [0]: 0xff [1]: 0xff [2]: 0xff [3]: 0x3f

　　　 [4]: 0x00

COPY: 67748t2426170677500102 67751

在数据库异常时，通常可使用 pg_filedump 进行数据恢复，但恢复的数据可能不完整，且需手动识别有效数据，恢复效率较低。目前，pg_filedump 尚无法解析 TOAST 压缩数据。这些非常规恢复手段均无法保证数据的完整性，因此，定期进行数据备份至关重要，建议对数据库进行定期备份。

第五章
PostgreSQL 运维与监控

在数据库的整个生命周期中,保障其安全、稳定和高效运行是核心任务。本章将系统地介绍数据库运维中的常用知识点,包括如何查看与分析数据库状态,以及数据库运维过程中关键的监控指标和常用的监控工具,帮助运维人员有效管理和优化数据库性能。

1. PostgreSQL 运维相关知识

数据库运维工作涵盖对数据库系统的全面管理、监控与维护，具体包括数据库的安装部署、参数配置、备份恢复策略制定、性能优化实施、故障快速排查与解决、数据平滑迁移、容量合理规划、安全防护措施落实以及日常运维操作执行等多个关键方面。其核心目标在于保障数据库系统的稳定运行、高可用性和数据安全性，从而充分满足用户对数据库的各类使用需求。数据库运维人员必须熟练掌握数据库管理和维护的专业知识体系，对常见的数据库管理软件及实用工具了如指掌，能够迅速响应并高效解决各类数据库相关问题，确保数据库系统的可靠性与稳定性不受影响。

1.1 表膨胀

在 PostgreSQL 数据库中，表膨胀主要由 MVCC（多版本并发控制）机制引起。MVCC 通过为每个修改的数据行创建新版本并保留旧版本，确保多个事务可同时进行读写操作而不相互干扰。然而，频繁的修改、删除和插入操作导致旧版本数据积累，造成表膨胀。

表膨胀会对数据库性能产生负面影响，主要体现在以下方面：
- 查询性能下降。表膨胀增加了查询所需遍历的数据页数量，从而延长了查询时间。
- 索引性能下降。索引效率受表膨胀影响，同样需要遍历更多数据页。
- 磁盘空间浪费。数据库持续占用膨胀空间，导致磁盘空间的浪费。

为检查表膨胀情况，可安装 pgstattuple 插件并运行相关函数。

```
# 安装插件
CREATE EXTENSION pgstattuple;

# 查看所支持的函数
select oid,proname,proowner,prokind from pg_catalog.pg_proc where proname like 'pgstat%';
```

检查某张表信息
SELECT * FROM pgstattuple('public.t1');

检查某个 BTREE 索引信息
SELECT * FROM pgstatindex('public.ind_t1_id');

下面是一个关于如何检查 PostgreSQL 数据库中表和索引膨胀的案例。

查看死元组占比大于 2% 的表
```
postgres=# SELECT s.nspname AS "schema",c.relname AS "table",
postgres-#    (PGSTATTUPLE(c.oid)).DEAD_TUPLE_PERCENT
postgres-#    FROM pg_class c,pg_namespace s
postgres-#    WHERE c.relnamespace=s.oid
postgres-#    AND relkind='r'
postgres-#    AND (PGSTATTUPLE(c.oid)).DEAD_TUPLE_PERCENT>2
postgres-#    ORDER BY DEAD_TUPLE_PERCENT desc;
```

schema	table	dead_tuple_percent
pg_catalog	pg_extension	24.37
pg_catalog	pg_inherits	13.55
public	t1	13.35
pg_catalog	pg_class	9.52
pg_catalog	pg_type	7.08
pg_catalog	pg_constraint	5.92
pg_catalog	pg_attrdef	5.88
pg_catalog	pg_index	5.73
pg_catalog	pg_statistic	2.93
pg_catalog	pg_partitioned_table	2.93
pg_catalog	pg_sequence	2.67
pg_catalog	pg_init_privs	2.56
pg_catalog	pg_depend	2.39

(13 rows)

下面语句可以用来检查 BTREE 索引碎片比例：

```
postgres=# SELECT s.nspname AS "schema",c.relname AS "index",
postgres-#    (PGSTATINDEX(c.oid)).LEAF_FRAGMENTATION AS "IND_FRAG"
postgres-#    FROM pg_class c,pg_namespace s ,pg_am a
postgres-#    WHERE c.relnamespace=s.oid
postgres-#    AND relkind='i'  --index
postgres-#    AND c.relam =a.oid
postgres-#    AND a.oid=403 --BTREE index
postgres-# AND (PGSTATINDEX(c.oid)).LEAF_FRAGMENTATION <>'NAN'
postgres-#    AND (PGSTATINDEX(c.oid)).LEAF_FRAGMENTATION > 0
postgres-#    ORDER BY 3 desc;
  schema  |           index            | IND_FRAG
----------+----------------------------+----------
  public  | tab1_2024_4_insert_time_idx |  50.04
  public  | tab1_2024_1_insert_time_idx |  50.03
  public  | tab1_2024_3_insert_time_idx |  50.00
  public  | tab1_2024_6_insert_time_idx |  49.93
  ......
(21 rows)
```

使用上述语句很容易找到表膨胀较多和索引碎片化比较严重的对象，可用于评估表膨胀程度。pgstatindex 函数则可提供索引中死元组占比、元组数量等关键指标，助力索引碎片化分析。基于这些数据，运维人员能够精准识别出需要优化的对象，并制定相应的优化策略，以提升数据库性能和存储效率。

1.2 快照

在 PostgreSQL 数据库中，快照机制为事务提供了一种在特定时间点查看数据一致性的方法，其核心基于多版本并发控制（MVCC）技术。MVCC 允许多个事务同时访问数据库，确保事务的隔离性和一致性。每个事务启动时，PostgreSQL 会为其创建一个事务快照，该快照反映的是事务开始时刻数据库的状态。在事务执行期间，其他事务对数据库的更新不会影响此快照视图，从而保证事务执行期间看到的数据库状态是一致的。

从 PostgreSQL 13 开始，可以通过 pg_current_snapshot() 函数来查看数据库的快照状态。对于 PostgreSQL 13 之前的版本，则使用 txid_current_snapshot() 函数来获取事务快照信息。这些快照数据结构主要包含以下关键字段：

● xmin：表示最小的、仍处于活动状态的事务 ID。所有小于 xmin 的事务 ID，要么已经提交且其变更对当前事务可见，要么已经回滚且其操作对当前事务无效。

● xmax：代表最大已完成事务 ID 的下一个 ID。快照时刻，所有大于或等于 xmax 的事务 ID 均尚未完成，因此对当前事务不可见。

● xip_list：列出快照时刻正在运行的事务 ID。对于快照时刻满足 xmin <= X < xmax 且不在 xip_list 列表中的事务 ID，表示该事务在快照生成时已经完成。根据其提交状态，该事务对当前事务要么可见，要么无效。需要注意的是，此列表不包含子事务的事务 ID。

通过这些快照信息，数据库能够确定哪些数据版本对当前事务是可见的，从而支持并发控制和数据一致性。

```
-- 查看当前事务 ID
postgres=# select pg_current_xact_id();
 pg_current_xact_id
---------------------
        853244
(1 row)

-- 查看当前快照信息
postgres=# SELECT pg_current_snapshot();
 pg_current_snapshot
---------------------
 853244:853244:
(1 row)


-- 查看快照，用于并行或者其他标记快照的操作，如 pg_dump 并行
postgres=# select pg_export_snapshot();
 pg_export_snapshot
---------------------
 00000003-000069A7-1
(1 row)


-- 设置快照信息
set transaction snapshot '00000003-000069A7-1';
```

1.3 页修剪

在 PostgreSQL 中，读取和更新操作时会执行快速清理或修剪操作，以下情况会触发页面修剪：

● 更新操作当前页块空间不足：若上一次更新操作因同一页内空间不足，无法将新元组放入该页，且此页存在可清理的死元组，页面头部会记录此事件，进而触发修剪。

● 堆页数据超填充因子：当堆页存储的数据量超出填充因子（fillfactor）设定的阈值，且该页有可清理的死元组时，也会触发页面修剪。

页面修剪会删除对任何快照不再可见的元组。由于修剪操作仅在单个页面内进行，所以执行速度较快。修剪后，元组的指针保持不变，避免影响索引的使用，同时可见性视图和空闲空间图也不会被刷新。在读取过程中，页面可能被修剪，因此任何查询语句都可能导致页面内容的修改。

这项操作是数据库的自动处理机制，无须人工干预。在日常运维工作中，了解这一特性即可，无须特别关注。需要注意的是，页面修剪无法跨页执行。例如，更新操作时，如果同一页内没有可用空间，数据库会根据空闲空间图将元组插入到其他空闲页或新页，而不会清理其他页面中的死元组空间。若想查看某表各页中元组的情况，可通过特定函数实现。

```
-- 创建查询元组情况的函数
CREATE FUNCTION heap_page (relname TEXT, pageno INTEGER) RETURNS TABLE (ctid tid, state TEXT, xmin TEXT, xmax TEXT) AS $$ SELECT
  (pageno, lp) :: TEXT :: tid AS ctid,
  CASE
    lp_flags
    WHEN 0 THEN
      'unused'
    WHEN 1 THEN
      'normal'
    WHEN 2 THEN
      'redirect to ' || lp_off
    WHEN 3 THEN
      'dead'
  END AS state,
  t_xmin ||
```

```
    CASE
      WHEN (t_infomask & 256) > 0 THEN
        'c'
      WHEN (t_infomask & 512) > 0 THEN
        'a'
      ELSE
        ''
    END AS xmin,
    t_xmax ||
    CASE
      WHEN (t_infomask & 1024) > 0 THEN
        'c'
      WHEN (t_infomask & 2048) > 0 THEN
        'a'
      ELSE
        ''
    END AS xmax
  FROM
    heap_page_items (get_raw_page (relname, pageno))
  ORDER BY
    lp;
$$ LANGUAGE SQL;

-- 查询多次更新后结果
postgres=# select * from heap_page('t1',0);
 ctid  | state  |  xmin    |  xmax    | hhu | hot | t_ctid
-------+--------+----------+----------+-----+-----+--------
 (0,1) | dead   |          |          |     |     |
 (0,2) | dead   |          |          |     |     |
 (0,3) | dead   |          |          |     |     |
 (0,4) | normal | 853277 c | 853278   |     |     | (0,5)
 (0,5) | normal | 853278   | 0 a      |     |     | (0,5)
```

1.4 清理和自动清理

在之前的学习中，我们了解到 PostgreSQL 数据库的页修剪功能有助于合理利用空间并提升性能。然而，这一功能仅在特定场景下触发，且仅针对数据页，无法清理索引页。当执行 Delete 操作或跨页更新时，数据页和索引页中的无效数据会变成死元组，若不再被任何事务使用，它们将占用磁盘空间，导致表膨胀，进而影响数据库处理效率。面对这种情况，我们需要采用其他方法进行清理。

1.4.1 Vacuum

Vacuum 是 PostgreSQL 提供的用于手动清理数据库或相关对象空间的命令，能在不影响数据库正常运行的情况下执行清理操作。它通过使用可见性地图来提高效率。当清理后，页面中剩余的所有元组都超出了数据库的可见性边界，可见性地图会更新以包含此页面。Vacuum 命令的执行可分为多个阶段，详见表 5-1 中的介绍。

表 5-1 Vacuum 命令的执行步骤

步骤	描述
initializing	初始化，建立事务快照，确定哪些元组对当前 Vacuum 操作是可见的，根据指定的参数和权限设置，获取对表和索引的访问权限
scanning heap	扫描和标记阶段，扫描表数据页，查找满足清理条件的元组，并标记在页头
vacuuming indexes	清理索引，堆完全扫描后，至少每次执行 Vacuum 时发生一次。若 maintenance_work_mem 参数值无法满足存储检索到的死元组需求，则会在每次 Vacuum 执行过程中多次触发索引清理与堆完全扫描
vacuuming heap	执行堆清理操作，且需在清理索引操作之后进行。当 heap_blks_scanned 值小于 heap_blks_total 值时，系统将在堆清理阶段完成后直接返回扫描结果；否则，在堆清理阶段完成后，系统将启动清理索引操作
cleaning up indexes	在完成对堆的完全扫描以及对索引和堆的所有清理操作后，系统才会触发索引清理操作
truncating heap	在索引清理完成后，系统会对堆执行截断操作，将关系末尾的空页面释放回操作系统
performing final cleanup	在 Vacuum 操作的最后阶段，系统将清理空闲空间映射，更新 pg_class 中的统计信息，并向 pg_statistic 系统表报告统计信息。当该阶段完成后，Vacuum 操作随即结束

下面是对表 t1 做 Vacuum 操作并打印 Vacuum 详情的示例：

-- 对表 t1 进行清理

postgres=# vacuum verbose t1;
INFO: vacuuming "postgres.public.t1"
INFO: finished vacuuming "postgres.public.t1": index scans: 0
pages: 0 removed, 1 remain, 1 scanned (100.00% of total)
tuples: 4 removed, 4 remain, 0 are dead but not yet removable
removable cutoff: 853280, which was 0 XIDs old when operation ended
index scan not needed: 1 pages from table (100.00% of total) had 4 dead item identifiers removed
avg read rate: 0.000 MB/s, avg write rate: 229.779 MB/s
buffer usage: 8 hits, 0 misses, 4 dirtied
WAL usage: 4 records, 1 full page images, 7274 bytes
system usage: CPU: user: 0.00 s, system: 0.00 s, elapsed: 0.00 s
VACUUM

Vacuum 命令支持多个参数，包括 Full、Analyze 和 Parallel，分别用于重建表、分析表和控制并行操作。每个参数对数据库的影响各不相同，使用前必须全面了解其功能和对数据库的具体影响。Vacuum 和 Vacuum Full 的差别详见表 5-2。

表 5-2　Vacuum 和 Vacuum Full 的差别

差异	Vacuum	Vacuum Full
空间清理	如果删除的记录位于表的末端，其所占用的空间将会被物理释放并归还操作系统。否则，会将表中或索引中 dead tuple 所占用的空间置为可用状态，从而复用这些空间	不论被清理的数据处于何处，这些数据所占用的空间都将被物理释放并归还于操作系统
锁类型	共享锁，可以与其他操作并行	排他锁，执行期间基于该表的操作全部挂起
物理空间	不释放	释放
事务 ID	不回收	回收
执行开销	开销较小，可以定期执行	开销很大，建议选择业务低峰期或无业务时执行
执行效果	执行后基于该表的操作效率有一定提升	执行完后，基于该表的操作效率大大提升

下面示例中，显示了执行 Vacuum Full 时 filenode 的变化。

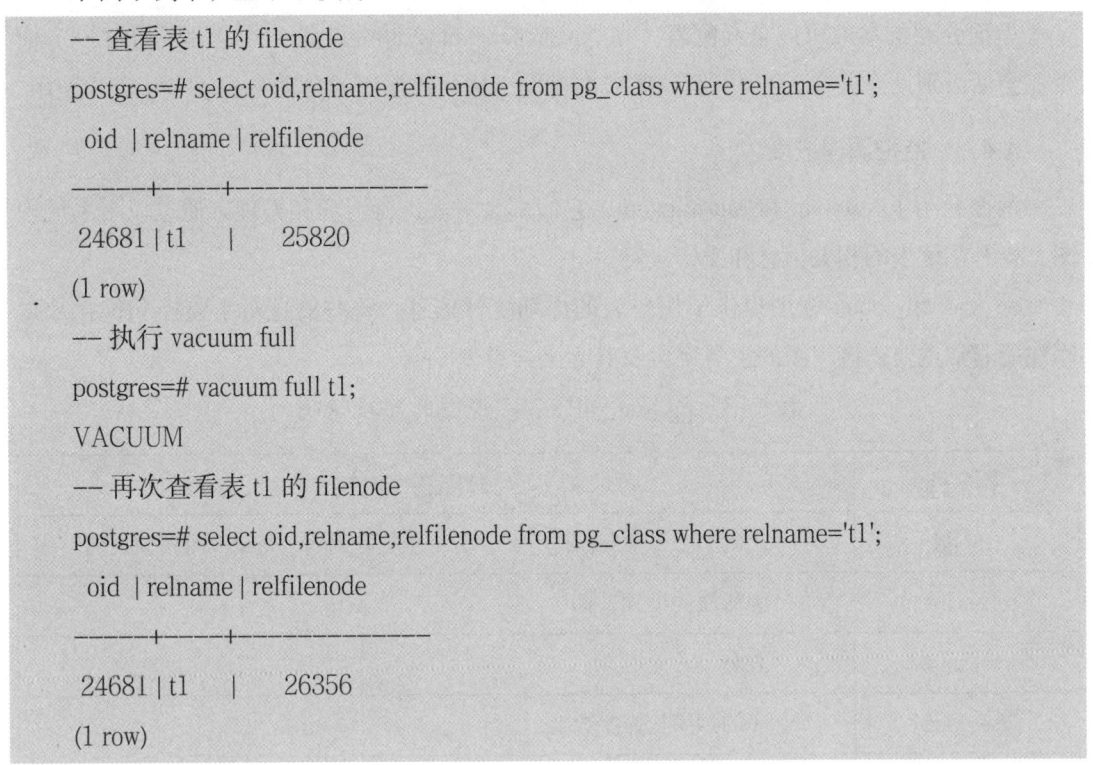

```
-- 查看表 t1 的 filenode
postgres=# select oid,relname,relfilenode from pg_class where relname='t1';
 oid  | relname | relfilenode
------+---------+-------------
 24681| t1      |    25820
(1 row)
-- 执行 vacuum full
postgres=# vacuum full t1;
VACUUM
-- 再次查看表 t1 的 filenode
postgres=# select oid,relname,relfilenode from pg_class where relname='t1';
 oid  | relname | relfilenode
------+---------+-------------
 24681| t1      |    26356
(1 row)
```

1.4.2 Autovacuum

PostgreSQL 数据库提供了 Autovacuum 功能，当数据库中对象的元组插入、更新和删除操作达到一定阈值时，会触发 Autovacuum 机制，自动清理相关对象的空间。以下是几个关键参数及其控制作用：

（1）Autovacuum 触发相关参数

autovacuum_vacuum_threshold：设置触发自动清理的最小元组数量阈值。默认值为 50。

autovacuum_vacuum_scale_factor：设置相对于表大小的触发比例阈值。默认值为 0.2（即 20%）。

autovacuum_analyze_threshold 和 autovacuum_analyze_scale_factor：分别设置触发自动分析的绝对和相对元组数量阈值。

（2）Autovacuum 清理强度参数

autovacuum_vacuum_cost_limit 和 autovacuum_vacuum_cost_delay：控制清理操作的资源占用和执行速度。前者限制单个清理进程的资源消耗，后者设置每次操作的延迟时间。

（3）Autovacuum 其他参数

autovacuum_max_workers：设置同时运行的最大自动清理工作进程数。

autovacuum_naptime：设置自动清理进程的休眠时间间隔。

上面介绍的参数可以全局配置（在 postgresql.conf 文件中设置），也可以通过 SQL 命令在会话级别动态调整。合理配置这些参数有助于优化数据库的自动维护效率和资源使用。

1.4.3 监控清理进度

前面介绍了 Vacuum 和 Autovacuum，它们都会对表进行清理和整理。通过以下系统视图，查看系统表的相关信息和操作进度。

pg_stat_all_tables 视图提供了用户表的详细统计信息，这些信息对于监控和优化数据库性能非常重要。该视图的主要字段及其含义详见表 5-3。

表 5-3　pg_stat_all_tables 视图的字段说明

字段名	描述
relid	表的 OID（对象标识符），可用于关联到 pg_class 视图获取表名
schemaname	表所属的模式名称
relname	表名
seq_scan	表的顺序扫描次数
seq_tup_read	顺序扫描中读取的元组总数
idx_scan	通过索引扫描表的次数
idx_tup_fetch	索引扫描中获取的元组总数
n_tup_ins	插入的元组总数
n_tup_upd	更新的元组总数
n_tup_del	删除的元组总数
n_tup_hot_upd	在同一页内更新的元组数（即未引发行移动的更新）
n_live_tup	当前表中的活动元组数
n_dead_tup	当前表中的死元组数
last_vacuum	最后一次通过手动 Vacuum 清理的时间
last_autovacuum	最后一次通过 Autovacuum 自动清理的时间
last_analyze	最后一次通过手动 Analyze 收集统计信息的时间
last_autoanalyze	最后一次通过 Autovacuum 自动收集统计信息的时间

续表

vacuum_count	手动 Vacuum 的执行次数
autovacuum_count	Autovacuum 自动清理的执行次数
analyze_count	手动 Analyze 的执行次数
autoanalyze_count	Autovacuum 自动收集统计信息的执行次数

通过分析 n_tup_upd、n_tup_del 和 n_dead_tup 等字段,可以判断表是否需要清理或优化。

以下查询返回指定模式下所有表的活元组数、死元组数,以及最后一次清理和统计信息收集的时间。这些信息对于评估表的健康状况和性能优化非常有用。

```
SELECT
    schemaname,
    relname,
    n_live_tup AS live_tuples,
    n_dead_tup AS dead_tuples,
    last_vacuum,
    last_autovacuum,
    last_analyze,
    last_autoanalyze
FROM
    pg_stat_all_tables
WHERE
    schemaname = 'public'; -- 指定模式名,可根据需要调整
```

● pg_stat_all_tables:包含表的元数据,如最后清理时间(last_autovacuum)和最后收集统计信息时间(last_autoanalyze)。

● pg_settings:查看 Autovacuum 参数配置,了解自动清理策略。

这些系统视图提供的信息对于监控和优化数据库性能至关重要。工程师应定期查看这些视图,结合 Vacuum 和 Autovacuum 的使用,确保数据库的高效运行。

在 PostgreSQL 数据库中,监控 Vacuum 命令的运行状态可以通过以下视图实现:pg_stat_progress_vacuum,用于监控标准 Vacuum 操作,该视图会显示当前正在执行的清理进程的相关信息;pg_stat_progress_cluster,用于监控 Vacuum Full 操作。两个视图字段及含义如下:

--vacuum 运行时查看视图 pg_stat_progress_vacuum
```
postgres=# \d pg_stat_progress_vacuum
        View "pg_catalog.pg_stat_progress_vacuum"
      Column          |  Type  |
----------------------+--------+------------------
 pid                  | integer| -- 进程 id
 datid                | oid    | -- 数据库 oid
 datname              | name   | -- 数据库名
 relid                | oid    | -- 表的 oid
 phase                | text   | -- 进程当前阶段
 heap_blks_total      | bigint | -- 表中堆块总数
 heap_blks_scanned    | bigint | -- 已扫描的堆块数
 heap_blks_vacuumed   | bigint | --vacuum 的堆块数
 index_vacuum_count   | bigint | -- 已完成的索引清理循环次数
 max_dead_tuples      | bigint | -- 需要执行索引清理循环之前,可以存储的死元组数量
 num_dead_tuples      | bigint | -- 自上次索引清理循环以来收集的死元组数量
```

--vacuum full 运行时查看视图 pg_stat_progress_cluster
```
postgres=# \d pg_stat_progress_cluster
        View "pg_catalog.pg_stat_progress_cluster"
      Column          |  Type  |
----------------------+--------+-
 pid                  | integer|-- 进程 id
 datid                | oid    |-- 数据库 id
 datname              | name   |-- 数据库名
 relid                | oid    |-- 表 oid
 command              | text   |-- 运行的命令,CLUSTER/VACUUM FULL
 phase                | text   |-- 当前进程阶段
 cluster_index_relid  | oid    |-- 索引 oid
 heap_tuples_scanned  | bigint |-- 已扫描的堆元组数量
 heap_tuples_written  | bigint |-- 已写入的堆元组数量
 heap_blks_total      | bigint |-- 表的总堆块数
 heap_blks_scanned    | bigint |-- 扫描的堆块数量
 index_rebuild_count  | bigint |-- 索引重建次数
```

1.5 冻结

在 PostgreSQL 数据库体系中，冻结事务标识（Frozen txid）机制的引入旨在解决事务标识回卷问题（txid wrap around）。下面将先阐述事务标识回卷问题的成因与影响，再深入解析冻结事务标识的相关概念与作用。

1.5.1 事务回卷

在 PostgreSQL 数据库中，事务 ID（txid）占用 32 位，最大可表示数值为 $2^{32}-1$（即 4294967295，约 43 亿）。若数据库系统使用频繁，事务 ID 可能迅速耗尽。一旦耗尽，计数器将重置，开始新一轮循环。此时，较大的事务 ID 可能对应比某些较小事务 ID 更早的交易时间。然而，对于较小事务 ID 的交易而言，较大事务 ID 的交易被视为未来事务，处于不可见状态，从而引发事务回卷问题。

为避免事务回卷问题，PostgreSQL 数据库引入了相关参数以控制回卷阈值。当事务 ID 使用量超过设定阈值后，系统将自动执行 Vacuum 操作进行处理。若事务回卷问题发生，数据库将进入只读模式，并可能拒绝新的连接请求。此时，需手动进入单用户模式并执行 Vacuum Freeze 操作以解决该问题。

1.5.2 冻结处理

PostgreSQL 数据库中，事务 ID（XID）为特殊的 FrozenTransactionId（值为 2）时，不遵循比较规则，总是被视为比任何正常 XID 更早。被标记为冻结的行版本，其插入的 XID 为 FrozenTransactionId，对所有正常事务而言，这些行版本均被视为"过去的"数据。可以通过视图 pg_class 查看表事务冻结信息。

-- 字段 relfrozenxid，表示该事务 ID 之前的所有事务 ID 都已被永久冻结的事务 ID 替代。

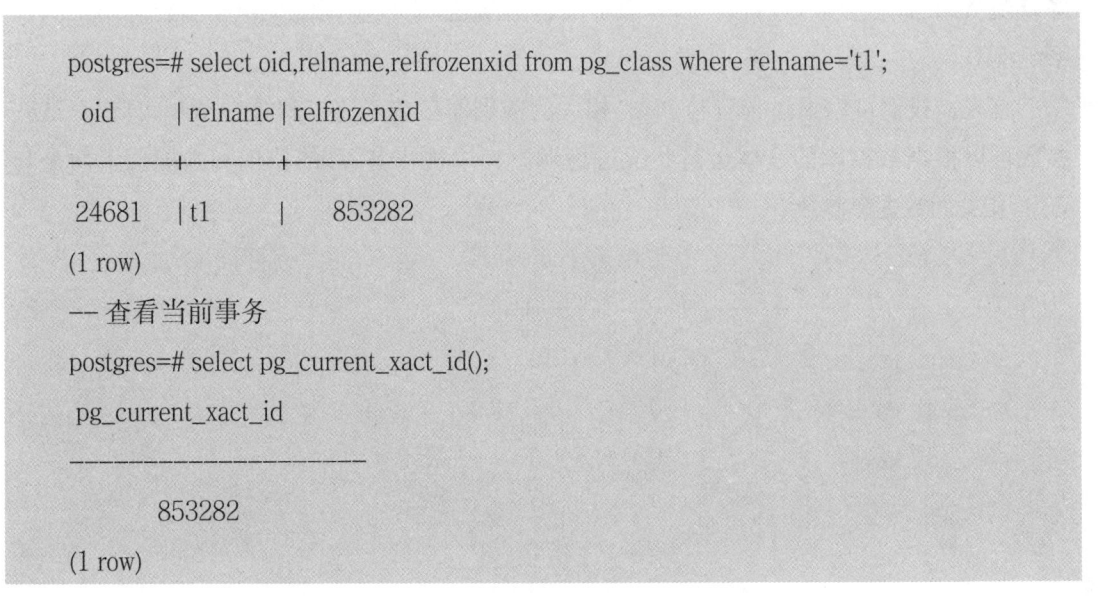

```
postgres=# select oid,relname,relfrozenxid from pg_class where relname='t1';
  oid   | relname | relfrozenxid
--------+---------+--------------
 24681  | t1      |       853282
(1 row)
-- 查看当前事务
postgres=# select pg_current_xact_id();
 pg_current_xact_id
--------------------
             853282
(1 row)
```

通过 pg_filedump 可以查看数据行的详细信息，如下所示，可以看到前 4 行数据的 XMIN 均为 2，其中有标记 "XMIN_COMMITTED|XMIN_INVALID"，表示已被冻结的事务 ID 替换，第 5 行数据的 XMIN 是 853283，未替换。

```
[postgres@ms2 5]$ pg_filedump –i 26356
……
 <Data> ------
  Item   1 -- Length:   33  Offset: 8152 (0x1fd8)  Flags: NORMAL
   XMIN: 2  XMAX: 0  CID|XVAC: 0
   Block Id: 0  linp Index: 1  Attributes: 2  Size: 24
    infomask: 0x2b02 (HASVARWIDTH|XMIN_COMMITTED|XMIN_INVALID|XMAX_INVALID|UPDATED)
……
  Item   5 -- Length:   31  Offset: 8000 (0x1f40)  Flags: NORMAL
   XMIN: 853283  XMAX: 0  CID|XVAC: 0
   Block Id: 0  linp Index: 5  Attributes: 2  Size: 24
    infomask: 0x0902 (HASVARWIDTH|XMIN_COMMITTED|XMAX_INVALID)
```

1.6　WAL 日志

WAL 日志是一种用于确保数据库持久性和一致性的事务日志，与用于记录数据库操作和事件的运行日志有本质区别。它详细记录了数据库的所有修改操作。

在日常维护中，我们可能会遇到诸如 WAL 空间不足、大量数据写入、数据库性能下降以及 WAL 日志异常等问题。为有效解决这些问题，PostgreSQL 提供了多种分析工具和系统视图。

首先，我们可以通过查看与 WAL 相关的数据库参数来监控和管理 WAL 日志。这些参数可以根据数据库的整体运行状况进行调整，以优化 WAL 的使用和性能。下面是与 WAL 相关的数据库参数。

```
          name            | setting | unit
--------------------------+---------+------
 max_slot_wal_keep_size   | -1      | MB
 max_wal_senders          | 10      |
 max_wal_size             | 1024    | MB
 min_wal_size             | 80      | MB
```

参数	值	单位
track_wal_io_timing	off	
wal_block_size	8192	
wal_buffers	2048	8kB
wal_compression	off	
wal_consistency_checking		
wal_decode_buffer_size	524288	B
wal_init_zero	on	
wal_keep_size	0	MB
wal_level	replica	
wal_log_hints	off	
wal_receiver_create_temp_slot	off	
wal_receiver_status_interval	10	s
wal_receiver_timeout	60000	ms
wal_recycle	on	
wal_retrieve_retry_interval	5000	ms
wal_segment_size	16777216	B
wal_sender_timeout	60000	ms
wal_skip_threshold	2048	kB
wal_sync_method	fdatasync	
wal_writer_delay	200	ms
wal_writer_flush_after	128	8kB

1.6.1　WAL 文件相关视图

如果我们需要统计某个时间段内 WAL 的写入量，可以参考 pg_stat_wal 视图，该视图只显示一行数据。相关字段及解释如下：

```
postgres=# select * from pg_stat_wal \gx
-[ RECORD 1 ]----+-------------------------------
wal_records        | 0 —— 重置后生成 WAL 记录的总数
wal_fpi            | 0 —— 重置后全页写的总数
wal_bytes          | 0 —— 重置后 WAL 的总大小
wal_buffers_full   | 0 —— 重置后，因为 buffer 空间满写磁盘次数
wal_write          | 0 —— 重置后通过 WalWrite 请求将 WAL 缓冲区写入磁盘的次数
wal_sync           | 0 —— 通过 issue_xlog_fsync 请求将 WAL 文件同步到磁盘的次数
```

wal_write_time | 0 —— 通过 WalWrite 请求将 WAL 缓冲区写入磁盘的总时间，以毫秒为单位（如果启用了 track_wal_io_timing 则统计，否则为零）。当 wal_sync_method 为 open_datasync 或 open_sync 时，这也包括同步时间。

wal_sync_time | 0 —— 通过 issue_xlog_fsync 请求将 WAL 文件同步到磁盘的总时间，以毫秒为单位（如果启用了 track_wal_io_timing，fsync 打开，且 wal_sync_method 为 fdatasync、fsync 或 fsync_writethrough，否则为零）。

stats_reset | 2024-11-27 10:43:23.139105+08 - 重置的时间

统计信息可以使用函数 pg_stat_reset_shared() 进行重置，该函数选项为 bgwriter、archiver、wal（pg14+）、recovery_prefetch（pg15+）、io（pg16+）、checkpointer（pg17+）、null 或不提供（pg17+，重置所有）、slru（pg17+）。

1.6.2 WAL 相关的函数

下面是 WAL 在日常运维中用到的一些函数的举例，供大家参考。

```
-- 手动切换 WAL 日志
select pg_switch_wal();

-- 查看当前 WAL 日志中写入位置
postgres=# select pg_current_wal_lsn();
 pg_current_wal_lsn
--------------------
 2/3C000148
(1 row)

-- 查看当前 WAL 日志中刷写位置
postgres=# select pg_current_wal_flush_lsn();
 pg_current_wal_flush_lsn
--------------------------
 2/3C000148
(1 row)

-- 查看当前 WAL 日志插入位置
postgres=# select pg_current_wal_insert_lsn();
 pg_current_wal_insert_lsn
```

```
 2/3C000148
(1 row)
```

-- 根据数据库记录的位置,查看 WAL 所在文件

```
postgres=# select pg_walfile_name_offset('2/3C000060');
    pg_walfile_name_offset
---------------------------------
 (000000010000000200000003C,96)
(1 row)
```

-- 查看 WAL 文件的大小和最后修改时间

```
postgres=# select * from pg_ls_waldir() order by modification asc;
         name               |  size    |       modification
----------------------------+----------+------------------------
 00000001000000020000003D   | 16777216 | 2024-08-23 14:32:41+08
 ......
 000000010000000200000050   | 16777216 | 2024-08-23 14:40:45+08
```

-- 对比两个 WAL 日志间的位置差别

```
postgres=# select pg_wal_lsn_diff('2/3C000149','2/3C000148');
 pg_wal_lsn_diff
-----------------
        1
(1 row)
```

-- 获取恢复过程中被重放的最后 WAL 位置

```
select pg_last_wal_replay_lsn();
```

-- 获取最后一个收到并同步到磁盘的 WAL 位置

```
select pg_last_wal_receive_lsn();
```

1.6.3 pg_walinspect

从 PostgreSQL 15 开始，引入了 pg_walinspect 插件（在 PostgreSQL 16 中得到了进一步增强），提供了通过 SQL 语句调用函数来分析和统计 WAL 日志的功能，比 pg_waldump 工具更便捷。以下是一些相关函数的 SQL 示例：

```
-- 安装插件
postgres=# create extension pg_walinspect;
CREATE EXTENSION
-- 通过以下语句查看每个函数可以输出的内容
select proname,proargnames from pg_proc where proname like 'pg_get_wal_%' \gx


-- 查看 WAL 某时间段内的统计信息
postgres=#SELECT * FROM pg_get_wal_stats('2/3C0159B8','2/3C015CE0',true)
postgres-# ORDER BY count_percentage DESC \gx
……
-[ RECORD 3 ]-
------------------------------+------------------------
resource_manager/record_type  | Heap/INSERT
count                         | 2
count_percentage              | 25
record_size                   | 120
record_size_percentage        | 31.914893617021278
fpi_size                      | 388
fpi_size_percentage           | 100
combined_size                 | 508
combined_size_percentage      | 66.49214659685863

-- 查看 WAL 某时间段内所有有效的记录信息
postgres=# SELECT * FROM pg_get_wal_records_info('2/3C0159B8','2/3C015CE0') limit 1 \gx
-[ RECORD 1 ]-
------------------+------------------------
start_lsn         | 2/3C0159B8
end_lsn           | 2/3C015B78
```

prev_lsn	2/3C015980
resource_manager	Heap
record_type	INSERT
record_length	442
main_data_length	3
fpi_length	388
description	off 9 flags 0x00
block_ref	blkref #0: rel 1663/5/26356 fork main blk 0 (FPW); hole: offset: 60, length: 7804

1.6.4 pg_waldump

在 PostgreSQL 数据库中，pg_waldump 是一个用于分析 WAL 日志的工具。它能够显示 WAL 日志中的详细记录信息，包括每个操作记录的具体内容，能够展示插入、更新和删除操作的详细信息，这对于理解数据库在特定时间段内的活动非常有帮助。但是，pg_waldump 在显示统计信息方面可能不如其他工具直观，因为它主要关注的是记录级别的细节。如果需要高层次的统计信息，如某个时间段内的插入量，可能需要结合其他方法或工具进行汇总。尽管如此，pg_waldump 仍然是分析 WAL 日志内容的一个强大工具。下面是 pg_waldump 的使用示例。

```
-- 解析指定 WAL 文件
pg_waldump /var/lib/postgresql/data/pg_wal/000000010000000000000001


-- 按 LSN 范围解析日志
postgres@ms2 ~]$ pg_waldump -p $PGDATA/pg_wal -s 2/3C000148 -e 2/3C000408
……
rmgr: XLOG        len (rec/tot):    114/   114, tx:          0, lsn: 2/3C000390, prev 2/3C000358, desc: CHECKPOINT_ONLINE redo 2/3C000358; tli 1; prev tli 1; fpw true; xid 0:853287; oid 34538; multi 1; offset 0; oldest xid 717 in DB 1; oldest multi 1 in DB 1; oldest/newest commit timestamp xid: 0/0; oldest running xid 853287; online


-- 过滤指定事务 ID
pg_waldump -x 7102115 $PGDATA/pg_wal/0000000100000000000000FA

-- 仅显示特定资源管理器记录
```

```
pg_waldump --rmgr=Heap $PGDATA/pg_wal/000000010000000000000FA

-- 持续跟踪新生成的 WAL 日志
pg_waldump -f $PGDATA/pg_wal/000000010000000000000FA

-- 结合时间线解析多时间线日志
pg_waldump -t 2 $PGDATA/pg_wal/000000010000000000000FA

-- 统计插入数量
[postgres@ms2 ~]$ pg_waldump -p $PGDATA/pg_wal -s 2/3C000148 -e 2/3C000408 | grep "desc: INSERT" | wc -l
2
```

使用 pg_waldump 的一些注意事项：

- 权限要求：需对 WAL 文件和数据目录有读取权限。
- 版本兼容性：不同 PostgreSQL 版本的 WAL 格式可能不同，需使用匹配对应版本的 pg_waldump。
- 日志保留：确保目标 WAL 文件未被自动清理。
- 调试用途：pg_waldump 主要用于调试，正常运维中可作为协助排查问题的工具使用。

1.7 长事务

在 PostgreSQL 中，长事务是指持续时间较长、未及时提交或回滚的数据库事务。这类事务会长时间占用系统资源（如锁、内存、事务 ID 等），可能引发性能问题甚至系统故障。

长事务具有如下特征：

- 持续时间长，事务从开始（BEGIN）到提交（COMMIT）或回滚（ROLLBACK）的时间远超过常规操作（如秒级或分钟级）。
- 占用关键资源：持有锁，可能持有表级锁、行级锁，导致其他操作被阻塞；占用事务 ID，PostgreSQL 使用事务 ID（XID）实现 MVCC（多版本并发控制），长事务会阻止旧版本数据的清理；占用内存，未提交事务可能占用大量内存（如排序、临时表）。

长事务出现的原因一般有以下几种：

- 未显式提交/回滚（如忘记提交或回滚等）。
- 复杂查询或批量操作，执行耗时查询或批量插入/更新。
- 长时间空闲事务，应用程序开启事务后未及时关闭，导致事务处于 idle in transaction 状态。

●复制或备份操作，逻辑复制、pg_dump 等工具可能长时间持有快照。

长事务会带来以下几种问题：

●锁等待与阻塞：长事务持有其他操作需要的锁，导致后续操作被阻塞。

●表膨胀：长事务阻止 Vacuum 清理旧版本数据，导致表和索引膨胀，影响查询性能。

●事务 ID 回卷：PostgreSQL 的事务 ID 是 32 位循环计数器，若长事务导致事务年龄（age()）接近 20 亿，会触发数据库进入只读模式以防止数据丢失。

●资源耗尽：内存、连接数、CPU 等资源被长期占用，影响整体系统性能。

如何识别长事务？通过查询系统视图识别长事务，相关 SQL 语句如下：

```sql
-- 使用 pg_stat_activity 视图，查看活动事务
SELECT
  pid,
  now() - xact_start AS duration,
  query,
  state
FROM pg_stat_activity
WHERE state IN ('active', 'idle in transaction')
ORDER BY duration DESC;


-- 查询事务年龄
SELECT datname, age(datfrozenxid) AS frozen_age
FROM pg_database
WHERE datname = 'db_name';


-- 检查锁阻塞
SELECT blocked_pid, blocking_pid, blocked_query, blocking_query
FROM pg_blocking_locks;


-- 查看执行时间大于 30 秒的语句,包含数据库名、用户名、客户端主机、应用名、启动时间等
SELECT datname,pid,usename,application_name,
    client_hostname,backend_start,query_start,
  wait_event_type, query
```

```
FROM pg_stat_activity
WHERE state='active'
AND now()-query_start > interval '30 second';
```

-- 查看执行时间大于 30 秒的两阶段语句个数
```
select count(*) from pg_prepared_xacts
where now() - prepared > interval '30 second';
```

如何处理长事务？识别出长事务后，可以采用如下方式终止：

-- 强制终止进程
```
SELECT pg_terminate_backend(pid);
```
-- 仅取消当前查询
```
SELECT pg_cancel_backend(pid);
```

长事务会对数据库性能造成较大影响，下面是预防长事务的一些措施。

优化事务设计，保持事务简短，避免在事务中执行复杂业务逻辑，大事务尽可能拆分为小事务。

如果是生产系统中已存在长事务的问题，可以通过调整数据库中空闲事务超时和 SQL 执行超时的参数设置临时解决该问题，但设置前需要评估业务情况，避免对长 SQL 造成影响。参数设置如下：

-- 空闲事务超时
```
ALTER SYSTEM SET idle_in_transaction_session_timeout = '10min';
```
-- 单条 SQL 超时
```
ALTER SYSTEM SET statement_timeout = '30s';
```

长事务是 PostgreSQL 中需要重点关注的问题，它可能导致锁阻塞、表膨胀甚至事务 ID 回卷故障。通过合理设计事务、及时监控和维护，可有效降低其风险。预防产生长事务的核心原则是保持事务简短，及时释放资源。

1.8 锁等待

锁机制是控制对共享资源并发访问的关键手段，其目的在于协调多个并发进程对同一资源的竞争。PostgreSQL 提供了多种锁模式，确保数据的完整性和一致性，同时优化并发操作的效率。以下对 PostgreSQL 的锁机制进行专业阐述：

● PostgreSQL 通过表级锁控制对关系对象的访问权限，共分为八种模式，用于满足不同并发场景下的锁定需求。合理的锁模式选择能够在保障数据一致性的同时，最大化并发操作的兼容性。

●行级锁通过轻量级锁机制实现对单行数据的并发控制。行级锁主要用于写入操作，会阻塞后续对该行的写入和加锁请求，但允许并发读取操作。这种锁粒度的控制能够有效减少锁竞争，提高并发性能。

●页级锁控制对共享缓冲池中表页的读写访问。在 PostgreSQL 的缓冲区管理机制中，页级锁用于保护物理页面的一致性，通常在数据页修改时短暂持有，并在事务提交或回滚时释放。该锁机制主要服务于底层存储管理，对上层应用透明。

●死锁是并发控制中的异常状态，指两个或多个事务因相互等待对方持有的锁而无法继续执行。PostgreSQL 的死锁检测算法通过定期扫描锁表来识别此类环形等待关系，并通过主动终止其中一个事务来打破死锁，确保系统继续运行。

●咨询锁(Advisory Lock)是用户自定义的逻辑锁，完全由应用程序控制其获取与释放。与系统锁不同，咨询锁不自动管理，需通过 pg_advisory_lock 和 pg_advisory_unlock 函数手动操作，常用于分布式事务协调或单例进程控制等场景。

在数据库运行过程中，锁冲突和资源争用是常见的性能瓶颈。通过查询 pg_locks 系统视图（可关联 pg_stat_activity 等视图），能够精确追踪当前锁持有情况及阻塞链路。结合锁模式分析和事务设计优化，可有效降低锁竞争，提升数据库并发处理能力。对于频繁更新的热点行，可通过调整业务逻辑减少事务持有的锁时间，或利用乐观并发控制策略替代传统行级锁。下面是一些查询锁的 SQL 语句。

```
-- 查看当前活动的锁,该视图包括 pid、锁类型、模式等
select * from pg_locks;


-- 查看当前会话的锁等待情况及相关进程信息
SELECT a.pid, a.usename, l.mode, l.granted,
       l.relation::regclass, a.query
FROM pg_stat_activity a
JOIN pg_locks l ON l.pid = a.pid
WHERE l.granted = FALSE;


-- 查看当前活动的锁等待语句
SELECT blocked_locks.pid AS blocked_pid,
    blocked_activity.usename AS blocked_user,
    blocking_locks.pid AS blocking_pid,
    blocking_activity.usename AS blocking_user,
```

        blocked_activity.query AS blocked_query,
        blocking_activity.query AS blocking_query
    FROM pg_catalog.pg_locks blocked_locks
    JOIN pg_catalog.pg_stat_activity blocked_activity ON blocked_activity.pid = blocked_locks.pid
    JOIN pg_catalog.pg_locks blocking_locks ON blocking_locks.locktype = blocked_locks.locktype
                        AND blocking_locks.pid != blocked_locks.pid
    JOIN pg_catalog.pg_stat_activity blocking_activity ON blocking_activity.pid = blocking_locks.pid
    WHERE NOT blocked_locks.granted;

    -- 通过 pid 查看某语句的阻塞者的 pid
    SELECT pg_blocking_pids(<pid>);

    -- 数据库中有死锁超时参数，我们可以根据实际情况进行设置
    postgres=# show deadlock_timeout ;
     deadlock_timeout

     1s
    (1 row)
```

## 1.9 空间管理

数据库作为数据管理的核心系统，其功能远不止存储数据，还包括对数据的高效组织、管理和检索。随着业务活动的持续进行，数据不断更新、插入和删除，这对数据库的资源使用情况提出了严格要求。资源管理是数据库运维的关键环节，除了常见的内存、CPU、磁盘 I/O 外，磁盘空间同样是重点关注对象。在数据库层面，我们可以通过多种方式精确统计空间使用情况，包括表空间大小、数据库大小、模式大小、表大小以及索引大小等。运维人员应依据实际需求灵活选择统计方式，以确保数据库的稳定运行。下面是一些与空间使用相关的 SQL。
```

-- 查看实例中所有数据库总大小
```
postgres=# select
postgres-#   pg_size_pretty(sum(pg_database_size(datname)))
postgres-# from pg_database ;
 pg_size_pretty
----------------
 649 MB
(1 row)
```

-- 查看表空间大小
```
postgres=# SELECT
postgres-# spcname,pg_size_pretty(pg_tablespace_size(spcname))
postgres-# FROM pg_tablespace
postgres-# ORDER BY 2 DESC;
  spcname   | pg_size_pretty
------------+----------------
 pg_default | 649 MB
 pg_global  | 555 kB
(2 rows)
```

-- 查看某数据库中模式的大小
```
postgres=# SELECT
postgres-#   schemaname,
postgres-#   pg_size_pretty(sum(pg_total_relation_size(schemaname || '.' || tablename))) AS schema_size
postgres-# FROM
postgres-#   pg_tables
postgres-# GROUP BY
postgres-#   schemaname
postgres-# ORDER BY
postgres-#   sum(pg_total_relation_size(schemaname || '.' || tablename)) DESC;
   schemaname    | schema_size
```

```
--------------------+--------------
 public             | 524 MB
 history            | 34 MB
 pg_catalog         | 8688 kB
 information_schema | 248 kB
 postgres           | 96 kB
(5 rows)
```

-- 查看表大小
SELECT pg_size_pretty(pg_table_size('t1'));

-- 查看索引大小
SELECT pg_size_pretty(pg_indexes_size('t1_idx_id'));

-- 查看表、索引及表相关总大小
SELECT
table_name,
pg_size_pretty(table_size) AS table_size,
pg_size_pretty(indexes_size) AS indexes_size,
pg_size_pretty(total_size) AS total_size
FROM (
  SELECT
  table_name,
  pg_table_size(table_name) AS table_size,
  pg_indexes_size(table_name) AS indexes_size,
  pg_total_relation_size(table_name) AS total_size FROM (
      SELECT ('"' || table_schema || '"."' || table_name || '"') AS table_name FROM information_schema.tables
) AS all_tables ORDER BY total_size DESC
) AS pretty_sizes;

-- 查看 WAL 日志总大小及个数

```
postgres=# select
postgres-#  pg_size_pretty(sum(size)) as "wal_total_size",
postgres-#  count(*) as "wal_count"
postgres-# from pg_ls_waldir();
 wal_total_size | wal_count
----------------+-----------
 768 MB         |     48
(1 row)


-- 查看归档文件总大小及个数
select
  pg_size_pretty(sum(size)) as "archivelog_total_size",
  count(*) as "archivelog_count"
from pg_ls_archive_statusdir();
```

在数据库运维过程中，工程师可通过查询数据库的相关视图来获取数据库、表空间、模式、WAL 日志及归档日志等对象的大小信息，这些信息有助于进行跟踪和统计分析。数据库中所有空间资源均来源于操作系统，因此除了关注数据库本身的 SQL 语句外，还需密切监测操作系统的空间资源状况，确保其分配给数据库的空间充足。

1.10 版本升级

本节主要阐述 PostgreSQL 数据库主版本升级的方法，次版本间通常保持兼容性，一般无须进行升级操作。根据实际场景和需求，PostgreSQL 的版本升级主要分为原地升级与异机升级两种策略，不同的升级策略对应着不同的实施步骤。

●异机升级：需先搭建全新的数据库环境，安装目标版本的数据库软件。然后借助逻辑数据迁移、逻辑复制或同步工具等手段，将数据从旧版本数据库迁移至新版本数据库。这种方式适用于对停机时间要求较为宽松，或希望对新旧环境进行隔离的场景。

●原地升级：可直接运用 pg_upgrade 工具来完成版本升级。选择升级方案时，需综合考虑数据库的规模、可容忍的停机时长、现有硬件环境的状况，以及客户提出的诸如数据完整性保障、业务连续性等其他特定需求。

使用 pg_upgrade 对数据库进行升级的步骤如下：

（1）安装新版本软件并创建新磁盘目录：在原有数据库服务器上安装新的 PostgreSQL 版本，建议为新版本数据库创建独立的磁盘目录。

（2）初始化新数据库：使用新版本的初始化命令，完成数据库文件结构、系统目录等基础组件的创建，为后续的升级操作搭建起目标框架。

（3）在新数据库中安装扩展：依据旧数据库中的扩展信息，在新数据库中重新安装相同版本的扩展，确保数据库功能的完整性和一致性。

（4）恢复自定义的全文检索组件：如果旧数据库中存在自定义的全文检索词典、同义词等配置，需要将其准确地从旧数据库中导出，并在新数据库中进行恢复，以保障文本检索功能的正常运行。

（5）配置免密认证：由于 pg_upgrade 工具在升级过程中需频繁在新旧数据库之间建立连接，为避免频繁输入密码带来的不便和潜在风险，建议提前配置免密认证机制，如修改 pg_hba 或 .pgpass 文件。

（6）停止新旧数据库及流复制相关服务：在升级前，必须确保新旧数据库实例均已停止运行。若当前数据库环境中包含流复制配置，还需确认备端数据库也已停止，并妥善处理与流复制相关的进程和连接，防止在升级过程中数据发生不一致或冲突。

（7）运行升级检测与执行升级：利用 pg_upgrade 工具提供的检测功能，对新旧数据库环境进行全面检查，确保硬件、操作系统、配置参数等方面满足升级要求。检测通过后，正式执行升级操作，完成数据、配置等从旧版本到新版本的迁移。

（8）升级流复制环境：如果原数据库环境采用了流复制技术，那么在完成主数据库的升级后，还需依据官方文档中的详细指导，对流复制相关配置、进程等进行相应的升级和调整，以确保新版本数据库下的流复制功能能够正常工作，维持数据库的高可用性。

（9）恢复相关配置文件：将旧环境中诸如 pg_hba.conf 等关键配置文件中的必要设置恢复至新数据库环境，确保数据库的访问控制策略、连接参数等与业务需求相匹配，同时也要注意结合新版本特点对配置进行适当优化。

（10）启动新数据库并执行相关脚本：在完成上述准备工作后，启动新版本的 PostgreSQL 数据库。根据升级过程中产生的提示信息，执行相应的维护脚本，如更新系统目录、优化数据库性能等操作，以完善新数据库的运行状态。

（11）收集数据库统计信息：为了使数据库的查询优化器能够生成高效的执行计划，需及时收集新数据库的统计信息。

（12）删除旧目录或文件：在确认新数据库运行稳定、各项功能正常且已按照业务要求完成充分测试后，可根据实际情况和需求，在合适的时机删除旧版本数据库的目录和文件。但出于数据安全和回退可能的考虑，建议在一段时间内保留旧文件，以便在出现问题时能够迅速回滚至升级前的状态。

下面以 PG15 单机为例，升级至 PG16，仅供参考，PG16 的安装步骤省略。

-- 查看数据库扩展信息

postgres=# select 'create extension '||extname||';' from pg_extension;

   ?column?

----

 create extension plpgsql;

 create extension pg_stat_statements;

 create extension pageinspect;

 create extension pg_visibility;

 create extension pg_freespacemap;

 create extension btree_gin;

 create extension pg_buffercache;

 create extension system_stats;

 create extension pg_stat_monitor;

 create extension pgstattuple;

 create extension pg_walinspect;

(11 rows)

新版本的数据库配置可以直接复制旧版本的数据库配置文件。

新库创建相关扩展，下面示例中有两个非官方自带插件，在执行 pg_upgrade 检查时也报错，因这两个插件目前还不支持 PG16，先在旧库中删除。相关信息如下：

升级检查

Checking for presence of required libraries   fatal

Your installation references loadable libraries that are missing from the
new installation. You can add these libraries to the new installation,
or remove the functions using them from the old installation. A list of
problem libraries is in the file:
  /pgdata/postgres16/data/pg_upgrade_output.d/20241201T111713.652/loadable_libraries.txt

Failure, exiting

具体错误信息

[postgres@ms2 ~]$ cat /pgdata/postgres16/data/pg_upgrade_output.d/20241201T111713.652/loadable_libraries.txt

could not load library "$libdir/pg_stat_monitor": ERROR: could not load library "/pgdata/postgres16/lib/pg_stat_monitor.so": /pgdata/postgres16/lib/pg_stat_monitor.so: undefined symbol: pgstat_fetch_stat_local_beentry

In database: xk_db

执行升级操作：

直接进行升级操作，首先会进行升级检查

[postgres@ms2 ~]$ pg_upgrade --old-datadir "/pgdata/postgres15/data" --new-datadir "/pgdata/postgres16/data" --old-bindir "/pgdata/postgres15/bin" --new-bindir "/pgdata/postgres16/bin"

Performing Consistency Checks

Checking cluster versions   ok
……

Analyzing all rows in the new cluster   ok
Checking for extension updates   notice
……

Your installation contains extensions that should be updated
with the ALTER EXTENSION command. The file
    update_extensions.sql
when executed by psql by the database superuser will update
these extensions.

Upgrade Complete

Optimizer statistics are not transferred by pg_upgrade.
Once you start the new server, consider running:
    /pgdata/postgres16/bin/vacuumdb --all --analyze-in-stages
Running this script will delete the old cluster is data files:
    ./delete_old_cluster.sh

数据库优化，我们可以根据提示执行 vacuumdb 脚本以收集数据库统计信息：

启动数据库，注意需要新的数据库环境
pg_ctl start

执行脚本
[postgres@ms2 ~]$ /pgdata/postgres16/bin/vacuumdb --all --analyze-in-stages
vacuumdb: processing database "postgres": Generating minimal optimizer statistics (1 target)
……
vacuumdb: processing database "xk_db": Generating default (full) optimizer statistics

-- 执行插件更新
[postgres@ms2 ~]$ psql
psql (16.1)
Type "help" for help.

postgres=# ALTER EXTENSION "pageinspect" UPDATE;
ALTER EXTENSION
postgres=# ALTER EXTENSION "pg_buffercache" UPDATE;
ALTER EXTENSION
postgres=# ALTER EXTENSION "pg_walinspect" UPDATE;
ALTER EXTENSION

pg_upgrade 注意事项：

跨文件系统升级，禁用 --link 模式，直接复制数据文件（需更多磁盘空间）。

在高可用环境中，升级主节点后，通过 rsync 同步数据到备机，并调整流复制配置。

扩展升级，若旧集群使用 contrib 模块（如 postgis），需在新集群中重新安装并执行 CREATE EXTENSION。

回退方案：若升级失败，恢复备份或通过旧数据目录中的 .old 文件还原。

2. 监控的指标

2.1 数据库指标

数据库作为业务数据的载体和业务系统正常运行的基石，其稳定性和性能表现直接关系到业务的连续性和数据的高可用性。在数据库运维环节，预防性维护与实时监控是保障数据库健康运行的双重保障。通过科学有效的预防措施，可以最大限度地消除潜在隐患，而完善的监控体系则能够及时发现风险并迅速响应故障，确保数据库处于最佳运行状态。

2.1.1 数据库的基本信息

这部分信息变化较少，收集频次可减少。如主机名、数据库版本、IP 地址、端口号、数据库主目录、当前时间、系统运行时间、数据库参数等，详见表 5-4。

表 5-4 需收集的数据库基本信息

监控项	描述	来源（参考）
OS_VERSION	操作系统版本	/etc/os-release
DB_VERSION	数据库版本	version()
HOSTNAME	主机名	hostname
OS_IP	系统 IP	ip a
OS_RUNTIME	系统运行时间	uptime
DB_UPTIME	数据库启动时间	pg_postmaster_start_time()
PGHOME	数据库主目录	系统环境变量
PGDATA	数据库数据目录	系统环境变量
SHARED_BUFFER	数据库共享内存大小	pg_settings.shared_buffers
CONNECTIONS	数据库连接数	pg_settings.max_connections
ARCH_MODE	归档模式	pg_settings.archive_mode

除了上述综合信息外，还有数据库中的其他基本信息，如数据库信息、表空间信息、插件信息等，详见表 5-5。

表5-5 建议监控的数据库信息

监控大类	描述	来源（参考）
数据库信息	数据库名字、属主、编码、排序码、是否为模板数据库、数据库OID、默认表空间、数据库大小等	pg_database
表空间信息	名称、属主、所在目录、使用率等	pg_tablespace
插件信息	名字、所有者、版本、状态等	pg_extension
复制信息	名字、应用名字、客户端IP、同步状态等	pg_stat_replication
参数设置	参数名称、值大小、是否为默认等	pg_settings

2.1.2 数据库的监控指标

这部分信息更多是实时信息，一般可以通过监控软件收集实时信息并入库，后期可以对数据库运行情况进行分析(数据库指标收集频率，请根据实际情况综合判断)，详见表5-6。

表5-6 数据库具体监控项

监控项	描述	来源
总逻辑读	总逻辑读数量	pg_stat_database
总物理读	总物理读数量	pg_stat_database
总事务数	总事务数	pg_stat_database
总提交数	总事务提交数	pg_stat_database
总回滚数	总事务回滚数	pg_stat_database
总死锁数	总死锁数	pg_stat_database
总复制冲突数	总复制冲突数	pg_stat_database
总扫描数	总扫描行数	pg_stat_database
总插入行数	总插入行数	pg_stat_database
总删除行数	总删除行数	pg_stat_database
总更新行数	总更新行数	pg_stat_database
总读时间	总读IO时间	pg_stat_database
总写时间	总写IO时间	pg_stat_database

续表

总临时文件生成数	总临时文件生成数	pg_stat_database
检查点写时间	检查点写出 Buffer 的时间	pg_stat_bgwriter
检查点写同步时间	检查点同步 buffer 的时间	pg_stat_bgwriter
共享缓存分配量	数据库分配的 Buffer 数量	pg_stat_bgwriter
共享缓存写入量	数据库写出的 Buffer 数量	pg_stat_bgwriter
检查点共享缓存写出量	检查点写出的 Buffer 数量	pg_stat_bgwriter
后台进程共享缓存写出量	后台写出的 Buffer 数量	pg_stat_bgwriter
用户进程共享缓存写出量	用户写出的 Buffer 数量	pg_stat_bgwriter
当前锁的数量	当前锁的数量	pg_locks
复制状态	数据库复制状态	pg_stat_replication
主库发送延迟	主库发送 WAL 延迟量	pg_stat_replication
备库应用延迟	备库应用 WAL 延迟量	pg_stat_replication
SLOT 延迟	复制槽延迟量	pg_replication_slots
归档次数	总归档次数	pg_stat_archiver
失败归档次数	失败的归档次数	pg_stat_archiver
最后归档 LSN	最后归档的 LSN	pg_stat_archiver
总会话数	数据库的总会话数	pg_stat_activity
活跃会话数	数据库的总活跃数	pg_stat_activity
等待会话数	数据库的总等待数	pg_stat_activity
空闲事务数	数据库空闲事务总数	pg_stat_activity
TOP_SQL	执行时间大于 30 秒的 SQL	pg_stat_activity

以上列举的主要是数据库中部分关键监控指标及其对应视图的相关列，但数据库还提供了更多视图以供深入分析。例如，pg_stat_wal 视图可用于分析 WAL 的写入情况，通过该视图可以了解日志的生成速率、写入总量等信息，从而评估数据库的日志写入负载。此外，以 pg_statio 开头的视图（如 pg_statio_user_tables 等）则提供了 I/O 相关的信息，包括数据文件的读写次数、读写字节数等，通过这些视图可以帮助运维人员分析数据库的磁盘

I/O 性能。

在实际监控场景中，根据特定需求，还可以通过编写 SQL 语句关联多个相关视图，从而获取更全面、更精准的监控指标和数据。同时，除了数据库自带视图以及自带插件所提供的视图外，还有其他插件可供使用，以获取更丰富的监控指标。

需要注意的是，某些指标数据的获取需要开启特定的数据库参数。然而，开启这些参数可能会对数据库的性能产生一定的影响。因此，强烈建议专业人士依据数据库的实际运行状况来判断是否开启这些参数，并且在开启之前进行充分的测试，以确保数据库的稳定运行。关于其他插件的详细信息和使用方法，将在后续章节中介绍。

2.2 服务器指标

数据库运行在操作系统之上，服务器的稳定性对数据库运行的稳定性和性能影响比较大，下面是服务器相关的监控信息。

2.2.1 操作系统基本信息

这部分信息变化较少，收集频次可减少。如主机名、操作系统版本、IP 地址、CPU 型号、CPU 主频、CPU 数量、物理内存、SWAP 内存等，详见表 5-7。

表 5-7 建议监控的操作系统基本信息

监控项	描述	来源（参考）
OS_VERSION	操作系统版本	/etc/os-release
CPU 信息	主频、型号、数量	/proc/cpuinfo
内存信息	总内存大小、大页内存等	/proc/meminfo
磁盘分区信息	磁盘分区信息	lsblk
网卡信息	网卡信息	ip a
NTP 服务	是否开启	systemctl status ntpd
防火墙服务	是否开启	systemctl status firewalld
挂载点信息	挂载点信息	mount
内核参数	操作系统内核参数	sysctl -a
资源限制	用户系统资源限制	/etc/security/limits
调度任务信息	调度任务信息	crontab -l

在监控数据库运行环境时，除了直接从操作系统层面收集和监控相关信息外，PostgreSQL 数据库也提供了一些插件来获取操作系统资源的运行状况。例如，system_stats 插件可以通过 SQL 命令来收集操作系统资源信息，为数据库运维人员提供更全面的监控视角。

2.2.2 操作系统监控指标

这部分监控数据库大部分是实时信息，可以通过监控软件收集实时信息并入库，后期可以对数据库运行情况进行分析，详见表 5-8。

表 5-8 建议监控的操作系统项

监控项	描述	来源
操作系统运行时间	服务器运行时长	uptime
CPU 使用情况	CPU 的使用情况	vmstat/sar
内存使用率	内存使用率	free –m/sar
内存使用大小	内存使用率	free –m/sar
交换分区使用情况	交换分区使用情况	free –m
磁盘 IO 信息	每秒读写、IO 等待、负载情况等	iostat –d –x
文件系统空间信息	文件总大小、使用率等	df –h
网络传输信息	接收包量、错误率等	netstat –i/–s

3. 常用的监控工具

作为数据库运维工程师，面对大规模的数据库集群时，高效监控成为关键需求。当前市场上众多开源监控工具可实现多数据库的统一监控，如 Zabbix 和 Prometheus，它们凭借广泛的适用性和强大的功能广受青睐。这两款工具不仅支持灵活的自定义开发，还能根据特定需求进行二次开发，以增强对数据库的监控能力。由于它们的流行度高，网络上丰富的学习资源也为使用和定制提供了便利。本节内容将专注于两款与 PostgreSQL 深度集成的监控插件，旨在为运维人员提供更丰富的监控选项，从而提升运维效率。

3.1 动态监控插件

目前在开源插件中，有多款适用于 PostgreSQL 数据库的动态监控工具，例如 pg_top、pg_activity 和 pg_center 等，它们各具特色。使用者完全可以依据自身的实际需求来挑选合适的监控插件，不过在正式将这些插件投入生产环境之前，强烈建议开展全面且细致的测试工作，其中一项关键测试内容便是考察插件本身对数据库运行性能产生的影响。接下来，本节将以 pg_activity 这一监控插件为例，深入介绍其主要功能和特性。

pg_activity 是一款功能强大的监控工具，能够同时对 PostgreSQL 数据库以及数据库所运行的服务器系统进行实时监控。按照官方推荐的做法，最好在数据库所在的服务器上直接运行 pg_activity，如此一来，它可以便捷地展示出操作系统层面的各类关键信息，包括 CPU 使用率、内存使用情况以及磁盘的读写操作等系统资源相关的数据。而且，在连接到 PostgreSQL 数据库时，必须使用具备 superuser（超级用户）权限的用户来进行连接操作，这样做的根本目的是确保 pg_activity 所输出的监控信息具备完整性和准确性，避免因权限不足而导致部分重要数据无法被正常获取和展示。

pg_activity 项目地址：https://github.com/dalibo/pg_activity

3.1.1 安装与配置

pg_activity 支持 PostgreSQL9.2 及更高版本，另外 pg_activity 依赖于 python3，需提前安装 python3 环境。

```
# 要求 python 版本大于 3.7，下载源码并安装
yum install -y gcc gcc-c++ zlib-devel openssl-devel readline-devel libffi-devel sqlite-devel tcl-devel tk-devel


# 编译安装
cd /soft/Python-3.8.18/
./configure
make && make install
```

下载 pg_activity 源码包，进行安装。

```
# 下载 git clone https://github.com/dalibo/pg_activity.git
$ cd pg_activity/
$ pip3.8 install pg_activity psycopg


# 查看帮助
$ pg_activity --help
```

3.1.2 使用说明

pg_activity 默认情况下会显示 pid、数据库、用户、客户端、读写速度、等待事件、SQL 等，我们可以根据需求，选择不显示哪些内容，如不显示用户，具体可查看帮助。其他连接数据库命令同 psql 类似，有主机名、端口号、用户名和数据库名。

```
# 连接数据库
$ pg_activity -d postgres -U postgres
```

如图 5-1 所示，pg_activity 默认情况下开头部分会显示数据库整体情况，如运行时间、数据总大小、会话情况以及操作系统内存、IO 等情况。下面会动态显示数据库中消耗资源较多的 SQL，可以按照读写、使用 CPU、内存资源等情况进行排序。我们还可以使用参数——output 将监控数据导出为 CSV 格式。

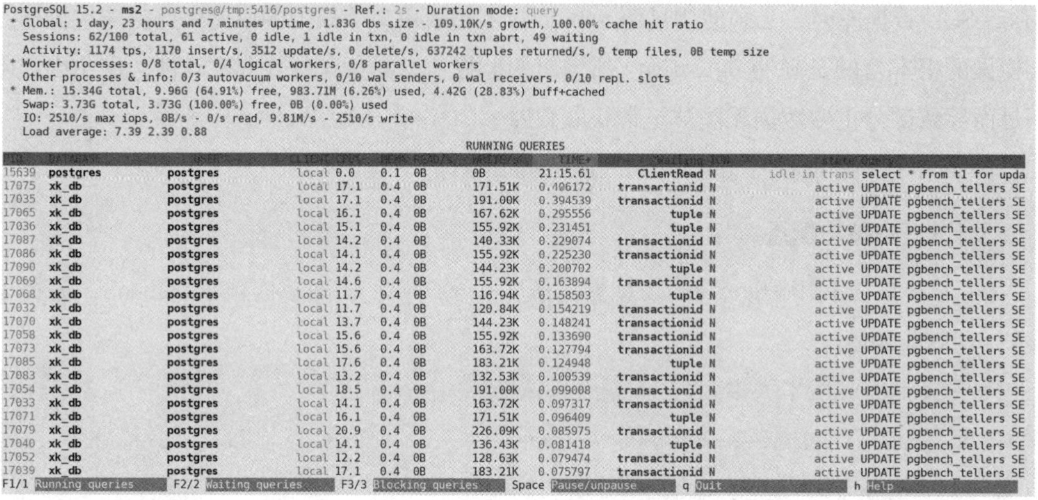

图 5-1　pg_activity 动态监控

关于显示命令，详见表 5-9。

表 5-9　pg_activity 命令参考

键值	描述
r	按照 READ/s 降序排列
w	按照 WRITE/s 降序排列
c	按照 CPU% 降序排列
m	按照 MEM% 降序排列
t	按照 TIME+ 降序排列
T	更改持续模式，查询、事务、后端
Space	暂停、启动
v	更改查询显示模式，全部、缩进、截断
UP/DOWN	滚动进程列表
k/j	滚动进程列表

续表

q	推出
+	增加刷新频率，最大值 5s
−	减少刷新频率，最小值 0.5s
F1/1	运行的查询列表
F2/2	等待的查询列表
F3/3	阻塞的查询列表
h	帮助
R	刷新
D	刷新数据库大小
s	头部显示系统信息
i	头部显示一般数据库实例信息
o	头部显示进程信息

3.2 性能分析插件

PostgreSQL 自带的插件 pg_stat_statements 是进行数据库日常分析的重要工具。除此之外，还有其他几款功能类似的插件，比如 pg_stat_monitor 和 pg_stat_kcache。每个插件都有其独特的优势，我们可以将它们结合使用，从而提高分析检查的效率和准确度。本小节将重点介绍 pg_stat_monitor 插件的主要功能。

pg_stat_monitor 是一款由 Percona 公司开发的查询性能监控工具。它在 pg_stat_statements 的基础上进行了扩展和增强，可以说是其更高级的替代品。与 pg_stat_statements 相比，pg_stat_monitor 提供了更深入、更全面的数据库查询监控功能。

pg_stat_monitor 项目地址：

https://github.com/percona/pg_stat_monitor

3.2.1 安装与配置

首先需要在 github 上下载该插件，并编译安装，该插件支持 PostgreSQL 12 到 17。

```
# 解压
unzip pg_stat_monitor-main.zip
# 进入目录编译
cd pg_stat_monitor-main
make USE_PGXS=1
make install USE_PGXS=1

# 安装插件
ALTER SYSTEM SET shared_preload_libraries = 'pg_stat_monitor';
create extension pg_stat_monitor;

# 重启数据库
pg_ctl restart
```

该插件主要是统计数据库中运行的语句执行情况，信息收集过程中对数据库性能有一定影响，需要谨慎开启。

```
-- 获取 SQL 执行情况，对数据库性能有影响的参数
alter system set pg_stat_monitor.pgsm_enable_pgsm_query_id=off;
-- 可调整桶数、桶的时间间隔
alter system set pg_stat_monitor.pgsm_max_buckets=20;
alter system set pg_stat_monitor.pgsm_bucket_time=300;
-- 查看参数信息
select * from pg_settings
where name like 'pg_stat_monitory.%';
```

通过使用 pg_stat_monitor 插件，数据库用户可以更深入地了解数据库查询的执行情况，及时发现和解决性能问题，提高数据库的整体性能和稳定性。在实际应用中，我们可以将 pg_stat_monitor 与其他插件结合起来，充分发挥它们各自的优势，实现更高效的数据库分析和监控。

3.2.2 使用说明

pg_stat_monitor 插件采用了基于时间间隔的统计数据收集机制，区别于仅提供一组不断增加的计数方式。其默认的时间间隔为 60 秒，即每 60 秒为一个"时间桶"，在每个时间桶内收集并计算相关的统计数据。这样的设计有助于将查询性能数据按照固定的时间周期进行分组和汇总，便于用户以更直观的时间序列方式查看和分析数据库的性能变

化趋势。

这种基于时间间隔的统计方式的优势在于，用户可以更清晰地观察到不同时间段内查询性能的波动情况。例如，如果某个时间段内数据库的查询负载突然增加，通过 pg_stat_monitor 的时间间隔统计，可以迅速定位到该时间段，并分析出是哪些查询导致了负载的上升。同时，这种机制也有助于减少数据冗余，避免因持续累积计数而可能导致的数据量过大问题，提高了数据管理的效率。

```sql
-- 查看时间桶（60 秒）内执行次数及启动时间
SELECT bucket, bucket_start_time, query,calls
FROM pg_stat_monitor ORDER BY bucket;
```

pg_stat_monitor 提供了额外的指标，可从不同角度对查询性能进行详细分析，其中包括用户名、应用程序名、IP 地址等客户端连接的详细信息。有了这些信息，pg_stat_monitor 就能帮助用户追踪查询的源应用程序。

```sql
-- 查看应用及客户端 ip
SELECT application_name, client_ip,
substr(query,0,100) as query
FROM pg_stat_monitor;


-- 可以查看每个语句的执行计划
SELECT substr(query,0,50), query_plan
FROM pg_stat_monitor limit 10;


-- 可以根据语句类型分类，如 SELECT/INSERT/UPDATE/DELETE
SELECT bucket, substr(query,0, 50) AS query, cmd_type,
cmd_type_text
FROM pg_stat_monitor WHERE elevel = 0;


-- 直观看出语句执行错误的原因
SELECT substr(query,0,50) AS query,
decode_error_level(elevel) AS elevel,sqlcode, calls,
substr(message,0,50) message
FROM pg_stat_monitor;
```

-- 查看插件的版本
SELECT pg_stat_monitor_version();

-- 查看每个桶执行语句数量（默认间隔60秒）
select bucket_start_time,count(*)
from pg_stat_monitor group by bucket_start_time;

-- 查看每个桶中每个数据库执行语句数量
select bucket_start_time, datname,count(*)
from pg_stat_monitor group by bucket_start_time,datname;

-- 查看每个桶中每个客户端执行语句数量
select bucket_start_time, client_ip,count(*)
from pg_stat_monitor group by bucket_start_time, client_ip;

-- 查看数据库占用的总执行时间
select datname,sum(total_exec_time)
from pg_stat_monitor group by datname order by 2 desc;

-- 查看执行时间最长的SQL语句：
SELECT datname, client_ip, calls, total_exec_time,
substr(query,0,50), query_plan
FROM pg_stat_monitor
ORDER BY total_exec_time DESC LIMIT 5;

以PostgreSQL15为例，pg_stat_monitor是基于pg_stat_statements改进的，除了包含其所有列外，还增加了部分列，详见表5-10。

表 5-10　pg_stat_monitor 部分列信息

列类型	描述
bucket	存储的桶号
bucket_start_time	桶的启动时间
user	运行语句的用户
client_ip	运行语句的客户端 IP
pgsm_query_id	Hash 代码，通过 pgsm_query_id，可以深入了解查询是如何跨 PostgreSQL 版本、数据库、用户或模式计划和执行的。这也会提高查询性能行为的可见性，但会影响数据库性能。pg_stat_monitor.pgsm_enable_pgsm_query_id 配置参数禁用该功能
top_queryid	内部哈希代码，用于识别语句中的 top SQL
top_query	显示语句中使用的 top SQL
planid	内部生成的查询计划 ID
comments	关于查询的描述
query_plan	用于执行查询的步骤序列。该参数只有在 pgsm_enable_query_plan 启用后才可用
application_name	连接数据库的应用名称
relations	列出查询中设计的表
cmd_type	操作类型，1-SELECT;2-UPDATE;3-INSERT; 4-DELETE
cmd_type_text	执行的查询类型
elevel	语句错误级别，警告、错误、日志
sqlcode	sql 的错误代码
message	错误信息
resp_calls	柱状图信息
bucket_done	表示该数据桶是仍处于活动状态还是已完成

pg_stat_monitor 还提供了一些函数，这些函数主要用于内部，请勿随意更改，主要函数详见表 5-11。

表 5-11　pg_stat_monitor 函数信息

列类型	描述
pg_stat_monitor_version	查看该插件版本
histogram(bucket id,query id)	显示柱状图信息
pg_stat_monitor_reset	删除之前信息内容
range	字符串形式获取直方图的时序
decode_error_level	显示错误级别
get_histogram_timings	以单个字符串形式获取直方图的时序
get_cmd_type	获取语句操作类型
pg_stat_monitor_internal	查看 pg_stat_monitor 内容的函数，函数中参数值 ture 显示执行语句内容，false 不显示执行语句内容

以上是关于 PostgreSQL 数据库运维与监控相关内容的介绍。希望上述内容能为你深入了解 PostgreSQL 数据库的功能特性以及掌握实用的运维技巧提供有益的帮助。

需要强调的是，数据库运维并非一成不变的工作，而是一个需要持续关注、不断优化和完善的过程。随着业务的不断增长和变化，数据库所面临的负载、数据量以及复杂性都会相应增加，这就要求运维人员密切关注数据库的运行状态，及时调整运维策略和资源配置，以确保数据库系统始终处于高效、稳定、可靠的运行状态。

第六章
数据库性能优化

PostgreSQL 是一款功能强大且应用广泛的开源关系型数据库，凭借其丰富的功能以及灵活的架构设计，在众多领域得到了广泛应用。然而，随着数据量的不断增长以及查询复杂度的日益提高，数据库性能问题也逐渐暴露出来。为了充分发挥 PostgreSQL 的卓越性能并确保用户能够获得优质的使用体验，性能优化成为数据库管理中不可或缺的一环。

在启动数据库优化工作之前，必须明确优化的动机与目标。通常而言，我们对数据库进行优化的原因主要包括以下几种：一是 SQL 语句的执行速度逐渐变慢，导致业务响应延迟；二是性能测试结果未能达到预期标准，暗示着系统存在潜在的性能瓶颈；三是数据库难以承载更多并发请求，影响了业务的扩展性。当我们明确了优化的原因之后，就能精准地设定优化目标。

在本章中，我们将深入剖析如何全方位优化 PostgreSQL 数据库的性能。内容涵盖多个关键领域，包括 Linux 操作系统的优化策略、数据库参数的精细配置、慢 SQL 的精准定位与获取、SQL 执行计划的深度分析与优化，以及索引的高效设计与优化方法等。通过这些内容，读者将能够系统地掌握性能优化的流程与技巧，从而有效提升 PostgreSQL 数据库的整体性能表现。

1. PostgreSQL 性能优化策略

在开展 PostgreSQL 数据库性能优化工作之前,明确优化的必要性是关键一步。性能优化的需求通常可以通过两个核心指标来衡量:吞吐量和响应时间。这两个指标直接反映了数据库在高并发场景下的处理能力和用户交互的响应速度,从而直接影响数据库用户的体验。随着数据库负载的增加,系统资源(如 CPU、内存、IO 和网络)的使用率也会上升,当这些资源达到瓶颈时,数据库的性能就会受到影响。性能优化的目标就是通过合理的资源利用,提高数据库的处理效率,确保在高负载下仍能保持良好的用户体验。

性能优化的核心指标

(1)响应时间

用于衡量用户与数据库交互过程中的响应时间。优化目标是缩短 SQL 运行时间,确保用户操作快速响应。

(2)吞吐量

衡量数据库在单位时间内可以完成的数据库任务。优化目标是提高每秒处理的 SQL 数或 QPS(Queries Per Second),提升数据库的整体处理能力。

(3)并发量

衡量数据库在单位时间内可以同时响应的用户数量。优化目标是提高最大并发量,确保数据库能够应对高峰时段的用户请求。

性能优化的步骤

(1)确定性能基准

与业务团队沟通,了解应用对数据库的性能需求。建立性能指标,确定关键性能指标,如以响应时间为主还是以高并发为主。确定指标后,开始收集基线数据。在系统正常运行时收集性能信息作为参考基线。如果是新开发系统,可以通过压力测试等方式收集基线数据。

（2）监控系统和数据库

使用监控工具和日志等方式监控操作系统和数据库。操作系统方面，获取CPU、内存、IO、网络的使用情况；数据库方面，获取等待事件、慢SQL、锁信息等数据。

（3）分析监控数据

确定性能瓶颈点。可能的瓶颈包括硬件瓶颈（CPU性能差、内存小、磁盘慢等）、资源分配不合理（通常是因为操作系统或数据库参数配置不合理）、锁和并发问题（业务逻辑不合理，并发控制没有做好，业务期间存在DDL操作等）、慢SQL等。

性能优化的思路

（1）去除无用或作用不大的步骤

减少无用功，例如将"select * from…"中的"*"改为具体使用的列名，以减少数据传输和处理的开销。

（2）优化算法

让SQL运行在更优的执行计划上。可以通过使用hint插件或修改cost值来改变SQL执行计划，选择更高效的查询路径。

（3）提高检索效率

通过创建索引等方式对数据进行排序，以提高检索效率。索引可以显著减少查询所需的时间，但需注意索引的维护成本。

（4）提升硬件性能

硬件性能决定了数据库运行速度和并发量的上限。虽然硬件提升成本较高，但在优化算法和资源分配后仍存在性能瓶颈时，可以考虑升级硬件。

性能优化的持续性

数据库性能优化是一个持续的过程，需要根据系统的变化和业务需求的发展不断调整和改进。对于已运行的数据库，如果前期设计不合理，后期优化会比较困难，也可能难以达到较高的性能水平。因此，良好的设计是发挥系统性能的关键。通过合理的数据库设计、优化的查询语句和高效的资源管理，可以最大限度地提升PostgreSQL数据库的性能，确保其在高并发和大数据量场景下的稳定运行和快速响应。

2. 服务器硬件影响

数据库运行环境中，服务器硬件配置直接决定了数据库系统的性能上限，包括响应速度和并发处理能力等。深入了解服务器硬件各项性能指标，是开展数据库优化工作的必要前提。

服务器硬件中的 CPU、内存、硬盘以及网络等各个组件，其性能表现存在显著差异，具体体现在响应速度和吞吐量等关键性能指标上。其中，CPU 的核心数、线程数以及主频等参数，决定了其能够同时处理的数据库任务数量和执行任务的速度；内存的大小会影响数据库缓存机制的效率，内存带宽则与数据读写速度息息相关；硬盘的类型（如固态硬盘和传统机械硬盘）及其转速（对于机械硬盘而言）、IOPS（每秒输入输出操作次数）等指标，直接决定了数据存储和读取的效率；网络带宽和延迟情况则影响着分布式数据库系统中各节点间的数据交互速度以及远程客户端与数据库服务器之间的通信效率。准确把握这些硬件组件的性能特点和差异，能够为制订针对性的硬件优化策略以及优化数据库整体性能奠定坚实基础，从而实现数据库性能的最优化。

2.1 服务器体系结构

随着 CPU 核数的增加，服务器厂商为充分挖掘多核 CPU 的性能潜力，设计了多样化的系统架构。当前商用服务器主要基于以下三种典型架构：对称多处理器结构（SMP，Symmetric Multi – Processing）、非一致存储访问结构（NUMA，Non – Uniform Memory Access）以及海量并行处理结构（MPP，Massive Parallel Processing）。

对称多处理器结构（SMP）

SMP 架构通过紧密耦合的多处理器设计，实现了所有 CPU 对系统资源的共享访问。在该架构下，每个 CPU 均能够以相同的时间访问内存中的任何地址，因此 SMP 架构也被称为一致存储器访问结构（UMA，Uniform Memory Access）。其核心特点在于所有 CPU 对系统资源（包括总线、内存、I/O 设备等）享有同等的访问权限，不存在主次之分。

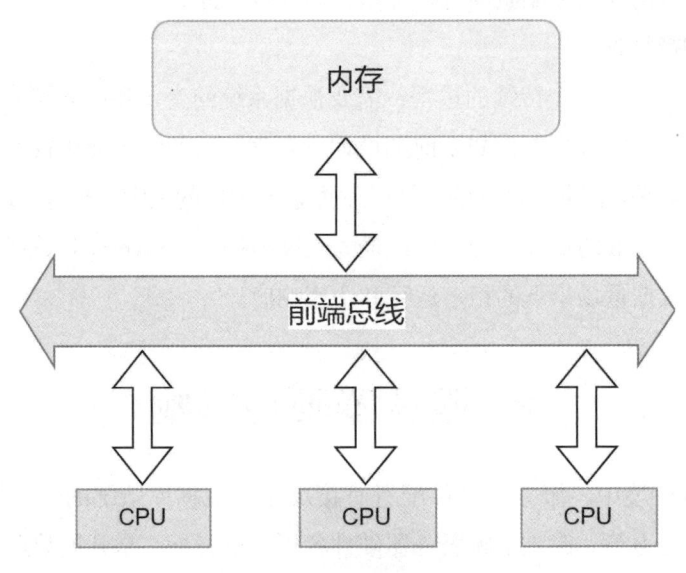

图 6-1 SMP 架构示意图

SMP体系结构的最大特点就是共享所有资源，各CPU之间没有区别，平等地访问内存、外设，因此具有以下优点：

● 资源平等共享：所有CPU共享相同的内存和外设资源，无主次之分，简化了系统设计。

● 编程模型简单：对程序设计的要求相对较低，开发人员无须特别考虑资源分配的复杂性。

● 易于实现负载均衡：由于CPU地位对等，任务可以较为均匀地分配到各个处理器上。

也正因为SMP架构中的CPU之间共享所有资源，导致了SMP服务器扩展能力非常有限，造成如下缺点：

● 内存总线瓶颈：随着CPU数量的增加，所有CPU必须通过共享的内存总线访问内存资源，导致内存访问冲突显著增加。这不仅降低了内存访问效率，还造成了CPU资源的浪费，进而严重制约了系统性能的提升。

● 扩展性受限：由于内存总线的带宽限制，SMP架构的扩展能力非常有限。当CPU数量增加到一定程度（通常为2至4个CPU）后，性能提升将趋于平缓，甚至可能出现性能下降的情况。

● 硬件成本较高：实现SMP架构需要解决内存访问冲突等问题，这增加了硬件设计的复杂性和实现成本。

非一致存储访问架构（NUMA）

NUMA基于多个CPU模块构建，每个CPU模块包含多个CPU核心，且配备有独立的本地内存以及I/O插槽等资源。节点间借助互联模块实现相互连接与信息交互，进而使得每个CPU均具备访问整个系统内存的能力，这一点构成NUMA与大规模并行处理架构（MPP）的关键差异。在NUMA架构下，CPU访问本地内存的速度显著高于访问其他节点内存的速度，这正是非一致存储访问架构命名的根源。

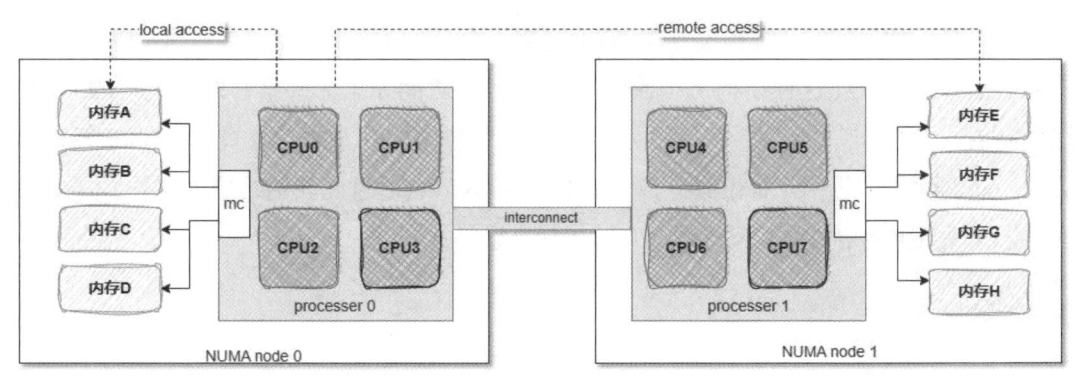

图6-2 NUMA架构示意图

通常而言，NUMA 架构默认将计算和内存资源分配在同一 NUMA 节点内部。然而，此类资源分配方式却容易引发交换分区（SWAP）相关问题。例如，当 NUMA0 节点内存资源耗尽而开始使用 SWAP 空间时，NUMA1 节点可能仍存在大量闲置内存，在数据库等对内存消耗较大的应用场景中，此类情况将会导致严重的性能瓶颈。

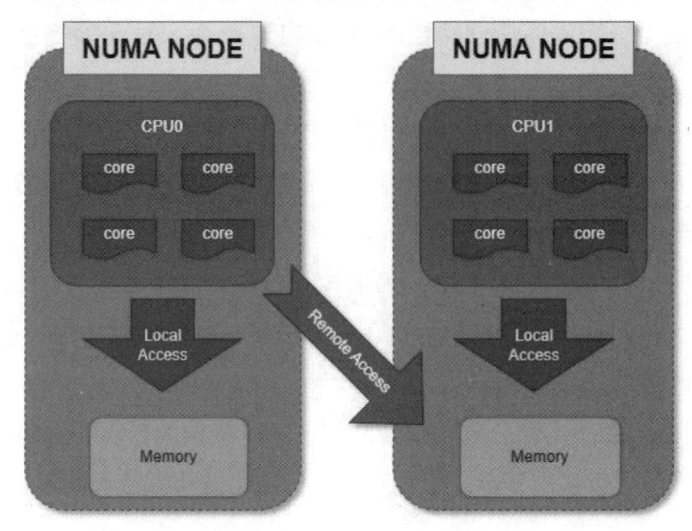

图 6-3　NUMA 跨节点访问内存示意图

NUMA 架构的优势体现在采用多 CPU 模块设计，每个 CPU 模块均配置有独立的本地内存，这种设计在一定程度上提升了多处理器系统的扩展性和性能。

然而，NUMA 架构也存在明显弊端，由于全局内存访问性能存在不一致性，当访问其他 CPU 模块所属内存时，对于数据库这类消耗内存较大的程序会产生较为严重的负面影响。并且，为使程序能够在 NUMA 架构下高效稳定运行，往往需要针对该架构特点进行专门的设计与优化。

海量并行处理结构（MPP）

MPP 是一种独特的系统扩展方式。它通过将多个 SMP 服务器互连，共同执行同一任务，实现了水平扩展。在这种结构下，各个 SMP 服务器之间完全无共享，即 Share Nothing，因此具有出色的扩展能力。刀片服务器就是这种结构的典型代表。此外，MPP 架构与 MapReduce 模式在某些方面相似，多个 SMP 服务器节点通过互联网络协同工作，尽管目前尚未统一数据通信协议，但这种交互对用户来说是透明的。

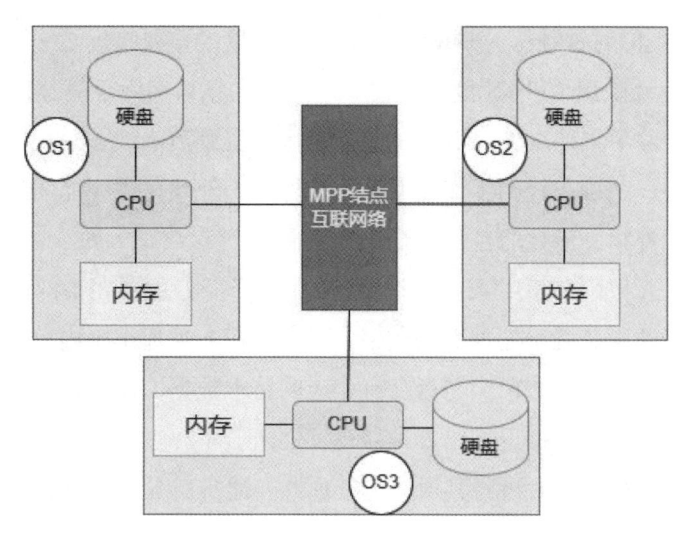

图 6-4　MPP 结构示意图

在 MPP 架构体系中，各 SMP 节点能够独立运行自有操作系统、数据库等环境与应用。与 NUMA 架构有明显差异的是，MPP 架构不存在跨节点的异地内存访问问题，节点之间实现信息交互的过程依赖于节点互联网络，该过程通常被称作数据重分配（Data Redistribution）。

MPP 架构的优势在于，经由多个 SMP 节点的互联组成，各节点配备专属本地资源，彻底实现无共享模式，理论上，增加节点可使性能呈线性提升。通过数据多副本和故障转移机制，单节点宕机不影响整体服务。支持横向扩展（Scale-Out），可通过简单增加节点应对数据增长。

然而，MPP 架构也存在一些不足，如单一程序无法同时调用所有 CPU 资源，必须实施数据重分配操作；应用程序开发的复杂度相对较高。

2.2　服务器 CPU

服务器中央处理器（CPU）作为服务器的核心计算组件，承担着执行各类计算与数据处理任务的关键职能。服务器 CPU 的架构体系有多种不同的类型，常见的架构有 x86、ARM、MIPS、RISC-V、PowerPC 等。

从 CPU 的核心与线程角度来看，核心数量在物理层面体现出处理器的实际构成，例如某处理器标注为 64 核心，即明确表明该处理器内部真实集成了 64 个核心。一般来说，核心数量的增加会显著提升处理器同时处理数据量和并发任务的能力。而线程则属于逻辑层面的概念，其数量大于等于核心数。具体而言，每个核心至少对应一个线程，借助多线程技术，可以使单个核心模拟出多个核心的功能，这便是诸如双核四线程、六核十二线程等处理器规格的产生原理。

主频，即 CPU 的时钟频率，是衡量 CPU 运行速度的重要指标之一。时钟频率的高低能够在较大程度上反映出 CPU 速度的快慢，不过，主频与实际运算速度之间的关系并非简单的线性关系。除了主频之外，CPU 的运算速度还受到流水线、总线等多方面性能因素的综合影响。其中，系统总线的工作频率被称为外频，外频与主频之间的倍数差异则被定义为倍频，主频、外频、倍频均是评估 CPU 性能的关键参数。

缓存，也就是 CPU 高速缓存，其核心作用在于降低处理器在访问内存时所需的平均时间。缓存的运行速度接近于处理器的频率，但在容量上远远小于内存。当处理器发起内存访问请求时，会优先检索缓存中是否存有相应的请求数据。倘若存在（命中），则无须再访问内存，可直接将该数据返回给处理器；反之，若不存在（失效），则需要先将内存中的相关数据调入缓存，随后再将其返回至处理器。通常情况下，CPU 缓存容量的增加会在一定程度上提升其性能表现。

2.3 服务器内存

计算机内存是用于暂存 CPU 运算数据以及与硬盘等外部存储器交换数据的关键硬件组件，它作为外部存储器与 CPU 之间信息交互的桥梁，确保程序在执行前能被 CPU 有效处理。CPU 在运算过程中，会将所需数据调入内存进行处理，运算完成后数据再从内存传输出去，内存的性能对计算机运算速度和稳定性具有决定性影响。

内存主要分为静态随机存取内存（SRAM）和动态随机存取内存（DRAM）两种类型。DRAM 可进一步细分为同步 DRAM（SDRAM）和异步 DRAM（ADRAM）。同步 DRAM 与系统时钟同步运作，具有速度快但价格高的特点，常用于 CPU 一级、二级缓存。异步 DRAM 因与时钟不同步，速度较慢且成本较低，通常作为常规内存使用。

目前，大多数内存采用的是同步 DRAM，即 SDRAM。其"同步"特性体现在内存运行频率与计算机系统时钟频率同步，从而保障数据交换和处理的高效性。SDRAM 包括 SDR SDRAM 和 DDR SDRAM 两种。SDR SDRAM 作为原始版本，在每个时钟周期仅传输一次数据给 CPU。而 DDR SDRAM 作为改进版本，借助 DDR 技术实现在时钟上升沿和下降沿各传输一次数据，使得一个周期内数据传输次数达到两次。当下最新的版本为 DDR5，从 DDR1 至 DDR5，每一代都具备独特的内部架构，性能差异显著。DDR5 在带宽、功耗及可靠性等方面较前代均有大幅提升，其数据传输速率可达 DDR4 的两倍，在相同时间内能处理更多数据，有效提高系统整体性能。

对于服务器内存而言，除了性能要求外，稳定性也至关重要。因此，多数服务器选用带有纠错码功能的内存，即 ECC RAM。ECC RAM 通过增加额外芯片来存储校验数据，能够检测并纠正内存中的错误，显著增强系统稳定性和可靠性，有效防止数据损坏导致的系统崩溃或数据丢失等问题。不过，ECC 内存需与支持 ECC 功能的主板和 CPU 搭配使用。由于要执行额外的错误校验和纠正操作，其速度相较于非 ECC 内存会略低，但实际差异极小，通常需要通过专业的基准测试工具和方法才能精准检测出来，在日常使用中对系统性能的影响可忽略不计。

2.4 服务器硬盘

服务器硬盘作为服务器中用于存储和读取数据的核心硬件设备，其设计旨在满足服务器对海量数据处理的需求，通常具备较大的存储容量和高速的数据传输能力。从技术分类上看，服务器硬盘可分为两大类：机械硬盘（HDD）和固态硬盘（SSD）。

● HDD（Hard Disk Drive/ 机械硬盘）：具有机械结构，数据存储在旋转的盘片上，通过读写磁头进行数据读写操作。其主要优势在于成本较低且提供较大的存储容量，但存在读写速度相对较慢（尤其是随机访问速度）的劣势。

● SSD（Solid State Drive/ 固态硬盘）：采用半导体存储器（如闪存）作为存储介质，没有机械部件。其优势包括更快的读写速度、更低的延迟以及更高的数据访问性能，尤其适用于高性能计算和需要快速响应的应用场景。

硬盘按接口类型也可以进行细分，分类如表 6-1 所示。

表 6-1 硬盘接口分类

接口类型	硬盘类型	描述
SAS	SAS HDD、SAS SSD	SAS 接口支持高速数据传输，广泛应用于企业级服务器
SATA	SATA HDD、SATA SSD	SATA 接口以其成本效益高而著称，适用于对成本敏感的服务器解决方案
PCIe(NVMe)	NVMe SSD、Half-Palm NVMe SSD	利用 NVMe 协议实现超高速数据传输，是高性能服务器存储的理想选择
M.2	M.2 SSD	M.2 接口提供紧凑的尺寸和快速的数据传输，适合空间受限的服务器配置

HDD 机械硬盘通常具有较低的成本和较大的存储容量，但读写速度相对较慢，特别是随机访问速度较慢。机械硬盘存在机械结构，提高机械硬盘的盘速能提高读写速度上限，也可以通过提高机械硬盘的缓冲区来提高读写速度。但也因为机械结构的存在，机械硬盘的速度有上限。机械硬盘的性能指标如下：

● 转速：指硬盘盘片旋转的速度，通常以每分钟转数（RPM）表示，转速越快，读取速度越快。常见转速有 5400 RPM、7200 RPM、10000 RPM、15000 RPM。

● 旋转延迟：从磁盘寻道结束开始，直到磁头旋转到 I/O 请求所指向的起始数据块位置为止，其中的时间间隔称为旋转延迟。

● 寻道时间：指磁头从一个磁道移动到另一个磁道所需的时间，通常以毫秒（ms）表示。硬盘的寻道时间越短，数据读取速度越快。一般机械硬盘的寻道时间在 4~15ms。

● 延迟时间：指磁头读取数据之前所需的时间，通常以毫秒（ms）表示，硬盘延迟时间越短，速度越快。一般为 2~12ms。

● 内部传输时间：硬盘将数据从盘片上读取出来，然后存储在缓存内的时间。

一般情况下，硬盘服务时间 = 寻道时间 + 旋转延迟 + 内部传输时间。机械硬盘的 I/O 操作每秒处理量（IOPS）可以通过倒数硬盘服务时间来估算：IOPS=1/ 硬盘服务时间。

固态硬盘具有更快的读写速度、更低的延迟，适用于更高性能和快速响应的应用场景，尤其是随机访问和文件传输性能。固态硬盘因为没有机械结构，使用闪存存储数据，每个固态硬盘有多个闪存颗粒，多个闪存颗粒同时读写，就相当于把每个闪存的速度累加起来，读写速度就会成倍提升，固态硬盘的读写速度与闪存颗粒类型及主控芯片有直接关系。固态硬盘性能指标如下：

● IOPS：每秒输入 / 输出量，表示固态硬盘每秒可以处理多少读写请求，IOPS 越高，性能越好。

● 读取速度：读取数据的速度，通常在 300 MB/s 到 3500 MB/s 之间。

● 写入速度：写入数据的速度，通常高于 150MB/s。

固态硬盘的随机性能显著优于机械硬盘，其读写速度也有明显提升。然而，固态硬盘在数据写入方面存在缺陷。在重写旧数据时，固态硬盘不像机械硬盘那样可以直接改写，而是需要先擦除，然后再写入。这种擦除操作通常针对较大的数据块（一般在 128 KB 到 512 KB），而读写操作通常针对较小的数据块（一般在 4 KB）。这一特性可能导致固态硬盘出现写入放大的现象。

此外，固态硬盘的闪存芯片写入次数是有限制的。为了延长固态硬盘的整体使用寿命，固态硬盘会采用磨损均衡（wear-leveling）技术，将数据尽可能均衡地写入不同的闪存芯片。在评估固态硬盘性能时，除了关注 IOPS 和读写速度外，还需要测试 I/O 的抖动情况，以确保数据传输的稳定性和可靠性。

3. 操作系统优化

PostgreSQL 是一款功能强大的开源关系型数据库系统，它能够在多种操作系统平台上稳定运行，包括 Linux 和 Windows。然而，在实际应用中，PostgreSQL 在 Windows 平台上的使用相对较少，而 Linux 系统凭借其卓越的性能、稳定性和安全性，成为 PostgreSQL 运行的更佳选择。因此，本章将聚焦于 Linux 系统下 PostgreSQL 的优化策略。

Linux 系统默认的内核参数配置是为通用计算场景设计的，并未针对数据库应用场景进行专门优化。由于 PostgreSQL 对存储子系统、内存管理和网络通信等方面有较高的要求，为了充分发挥 PostgreSQL 的性能潜力，必须对 Linux 系统的内核参数进行针对性的优化调整，以满足数据库的特殊需求，确保数据库在高并发、大数据量处理等场景下的稳定运行和高效性能表现。

3.1 Linux 内核参数优化

根据对服务器资源调度的影响，操作系统内核参数分成内存参数、信号量、资源限制、网络、IO 等不同类别。

内存参数

PostgreSQL9.2 及以前的版本采用 System V 类型的共享内存机制。为防止数据库使用 Swap，需要合理设置 kernel.shmmax 和 kernel.shmall 参数。其中，kernel.shmmax 用于限定最大单个共享内存段大小，建议值为系统内存的一半；kernel.shmall 则是约束所有共享内存段相加的总大小，建议值为系统内存的 80%。例如，若服务器内存为 32GB，可将 kernel.shmmax 设置为 17179869184（相当于 16GB），kernel.shmall 设置为 6710886（对应 32GB 内存 80% 的换算值）。

从 PostgreSQL9.3 开始切换为使用 mmap 类型的共享内存。这种转变使得即便将 kernel.shmmax 和 kernel.shmall 参数设置为较小的值，数据库依然能够顺利启动，降低了对传统 System V 共享内存参数的依赖程度。

Swap 分区通常称为交换分区，当实际内存不足时，会被操作系统用来暂存暂时不用的数据，以腾出内存空间给当前运行程序。然而，由于 Swap 位于硬盘上，其读写速度远低于内存。对于数据库这类对性能要求极高的应用，一旦频繁使用 Swap，将严重影响数据库的响应速度和整体性能。

若服务器配备较大内存容量，推荐通过设置 vm.swappiness=0 来关闭交换分区功能。具体操作是在 /etc/sysctl.conf 文件中添加 vm.swappiness=0 参数，随后执行 sysctl -p 命令使配置生效。这一设置能够确保在数据库运行期间，系统尽可能避免使用 Swap，从而保障数据库操作的高效性。

大部分 Linux 系统默认配置中，vm.overcommit_memory 参数被设置为 0，即采用启发式策略允许进程申请的内存超过实际物理内存。但在内存紧张的情况下，该策略可能触发操作系统启动 OOM 杀手机制，强行终止占用内存较大的进程。由于数据库进程通常内存占用量较大，存在被 OOM 误杀的风险，这将严重影响数据库服务的连续性和稳定性。

将 vm.overcommit_memory 参数设置为 2，表示仅在满足特定内存分配条件（分配给所有进程的内存不能超过 Swap 大小加上物理内存乘以 vm.overcommit_ratio 的百分比）时才允许内存分配，避免系统超额申请内存。同时，需依据实际服务器资源情况合理配置 vm.overcommit_ratio 参数。例如，设置 vm.overcommit_memory=2 和 vm.overcommit_ratio=90 后，系统可申请的内存在理论上不会超过 Swap 大小与物理内存的 90% 之和，有效降低了数据库进程因内存不足被 OOM 杀掉的概率，保障数据库稳定运行。

设置大页

Linux 默认内存页块大小为 4KB。在大内存服务器环境下，使用小页内存会导致页表占用过多内存空间。例如，对于一台配备 256GB 内存的服务器，若将 shared_buffer 设置为 128GB，采用 4KB 的小页，将产生 33554432 个页表项，每项至少占用 4 字节，总页表大小将达到 128MB。相比之下，使用大页内存能显著降低页表内存占用率。以 2MB 大页为例，128GB 内存仅需 65536 个页表项，占用 256KB 内存，极大地优化了内存使用效率。因此，在大内存 Linux 系统中，建议根据情况考虑使用大页内存，以提升系统性能。

大页设置要与数据库的 shared_buffers 参数相适应。若大页设置比 shared_buffers 大很多，则会造成内存浪费，降低内存利用率。大页使用过程中不会被转入 Swap 区，并且默认处于锁定状态。一旦大页分配完成，即使暂时不使用大页，也不能将其用于其他用途，这就要求在设置大页时充分考虑实际需求，合理规划内存资源。在进行大页设置前，需先查询操作系统中的大页页块大小，通常为 2MB 或 4MB。查询方式如下：

```
[root@localhost ~]# cat /proc/meminfo| grep Hugepagesize
Hugepagesize:      2048 kB
```

在某些国产操作系统中，大页页块大小默认为 512MB，这种情况下不建议使用大页，因为过大的页块可能导致内存分配不合理，影响系统整体性能。

通过合理设置大页内存，可有效优化 Linux 系统内存使用，提升数据库性能，为数据库的稳定运行提供有力保障。

信号量

PostgreSQL 作为一款多进程数据库系统，在多个进程同时访问共享内存时，需要借助信号量这一锁机制来确保数据的一致性和操作的原子性。信号量用于在进程间实现同步和互斥，防止多个进程同时对共享资源进行无序访问而导致数据错误或系统崩溃。信号量需要通过参数 kernel.sem 进行设置，有四个参数，分别对应 SEMMSL、SEMMNS、SEMOPM、SEMMNI。

● SEMMSL：表示每个信号量集中的最大信号量数。PostgreSQL 要求该值大于 17，以满足其内部进程协调的基本需求。

● SEMMNS：代表整个系统范围内的最大信号量数。它等于 SEMMSL 与 SEMMNI 的乘积，即 SEMMNS = SEMMSL * SEMMNI。这一参数限制了系统中信号量的总数，从而影响 PostgreSQL 并发进程的处理能力。

●SEMOPM：表示semop函数在一次调用中所能操作的一个信号量集中最大的信号量数。通常建议将其设置为与 SEMMSL 相同，以便充分利用信号量集的资源，提高进程间通信的效率。

● SEMMNI：定义了系统中信号量集的最大数目。根据 PostgreSQL 的要求，SEMMNI 应至少为数据库进程数除以 16。例如，若允许 10000 个连接，计算得出至少需要 625，可取整数 650。此外，SEMMNI 的值也可依据内存计算公式 256 * <RAM 大小（GB）> 来确定。例如，在一台拥有 32GB 内存的服务器上，SEMMNI 可计算为 256 * 32 = 8192。不过，在实际配置中，还需综合考虑系统资源和数据库的运行需求，合理确定 SEMMNI 的值。

可以通过 ipcs 查询信号量情况，如下所示：

```
-------- Messages Limits --------
max queues system wide = 3669                        //MSGMNI
max size of message (bytes) = 8192                   //MSGMAX
default max size of queue (bytes) = 16384            //MSGMNB

-------- Shared Memory Limits --------
max number of segments = 4096                        //SHMMNI
max seg size (kbytes) = 18014398509465599            //SHMMAX
max total shared memory (kbytes) = 18014398442373116 //SHMALL
min seg size (bytes) = 1

-------- Semaphore Limits --------
max number of arrays = 128                           //SEMMNI
max semaphores per array = 250                       //SEMMSL
max semaphores system wide = 32000                   //SEMMNS
max ops per semop call = 32                          //SEMOPM
semaphore max value = 32767
```

Messages Limits，用于管理系统间通信（IPC）的效率与稳定性，参数包含如下三种。

MSGMNI 即 max queues system wide，表示系统中消息队列的最大数量。它会影响可以同时启动的程序数量，因为每个程序可能需要使用消息队列来进行进程间通信。如果消息队列数量不足，可能导致程序无法正常启动或通信受阻。

MSGMAX 即 max size of message，规定了消息队列中单条消息的最大大小（以字节为单位）。该参数限制了队列中可以传送的单条信息的容量，对于传输大数据量信息的应用程序，可能需要适当增加 MSGMAX 的值。

MSGMNB 代表 default max size of queue（以字节为单位），即每个消息队列的默认最大容量。它影响消息队列能够存储的总数据量，对于需要高效传递大量数据的应用，合理配置 MSGMNB 可以提高消息传递的效率和可靠性。

Shared Memory Limits 是操作系统为 System V 和 POSIX 共享内存机制设定的资源约束，用于控制共享内存的使用规模与系统稳定性，由三个参数控制。

SHMMAX：表示 Linux 系统上共享内存区段的最大值（以字节为单位）。建议将 SHMMAX 值设置为系统内存大小，以充分利用内存资源。在 64 位系统中，其最小值为 1073741824（1GB）。例如，在一台配备 128GB 内存的服务器上，可将 SHMMAX 设置为 137438953472（128GB），以便 PostgreSQL 能够有效地利用大块共享内存，提升数据库性能。

SHMALL：系统上共享内存分页的配置上限。它决定了系统中可以分配的共享内存总量。SHMALL 的值应根据系统内存和数据库的需求进行合理配置，确保 PostgreSQL 能够获得足够的共享内存空间，同时避免浪费系统资源。

SHMMNI：定义了系统范围内共享内存段的最大数量。每个共享内存段是进程间通信（IPC）的独立内存区域，若实际使用的段数超过 SHMMNI 限制，新段的创建会失败，导致应用报错。默认值为 4096。PostgreSQL 自 9.3 版本起，改用 POSIX 共享内存和 mmap 方式，共享内存段数量由内核自动管理，通常无须手动调整 SHMMNI。

limit 参数

Linux 系统的 /etc/security/limits.conf 配置文件用于对用户可使用的系统资源进行限制，其主要限制包括文件描述符、进程数和内存锁定等资源使用量，从而优化系统资源分配，防止因资源耗尽引发系统故障。

nofile 参数用于设置单个用户可打开文件描述符的最大数量，/proc/sys/fs/nr_open 参数用于设置系统中单个进程可分配的最大文件数。若 nofile 参数值超过 nr_open 参数值，将导致进程无法正常获取文件描述符，进而引发数据库实例无法连接等系统功能异常。

limits.conf 文件内容修改后示例如下：

```
cat /etc/security/limits.conf
soft nofile 65536
hard nofile 65536（打开文件的值）
```

> soft nproc 131072
>
> hard nproc 131072（进程数）
>
> soft memlock −1
>
> hard memlock −1（内存）

在使用 Systemd 替代 System V 的操作系统中，limits.conf 文件仅对通过 PAM 认证登录的用户生效，对 Systemd 服务和 system service 的资源限制不生效。Systemd 的资源限制配置在文件 /etc/systemd/system.conf 和 /etc/systemd/user.conf 中，同时会加载 /etc/systemd/system.conf.d/*.conf 和 /etc/systemd/user.conf.d/*.conf 目录中的所有 .conf 文件。system.conf 用于系统实例，user.conf 用于用户实例。对于普通 Service 资源限制配置，应在 system.conf 文件的 [Service] 模块下进行设置。

当使用 /etc/security/limits.d/20-nproc.conf 文件设置参数时，需注意其生效机制如下：

● 不同操作系统中 limits.d 目录下的文件优先级高于 limits.conf 文件，若 limits.d 目录中存在同名参数配置文件，其设置值将覆盖 limits.d/20-nproc.conf 文件中的值。

● 若 limits.d 目录中未配置相关参数，需在 limits.d/20-nproc.conf 文件中设置。若系统中存在其他编号的 limits.d/*.conf 文件（如 limits.d/10-nproc.conf），应依据系统实际配置文件进行设置。

网络及 IO 参数

操作系统的参数中，网络、IO 调度等参数也会影响数据库的性能。下面是操作系统中与网络相关的参数。

> \# 用于规定在每个网络接口接收数据包的速率快于内核处理速率时，允许送至队列的最大数据包数量
>
> net.core.netdev_max_backlog = 10000
>
> \# 默认的 TCP 数据接收窗口大小（字节），最大值为 4194304 字节
>
> net.core.rmem_default = 262144
>
> \# 最大的 TCP 数据接收窗口（字节），最大值为 4194304 字节
>
> net.core.rmem_max = 4194304
>
> \# 默认的 TCP 数据发送窗口大小（字节）
>
> net.core.wmem_default = 262144
>
> \# 最大的 TCP 数据发送窗口（字节）
>
> net.core.wmem_max = 4194304
>
> \# 最大监听队列长度，影响 TCP 三次握手建立连接的队列长度

net.core.somaxconn = 4096

SYN 半连接队列最大长度，用于应对大量并发连接请求场景

net.ipv4.tcp_max_syn_backlog = 4096

定义两次 Keepalive 探测包发送的时间间隔

net.ipv4.tcp_keepalive_intvl = 20

定义在确认连接失效前发送的 Keepalive 探测包最大次数

net.ipv4.tcp_keepalive_probes = 3

定义在一条 TCP 连接空闲多长时间后开始发送 Keepalive 探测包

net.ipv4.tcp_keepalive_time = 60

TCP 内存相关参数，分别对应低速、压力和高压内存阈值，影响 TCP 协议在不同内存使用情况下的行为。

net.ipv4.tcp_mem = 8388608 12582912 16777216

TCP 连接终止参数

net.ipv4.tcp_fin_timeout = 5

控制 TCP 三次握手中 SYN-ACK 包重传次数

net.ipv4.tcp_synack_retries = 2

开启 SYN Cookies。当出现 SYN 等待队列溢出时，启用 cookie 来处理，可防范少量的 SYN 攻击

net.ipv4.tcp_syncookies = 1

减少 time_wait

net.ipv4.tcp_timestamps = 1

如果 =1 则开启 TCP 连接中 TIME-WAIT 套接字的快速回收，但是 NAT 环境可能导致连接失败，建议服务端关闭它

net.ipv4.tcp_tw_recycle = 0

开启重用。允许将 TIME-WAIT 套接字重新用于新的 TCP 连接

net.ipv4.tcp_tw_reuse = 1

定义了系统中允许同时存在的 TIME-WAIT 状态 TCP 连接的最大数量

net.ipv4.tcp_max_tw_buckets = 262144

定义了 TCP 接收缓冲区的最小、默认和最大尺寸

net.ipv4.tcp_rmem = 8192 87380 16777216

定义了 TCP 发送缓冲区的最小、默认和最大尺寸

net.ipv4.tcp_wmem = 8192 65536 16777216

# 连接跟踪表的最大条目数
net.nf_conntrack_max = 1200000
# 定义连接跟踪表的最大容量，超过此值后，新连接请求会被丢弃并触发日志警告（nf_conntrack: table full, dropping packet）
net.netfilter.nf_conntrack_max = 1200000
# 本地自动分配的 TCP, UDP 端口号范围
net.ipv4.ip_local_port_range = 40000 65535

下面的参数是操作系统中关于刷脏页的设置。

# 后台刷脏页触发条件，系统脏页到达这个值，系统后台刷脏页调度进程 pdflush（或其他）自动将 (dirty_expire_centisecs/100) 秒前的脏页刷到磁盘
vm.dirty_background_bytes = 409600000
# 脏页超时时间，比这个值老的脏页，将被刷到磁盘。3000 表示 30 秒。
vm.dirty_expire_centisecs = 3000
# 脏页比例限制，有效防止用户进程刷脏页，在单机多实例，并且使用 CGROUP 限制单实例 IOPS 下，可有效防止用户进程频繁刷脏页
vm.dirty_ratio = 95
# pdflush（或其他）后台刷脏页进程的唤醒间隔，100 表示 1 秒。
vm.dirty_writeback_centisecs = 100
# 设置内存映射的最小地址
vm.mmap_min_addr = 65536

在某些情况下，关闭 numa 会提高数据库性能，但操作系统层面很难彻底关闭 numa，只能在硬件层面关闭，下面参数是在操作系统层面关闭数据。

# 禁用 numa，或者在 vmlinux 中禁止
vm.zone_reclaim_mode = 0

3.2 文件系统优化

文件系统选择

PostgreSQL 数据库在设计上并不支持直接将数据存储于裸设备，其数据存储必须基于文件系统，因此文件系统的性能对 PostgreSQL 数据库的运行效率具有决定性影响。文件系统作为操作系统用于管理存储设备上文件组织与存储的软件结构，常见的类型包括 Windows 平台的 FAT、NTFS，以及 Linux 平台的 Ext 系列（Ext2、Ext3、Ext4）、XFS、Btrfs 等。依据功能特性差异，文件系统主要区分为日志型与非日志型两大类别。非日志型文件系统如早期的 FAT、Ext2 等，当前在实际应用中已逐渐被日志型文件系统所取代。

日志型文件系统通过在实际写入数据前先记录操作日志的方式，确保数据写入操作的原子性，即便在写入过程中遭遇意外宕机等异常情况，系统也可依据日志完成数据恢复，与 PostgreSQL 数据库的 Write-Ahead Logging（WAL）机制在设计理念上存在相似之处。Ext3、Ext4、XFS、Btrfs 等均属于日志型文件系统范畴。

PostgreSQL 官方明确推荐使用 XFS 文件系统。经严谨的性能测试验证，在相同硬件及配置条件下，PostgreSQL 在 XFS 文件系统上的运行性能显著优于 Ext4。XFS 具备以下优势：

XFS 作为一种日志型文件系统，其日志记录策略仅针对元数据进行记录，相较于 Ext4 记录文件数据修改内容的方式，大幅减少了日志写入量，从而实现更高的写入效率。

在数据块更新过程中若发生宕机，XFS 能够通过特定机制有效识别并处理由此产生的垃圾块。在日志重放阶段，这些垃圾块会被填充为全零数据，从而避免数据不一致问题。

XFS 是一种专为高性能需求设计的通用文件系统，尤其适用于大容量存储场景，并且能够充分发挥多线程并发读写的优势，满足 PostgreSQL 数据库高并发访问需求。

XFS 对大文件操作进行了优化，使其在处理数据库大文件时表现出色，与数据库文件的存储特性高度契合。

XFS 支持多线程并发读写操作，能够充分利用现代多核处理器的并行计算能力，提升数据库的读写性能。

相比之下，Ext4 文件系统具有以下特点：
- Ext4 在处理大量小文件场景下表现出色，能够高效地进行存储与检索操作。
- 针对单线程 I/O 操作，Ext4 进行了优化，可提供较高的执行效率。
- 在 I/O 带宽受限或性能不佳的硬件环境下，Ext4 仍能保持相对较好的运行性能。
- Ext4 支持与特定 CPU 进行绑定，从而在虚拟化环境或容器化部署场景中提供稳定且良好的性能表现。
- Ext4 具备文件系统在线缩减功能，为系统维护与资源调整提供了便利。

综合考虑，对于大多数 PostgreSQL 数据库应用场景而言，选择 XFS 文件系统能够实现性能最优。然而，在特定场景如虚拟化平台、容器环境或对文件系统在线缩减功能存在明确需求时，Ext4 文件系统也可作为一种可行的替代方案。在实际部署过程中，应依据具体应用场景与性能需求，合理选择文件系统类型，以确保 PostgreSQL 数据库的稳定运行与高效性能发挥。

参数优化

在 Linux 文件系统中，针对文件时间属性的管理，通常涉及三个关键时间戳：ctime（Change time）、mtime（Modified time）以及 atime（Access time），其具体功能如下：
- ctime：用于记录文件的 inode 元数据变更时间，文件内容写入、所有者变更、权限调整等操作均会触发该时间的更新。

● mtime：用于记录文件内容被修改的时间戳，仅在文件数据发生实际变更时进行更新。

● atime：用于记录文件被访问的时间戳，无论文件是被读取还是执行，均会触发该时间的更新。

在 PostgreSQL 数据库运行环境中，通常无须依赖上述时间戳进行常规操作。特别是对于 atime，由于 PostgreSQL 频繁的文件读取操作会导致 atime 的频繁更新，从而增加不必要的磁盘 I/O 负载，因此建议禁用该功能。而 mtime 和 ctime 在特定场景下仍具有一定的参考价值，例如在进行数据库文件状态监控或恢复操作时，可通过 mtime 判断文件的最后修改时间。

为了优化 PostgreSQL 的性能，可在文件系统挂载时设置 noatime 选项，以禁用 atime 的更新功能。具体操作如下：

（1）编辑 /etc/fstab 文件，添加 noatime 挂载选项：

/dev/sda1 /data xfs defaults,noatime 0 1

此配置表示将设备 /dev/sda1 挂载到 /data 目录，使用 XFS 文件系统，并启用 noatime 选项以禁用 atime 更新。

（2）保存文件后，执行以下命令使更改立即生效（无须重启服务器）：

mount –o remount /data

或者，为了确保配置正确无误，可以重启服务器以应用新的挂载选项。

需要特别注意的是，禁用 atime 更新后，若依赖 atime 进行文件查找（如通过 find 命令结合 –atime 参数查找特定时间范围内被访问过的文件），则该功能将无法正常使用。因此，在决定启用 noatime 选项前，应确保业务场景中无此类依赖。

3.3 I/O 参数优化

I/O 调度队列

在服务器环境中，磁盘是影响主机性能的关键因素之一。通过对块设备队列深度、I/O 调度算法、预读量及 I/O 对齐等参数进行优化，能够有效提升系统整体性能。

参数 nr_requests 用于控制 I/O 调度队列的大小，其值决定了块设备写 I/O 的最大并发数。在 Linux 系统中，nr_requests 的默认值通常为 128，但部分系统可能设置为 256 或 512。可以通过以下命令查看当前队列数量：

[root@localhost ~]# cat /sys/block/sda/queue/nr_requests
128

队列数量实际上是端口队列中等待 I/O 请求处理的数量。当待处理的读或写请求数量超出该值时,相应的可阻塞进程将进入休眠状态。提高 nr_requests 的值有助于提升系统吞吐量,但并非值越高越好。过高的设置会增加内存消耗。

参数 queue_depth 用于控制队列深度,其值表示硬件设备可支持的并发 I/O 操作数量,反映了硬件的并发处理能力。可以通过以下命令查看当前队列深度:

```
[root@localhost ~]# cat /sys/block/sda/device/queue_depth
32
```

此外,队列数量还与硬件特性相关。例如,AHCI 模式接口通常仅支持一个队列,而 NVMe 硬盘一般支持最多 64K 个队列。I/O 调度器中最大 I/O 操作数量的计算公式为 nr_requests * 2(分别针对读和写操作)。

一个磁盘的 I/O 操作的最大未完成限制可通过公式 (nr_requests * 2) + queue_depth 计算,这一指标与 iostat 命令中的 avgqu-sz 参数相对应。

临时调整队列数量和队列深度的命令如下:

```
[root@localhost ~]# echo 256 > /sys/block/sda/queue/nr_requests
[root@localhost ~]# echo 64 > /sys/block/sda/device/queue_depth
```

通常情况下,队列数量和队列深度无须单独调整。但如果硬盘硬件支持更多的队列数量和队列深度,则可根据实际需求进行针对性优化。

I/O 调度

I/O 调度器是操作系统用于确定块设备上 I/O 操作提交顺序的机制,其主要目标是提高 I/O 吞吐量和降低 I/O 响应时间。Linux 操作系统提供了以下几种常见的调度算法:

CFQ(Completely Fair Queuing,完全公平排队):默认调度算法,旨在均匀分配 I/O 带宽访问权限,适用于大多数场景。

Deadline(elevator=deadline):该算法致力于将每次请求的延迟降至最低,通过重排请求顺序来提升性能,并可通过 read_expire 和 write_expire 参数控制读写过程的超时时间,适合小文件操作。与 CFQ 相比,Deadline 解决了 I/O 请求饿死的极端情况。除了 CFQ 本身的 I/O 排序队列外,Deadline 还分别为读 I/O 和写 I/O 提供了 FIFO 队列。读 FIFO 队列的最大等待时间为 500ms,写 FIFO 队列的最大等待时间为 5s。其优先级顺序为:FIFO(Read) > FIFO(Write) > CFQ。

NOOP(elevator=noop):实现了简单的 FIFO 队列,所有 I/O 请求大致按照先来先到的顺序进行处理。NOOP 在 FIFO 基础上进行了简单的相邻 I/O 请求合并。在最新的 Linux 内核中,其名称改为 NONE,但功能保持一致。NOOP 算法适用于 SSD 设备。

Anticipatory(elevator=as):当有 I/O 操作发生时,若又有进程请求 I/O 操作,将产生一个默认的 6ms 猜测时间，用于预测下一个进程的 I/O 请求。该算法对随机读取操作会造成较大延迟，对数据库性能不友好，因此不建议在数据库服务器上使用。

根据不同的存储设备类型，可选择合适的调度算法。对于机械硬盘，使用 Deadline 算法通常能获得良好的吞吐量和响应时间表现；而对于固态硬盘，NOOP 算法效果更佳。

查看当前系统所使用的调度算法的命令如下，结果中被"[]"括起来的即为当前正在使用的调度算法：

[root@localhost ~]# cat /sys/block/sda/queue/scheduler

noop [deadline] cfq

调度算法的修改方法如下：

临时生效：echo deadline > /sys/block/sda/queue/scheduler；

永久生效：grubby --update-kernel=ALL --args="elevator=deadline"。

也可以编辑 /etc/default/grub 文件：

GRUB_CMDLINE_LINUX_DEFAULT="quiet splash console=tty1 pcie_aspm=off numa=off elevator=deadline"

Linux 预读功能能够提升 I/O 吞吐能力。预读机制使操作系统读取比应用程序实际需求更多的页面并缓存到内存中，从而提高磁盘顺序扫描性能。在数据库层面，这有助于提升全表扫描效率，但可能对随机访问性能产生一定影响。预读设置和查询可通过 blockdev 命令进行操作，具体命令如下：

查询当前预读设置：

[root@localhost ~]# blockdev --getra /dev/sda

8192

重新设置预读数值：

[root@localhost ~]# blockdev --setra 16384 /dev/sda

再次查看预读数值：

[root@localhost ~]# blockdev --getra /dev/sda

16384

上述设置中的单位为扇区，即 512 字节。例如，8192 代表 8192 个扇区，即 4MB。需要注意的是，以上设置在系统重启后将失效。若要实现永久生效，可将相关命令添加到 /etc/rc.local 文件中。

在 Linux 系统中，文件写入操作会先将数据写入内存页缓存，随后由内核线程负责将数据刷新到磁盘。内核线程刷新磁盘的频率若过于频繁，会产生过多 I/O 操作；若刷新频率过低，则可能占用过多内存。当系统内存不足时，会优先刷写脏数据，这可能会导致

PostgreSQL 数据库性能出现较大波动。以下三个参数可用于控制写缓存过程。

● vm.dirty_background_ratio：设置文件系统缓存脏页数量达到系统内存的百分比阈值，当达到该阈值时，触发内核刷写脏页线程，将缓存的脏页数据写入磁盘。

● vm.dirty_ratio：指定文件系统缓存脏页数量达到系统内存的百分比阈值，当达到该阈值时，系统必须将脏页数据写入磁盘，新的 I/O 请求也将被阻塞，以确保内存中不会存在过量脏数据，但这也可能导致 I/O 阻塞现象。

● vm.dirty_writeback_centisecs：定义内核刷写进程的运行间隔时间，单位为百分之一秒。

脏页刷写参数需要根据服务器配置和数据库使用场景进行定制化调整。如果服务器磁盘速度较快或磁盘带有缓存，可降低 vm.dirty_background_ratio 和 vm.dirty_ratio 的值（如分别设置为 5 和 10），使脏页数据能更快地刷新到磁盘上。

在内存较大的情况下，若数据库读写操作频繁，可增加缓存以在内存中进行更多的读写操作，从而提高速度。此时可提高 vm.dirty_background_ratio 和 vm.dirty_ratio 的值（如分别设置为 50 和 80）。

在应对突发数据高峰的场景（如数据库定时批量操作）下，若强制立即刷盘可能会拖慢 I/O 速度。此时可允许更多脏数据缓存到内存中，让后台进程通过异步方式慢慢写入磁盘。具体可降低 vm.dirty_background_ratio 并调高 vm.dirty_ratio 的值（如分别设置为 5 和 80）。

需要注意的是，Linux 刷脏页参数并非固定不变，应根据服务器硬件配置及实际使用场景进行灵活调整。在实际应用中，建议通过多次测试来确定最适合的参数值。

PostgreSQL 在默认配置下，每个表由多个 1G 大小的文件组成。如果表规模较大，文件数量较多，单个数据库进程需要读取的文件数量也会相应增加。此时可考虑提高单个进程允许打开的文件句柄上限，通过设置 fs.nr_open 参数来实现。

```
fs.nr_open=204800
```

4. 数据库参数优化

在 PostgreSQL 数据库的运行环境中，参数配置对性能具有显著影响。以下是根据服务器硬件资源和业务需求进行调整的常见性能相关参数，需依据实际情况进行优化。

4.1 内存相关参数

shared_buffers：该参数决定了 PostgreSQL 用于缓存数据的共享内存区域大小。缓存的数据包括表数据、索引等，是数据库读写操作的核心缓冲区。一般建议将 shared_buffers

设置为物理内存的 25%~40%。例如，如果服务器有 32GB 内存，可以考虑将 shared_buffers 设置为 8 ~ 12.8GB。不过，也不能一味地设置过大，因为操作系统本身也需要一定的内存来缓存数据，且 PostgreSQL 还会使用其他内存区域。

work_mem：用于控制每个数据库会话在执行排序、哈希等操作时可以使用的内存量。当工作内存不足时，这些操作可能需要在磁盘上进行，从而严重影响性能。根据系统的实际内存和并发会话数进行合理设置，总的 work_mem 使用量不能超过系统的可用内存，否则可能导致频繁的内存交换，进而影响性能。

maintenance_work_mem：主要影响数据库的维护操作，如索引创建、Vacuum 操作等。这些操作通常需要大量的内存，合适的设置可以加快维护过程。对于有较大表和索引的数据库，可以适当增加 maintenance_work_mem 的值。在进行大规模数据导入和索引重建时，可以将其设置为 3GB 或更高，以便更快地完成这些操作。

temp_buffers：设置数据库会话（session）独立分配的本地内存区域，会话按需分配临时缓冲区，直至达到 temp_buffers 设定的上限。未使用的缓冲区仅占用描述符内存（约 64 字节/缓冲区），实际使用中每个数据块占用 8KB。这些缓冲区不会被其他会话共享，且数据在会话结束时自动释放。默认 8MB 可满足大多数轻量级临时表操作，可以在会话级设置，仅限于当前会话使用临时表之前。涉及大规模使用临时表时，可以根据情况增加该参数，但在高并发环境下，过大的 temp_buffers 可能导致内存碎片化。

wal_buffers：用于控制 WAL 的缓冲区大小。一般建议将 wal_buffers 设置为 -1，PostgreSQL 会根据 shared_buffers 的大小自动调整 wal_buffers 的值。通常设置为 shared_buffers 的 3% 左右，如果 shared_buffers 很大，适当增加 wal_buffers 可以提高 WAL 写入的效率，但设置过大，可能造成内存浪费。

bgwriter_buffers: PostgreSQL 13 引入，控制后台写入器（Background Writer）每次唤醒时刷新的共享缓冲区脏页数量，以共享缓冲区大小（shared_buffers）的百分比动态计算每次刷页量，替代旧参数逻辑，更自适应负载。高写入时适当增大该值。

bgwriter_lru_maxpages：控制后台写入器（Background Writer）每次唤醒时最多可刷新的脏页数量，旨在平衡内存与磁盘 I/O 负载。通过限制单次写入的脏页数，避免因过量 I/O 操作导致系统资源争用，同时减少用户进程（backend process）被迫直接参与刷脏页的频率，从而提升整体性能。若 pg_stat_bgwriter 中 buffers_backend 值偏高（用户进程频繁参与刷脏页），可适当增大 bgwriter_lru_maxpages。

bgwriter_lru_multiplier：动态调整后台写入器（Background Writer）每次唤醒时刷新的脏页数量，基于当前空闲缓冲区的需求。作为乘数因子，与 bgwriter_lru_maxpages 协同计算实际刷页量，平衡内存释放效率与 I/O 负载。PostgreSQL13 之前的调整参数，默认值

2.0，计算公式：实际刷页量 = 空闲缓冲区需求 * bgwriter_lru_multiplier，上限由 bgwriter_lru_maxpages 控制。PostgreSQL13 开始优先级降低，优先调整 bgwriter_buffers。若 pg_stat_bgwriter 中 buffers_backend 偏高且 maxwritten_clean 增长，可增大此值（如 3.0 ~ 5.0），加速脏页释放。若空闲缓冲区充足，可降低此值以减少无效刷页。

max_stack_depth：控制 PostgreSQL 后端进程执行栈的最大安全深度，防止递归函数或复杂查询因栈溢出导致进程崩溃。其核心目标是平衡程序递归深度与系统内核栈限制。实际启动时会根据系统内核栈限制动态调整（ulimit -s 值并减去约 1MB 安全边际），若内核限制无法探测（如设置为 unlimited），则设置为 2MB（PostgreSQL9.1 之后默认值）。配置过低可能导致本可正常执行的查询抛出 ERROR: stack depth limit exceeded 的错误，需手动增大参数。若设置过高，超过内核栈限制，失控递归可能直接触发进程崩溃，绕过 PostgreSQL 的保护机制，导致数据库异常宕机。PostgreSQL 17 开始移除单次操作 1GB 内存上限，支持更大规模递归处理。

4.2 WAL 日志与恢复类

wal_level：控制 WAL（Write-Ahead Logging）日志的详细程度，决定哪些操作会被记录到 WAL 中，从而影响数据库的恢复能力、复制功能及高级特性支持。minimal：仅记录崩溃恢复所需的最少信息，不支持流复制、逻辑复制或归档；replica（默认值）：记录足够信息以支持物理流复制、热备查询及 WAL 归档；logical：在 replica 基础上增加逻辑解码所需的信息，支持逻辑复制和细粒度数据恢复。

fsync：控制 PostgreSQL 是否通过系统调用［如 fsync()］将数据强制写入物理磁盘，确保在操作系统或硬件崩溃后数据库能恢复到一致状态。其本质是通过同步内存数据与磁盘存储，保障事务的持久性。关闭 fsync 可以提升性能，但一旦发生断电或崩溃，未持久化的数据可能永久丢失。

synchronous_commit：控制事务提交时是否需要等待 WAL 日志的持久化，从而影响数据一致性与性能的权衡。该参数在单实例和主从复制环境下有不同行为，支持全局配置及会话级动态调整。该参数仅影响事务提交的响应，不会破坏数据库一致性。

max_wal_size：控制自动检查点（Checkpoint）之间预写日志（WAL）最大容量的参数。它通过限制 WAL 日志的累积量，触发检查点进程以清理不再需要的 WAL 文件，从而平衡性能与崩溃恢复时间。若频繁出现 WAL 空间超限警告，需逐步调高 max_wal_size 并监控恢复时间，确定合适的值。

full_page_writes：用于防止因操作系统崩溃或部分页面写入（Partial Write）导致数据损坏的关键参数。当启用时，在每次检查点后首次修改某个数据页时，PostgreSQL 会将整个页面的内容写入 WAL 日志，而非仅记录行级变更。生产环境默认应保持开启。

checkpoint_timeout 和 checkpoint_completion_target：这两个参数共同决定了检查点的触发时机。checkpoint_timeout 决定了两次检查点操作之间的最大时间间隔，而 checkpoint_completion_target 用于控制检查点操作完成的进度目标，其值在 0~1 之间。大多数场景可以将 checkpoint_timeout 设置为 5~30 分钟，将 checkpoint_completion_target 设置为 0.7~0.9。这样的设置可以平衡检查点的频率和每次检查点所需的时间，减少磁盘 I/O 的波动，提高数据库的整体性能。

4.3 连接与并发控制类

max_connections：限制 PostgreSQL 服务器能够接受的最大并发连接数。影响 work_mem 的总消耗。避免过高，需结合 work_mem 计算总内存需求。可以使用连接池降低实际连接数。

superuser_reserved_connections：为超级用户（PostgreSQL 的 SUPERUSER）预留一定数量的数据库连接，确保在普通用户占满 max_connections 时，超级用户仍能连接数据库进行紧急维护。

lock_timeout：控制事务在获取表、索引、行等对象的锁时等待的最长时间。若超时仍未获得锁，语句将被中止并报错 ERROR: canceling statement due to lock timeout。合理配置 lock_timeout 可以平衡锁冲突与系统响应速度，建议在事务中按需动态设置，结合监控工具分析锁竞争模式，优化 SQL 与索引设计。对于高频锁冲突场景，优先考虑逻辑优化（如减少事务粒度）而非仅依赖超时机制。

deadlock_timeout：控制 PostgreSQL 在检测死锁前等待锁的时间，用于平衡死锁检测的开销与响应速度。PostgreSQL 会周期性地检查死锁，并进行处理。

idle_in_transaction_session_timeout：用于终止事务中长时间空闲会话的参数。当会话在事务中处于空闲状态超过设定时间后，PostgreSQL 会强制终止该会话并回滚未提交的事务，并释放持有的锁和资源。该参数需要结合业务事务的平均耗时进行设定。

4.4 错误日志与监控类

logging_collector：控制日志收集，启用后，会启动一个后台进程（logger），捕获发送到 stderr 的日志消息，并将其重定向到指定日志文件中。建议在生产环境中启用以提升日志管理的可靠性。

log_directory：指定 PostgreSQL 日志文件的存储目录。当 logging_collector 启用时，所有日志均生成在此目录下。

log_min_duration_statement：用于控制 PostgreSQL 记录 SQL 语句的执行时间。当 SQL 语句的执行时长超过指定阈值时，完整语句和执行时间会被记录到日志中，帮助定位性能瓶颈。设为 0 时，所有 SQL 语句的持续时间均会被记录。默认值 –1，禁用该功能。

log_statement：控制 PostgreSQL 记录哪些类型的 SQL 语句到日志中，主要用于审计和性能分析。筛选需要跟踪的 SQL 类型，避免日志冗余。默认值 none，不记录任何 SQL 语句；ddl，仅记录数据定义语句；mod，记录 DDL 和数据修改语句；all，记录所有的 SQL 语句。

log_rotation_age：当启用 logging_collector 时，若日志文件达到该参数指定时长（以分钟为单位），系统将创建新日志文件，旧文件保留或根据其他参数处理。默认值 1440 分钟适合大多数生产环境，在性能分析或高负载场景中，可减小该值以细化日志管理。

log_rotation_size：指定单个日志文件的最大大小，当日志文件达到该阈值时，系统会自动创建新文件，旧文件根据保留策略进行处理。

4.5 复制与高可用类

max_wal_senders：设置主库允许同时运行的 WAL 发送进程（WAL sender）的最大数量，每个备库或逻辑复制客户端连接主库时均需占用一个进程。该参数值不能超过最大连接数。

synchronous_standby_names：用于指定同步复制的备机列表，控制主库事务提交前需等待的备机确认行为。通过该参数，主库可确保事务的持久性，避免数据丢失。其值决定哪些备机参与同步复制，并影响 pg_stat_replication 视图中的 sync_state 状态。

max_replication_slots：设置数据库支持的最大复制槽的数量。复制槽确保主库不会过早删除备库或订阅者所需的 WAL 日志，从而保障数据一致性和复制连续性。每个复制槽对应一个逻辑或物理复制链路。

hot_standby：设置备库是否在恢复 WAL 日志期间支持只读查询。启用后，备库可作为只读副本提供查询服务，同时持续应用主库的 WAL 日志，实现高可用与负载均衡。

hot_standby_feedback：设置备用服务器是否向主服务器反馈其当前活跃的事务信息，防止主服务器过早清理备用服务器仍需要的旧数据版本。适用于备机执行长时间查询的情况，但会造成主库表膨胀。

4.6 查询优化与执行计划类

effective_cache_size：PostgreSQL 中用于优化查询计划的参数，告知优化器系统可用的磁盘缓存大小（包括 PostgreSQL 的 shared_buffers 和操作系统内核的磁盘缓存）。它不直接分配内存，仅用于估算索引扫描和顺序扫描的成本，从而影响执行计划的选择。值比较高时，优化器倾向于索引扫描；反之，倾向于顺序扫描。通常设置为物理内存的 70%~80%。

random_page_cost：查询优化器用于估算磁盘随机访问的成本，索引扫描被认为是随机访问，该值越低，优化器越倾向于使用索引扫描，但索引扫描并不总是快的，需要根据存储类型进行调整。

seq_page_cost：查询优化器用于估算磁盘顺序扫描的成本，全表扫描被认为是顺序扫描，该值越低，越倾向于使用顺序扫描。通常该值与参数 random_page_cost 协同调整，共同影响优化器对扫描方式的选择。

4.7 Vacuum 与维护类

Autovacuum：设定自动清理进程的开关，大部分数据库都推荐开启该参数。

autovacuum_work_mem：指定 Autovacuum 进程在单次清理操作中可使用的最大内存量。PostgreSQL 16 及以前版本单次清理最多使用 1GB 内存，超限时需分批次处理。PostgreSQL 17 移除了单次清理操作 1GB 内存上限，支持更大规模死元组处理。

autovacuum_naptime：设置 Autovacuum 触发的间隔时间，默认值 60s，适用于大部分场景，高并发或写操作较多的场景，可以考虑降低该值，增加 Autovacuum 的触发次数。

autovacuum_max_workers：Autovacuum 能同时运行的进程数量，每个工作进程独立处理一个表或数据库的清理任务。默认值 3，高并发或写操作较多的场景，可以适当增加该参数值。

autovacuum_vacuum_cost_limit：设置 Autovacuum 操作的成本，定义了所有 Autovacuum 进程在一次执行周期内允许累积的最大"成本值"，超过该值后进程会暂停以降低对系统 I/O 的影响。默认值 -1，使用 vacuum_cost_limit 的值。写入多的场景及增加 autovacuum_max_workers 的值，需要提高该参数值。该参数可以针对表单独设定。

autovacuum_vacuum_cost_delay：控制 Autovacuum 的执行次数，通过引入延迟限制 Autovacuum 对 I/O 的占用，避免与用户事务竞争。实际延迟时间 = autovacuum_vacuum_cost_delay * (当前累积的开销 / autovacuum_vacuum_cost_limit)。使用高性能存储时，可以减小该值；存储性能较差或 I/O 繁忙的场景，可以适当提高该值。该参数可以针对表单独设定。

autovacuum_vacuum_scale_factor：设定 Autovacuum 的触发条件，是一个比例值，与参数 autovacuum_vacuum_threshold 共同决定表的触发条件。Autovacuum 的触发条件为：n_dead_tup > (autovacuum_vacuum_threshold + autovacuum_vacuum_scale_factor * reltuples)。这两个值都可以针对表单独设定，对大型高负载表，建议降低比例因子或直接采用固定阈值。

4.8 网络与安全类

listen_addresses：设置服务器监听客户端连接的 TCP/IP 地址或网络接口，设置为 * 表示监听所有可用网络接口，也可指定具体 IP 地址或逗号分隔的列表。

port：设定 PostgreSQL 的端口。默认 5432，修改需要重启。

ssl：SSL/TLS 用于加密客户端与 PostgreSQL 数据库之间的通信，防止数据在传输过程中被窃听或篡改。TLS 是 SSL 的升级协议，PostgreSQL 支持 TLSv1.0 及以上版本。

password_encryption：设置用户密码的加密算法，支持 md5 和 scram-sha-256，PostgreSQL14 开始默认值为 scram-sha-256。

authentication_timeout：设定客户端身份验证的超时时间。如果客户端未在指定时间内完成认证协议（如密码验证、SSL 握手等），服务器将关闭连接，防止恶意客户端长期占用连接资源。

4.9 数据类型与本地化类

client_encoding：设定客户端与 PostgreSQL 服务器之间数据传输时使用的字符编码。决定了客户端发送的 SQL 语句和接收的查询结果的编码方式。若客户端编码与服务器端编码（server_encoding）不一致，PostgreSQL 会自动进行编码转换，但无法保证编码的兼容性，可能会出现乱码。尽量保证两者编码一致。

server_encoding：PostgreSQL 服务端存储数据时使用的字符集编码。它决定了数据库如何存储和解析文本数据（如字符串、文本字段等）。

lc_collate：字符串排序规则，影响字符比较、索引排序及文本查询结果。

lc_time：设置日期和时间的本地化格式，影响日期函数（如 to_char）的输出结果。基于操作系统的 locale 设置，允许用户自定义日期和时间字符串的本地化输出。

PostgreSQL 参数优化是一个复杂且持续的过程，需要根据具体的硬件环境、业务场景和工作负载进行反复测试和调整。通过合理配置上述关键参数，可有效提升 PostgreSQL 数据库的性能，满足企业日益增长的数据处理需求。同时，随着业务的发展和技术的进步，DBA 和开发人员还需要不断关注 PostgreSQL 的新特性和优化技术，以保持数据库的最佳性能状态。

5. 性能监控与慢 SQL

作为数据库，PostgreSQL 的性能表现对业务系统的稳定性与响应速度起着决定性作用。完善的性能监控体系能够实时、精准地捕捉数据库的运行状态，为深度优化提供坚实的数据支撑。本节将从核心监控方法、工具生态、关键指标等维度，全面深入地解析 PostgreSQL 性能监控的最佳实践。

5.1 性能视图

PostgreSQL 数据库提供了大量性能和会话状态的统计视图，PostgreSQL 通过性能视图展示所收集的信息，这些视图均以 "pg_stat" 开头。视图中统计数据的收集由以下参数决定：

track_counts：控制是否收集表和索引上的统计信息，其默认值为"on"。

track_functions：其默认值为"none"，其他取值为"pl"和"all"。其中，"pl"仅收集使用 PL/pgSQL 编写的函数的统计信息；"all"则收集所有类型函数（包括 C 语言和 SQL 编写的函数）的统计信息。

track_io_timing：用于决定是否收集 I/O 的时间信息，默认值为"off"，即不收集。收集该信息会对数据库性能产生一定影响。

track_wal_io_timing：用于决定是否收集 WAL 的 I/O 时间信息。若开启此功能，系统会重复查询操作系统时间，从而对性能产生一定影响。可以通过 pg_test_timing 工具来评估其开销。该参数自 PostgreSQL 14 版本起新增。

track_activities：控制是否收集当前正在执行的 SQL 语句，默认值为"on"。

pg_stat_activity

pg_stat_activity 是最常用的性能视图之一，可查询当前正在运行的 SQL 语句，并显示客户端的 IP 地址、端口、SQL 语句的开始执行时间、会话创建时间、事务开始时间等详细信息。关键字段如表 6-2 所示。

表 6-2 视图 pg_stat_activity 关键字段

字段	类型	描述	示例场景
datid	oid	连接的数据库 OID	与 pg_database 表关联，确认进程所属数据库
datname	name	连接的数据库名称	过滤特定库的连接
pid	integer	进程 ID	终止指定进程（pg_terminate_backend）
username	name	连接的用户名	排查异常用户操作
client_addr	inet	客户端 IP 地址（NULL 表示本地连接或内部进程）	识别外部访问源
state	text	进程状态：active（执行中）、idle（空闲）、idle in transaction（事务内空闲）等	判断连接是否阻塞
query	text	当前或最近执行的 SQL 语句	捕获慢查询或死锁语句
xact_start	timestamp with tz	当前事务开始时间	分析长事务对锁的影响
wait_event_type	text	等待事件类型（如 Lock、BufferPin）	诊断锁竞争或 I/O 瓶颈

通过 pg_stat_activity 可以查询当前数据库中正在执行的操作及各个会话等待的锁信息。下面是通过 pg_stat_activity 视图查询会话信息的 SQL：

```sql
-- 查询闲置连接数
SELECT count(*) FROM pg_stat_activity WHERE state = 'idle';


-- 统计当前有多少活跃的客户端
SELECT count(*) FROM pg_stat_activity WHERE NOT pid = pg_backend_pid ();


-- 终止超过 1 小时的空闲事务
SELECT pg_terminate_backend(pid)
FROM pg_stat_activity
WHERE state = 'idle in transaction'
  AND now() – xact_start > interval '1 hour';


-- 查询等待锁的进程及阻塞者
SELECT blocked.pid AS blocked_pid,
    blocking.pid AS blocking_pid,
    blocked.query AS blocked_query,
    blocking.query AS blocking_query
FROM pg_stat_activity blocked
JOIN pg_locks bl ON blocked.pid = bl.pid
JOIN pg_locks bkl ON bl.locktype = bkl.locktype
  AND bl.relation = bkl.relation
JOIN pg_stat_activity blocking ON bkl.pid = blocking.pid
WHERE NOT bl.granted AND bkl.granted;


-- 查看一个后端进程运行了多久，以及它当前是否在等待
SELECT
pid,
state,
CURRENT_TIMESTAMP – least( query_start, xact_start ) AS runtime,
substr( QUERY, 1, 25 ) AS current_query
```

```
FROM
pg_stat_activity
WHERE
NOT pid = pg_backend_pid ();
```

pg_stat_database

该视图用于监控数据库实例的全局性能指标，协助 DBA 评估数据库负载、资源使用情况以及潜在的性能瓶颈。主要记录如下内容：

● 事务提交与回滚次数，反映数据库的稳定性。
● 统计磁盘块读取和缓冲区命中，衡量缓存效率。
● 统计返回的行数和抓取的行数，判断全表扫描和索引，辅助识别全表扫描与索引优化需求。
● 追踪临时文件生成和死锁次数，定位高负载操作。
● 显示当前活跃连接数，指导连接池配置。
● PostgreSQL 14+ 增强了对自动清理（Autovacuum）和 WAL 日志的统计。

pg_stat_database 的关键字段如表 6-3 所示。

表 6-3 视图 pg_stat_database 关键字段

字段名	类型	描述
datid	oid	数据库的 OID
datname	name	数据库名称
numbackends	integer	当前连接到该数据库的活跃会话数（唯一实时更新的字段）
xact_commit	bigint	已提交的事务总数
xact_rollback	bigint	已回滚的事务总数
blks_read	bigint	从磁盘读取的块数
blks_hit	bigint	缓冲区缓存命中的块数（仅统计 PostgreSQL 内部缓存）
tup_returned	bigint	查询返回的行数（含全表扫描）
tup_fetched	bigint	通过索引抓取的行数
deadlocks	bigint	检测到的死锁次数
temp_files	bigint	生成的临时文件数量（排序、哈希等操作触发）
stats_reset	timestamp with tz	统计信息最后一次重置的时间

下面是通过 pg_stat_database 获取数据库运行状态的 SQL 示例。

```sql
-- 查询目标数据库的连接数、事务提交/回滚情况
SELECT datname, numbackends, xact_commit, xact_rollback
FROM pg_stat_database
WHERE datname = 'mydb';

-- 评估缓存效率，若命中率低于 99%，需考虑扩大 shared_buffers
SELECT
    datname,
    blks_hit,
    blks_read,
    ROUND(100 * blks_hit::numeric / (blks_hit + blks_read + 1), 2) AS hit_ratio
FROM pg_stat_database;

-- 重置单个数据库统计
SELECT pg_stat_reset_single_database(datid) FROM pg_database WHERE datname = 'mydb';
```

pg_stat_database_conflicts

该视图监控因主库的 WAL 日志回放与备库查询冲突导致的查询取消事件，帮助管理员诊断备库性能问题并优化复制配置，主要作用如下：

- 分类统计冲突类型（快照、锁、缓冲区等）。
- 定位长时间运行查询导致的复制延迟或中断。
- 协助优化备库参数（如 max_standby_streaming_delay）以减少冲突频率。

pg_stat_database_conflicts 关键字段如下表所示。

表 6-4 视图 pg_stat_database_conflicts 关键字段

字段名	类型	描述
datid	oid	数据库的 OID
datname	name	数据库名称
confl_tablespace	bigint	表空间冲突：主库删除表空间时，备库查询正在使用该表空间生成临时文件

confl_lock	bigint	锁冲突：主库执行需要 ACCESS EXCLUSIVE 锁的操作（如 TRUNCATE），备库查询持有 ACCESS SHARE 锁
confl_snapshot	bigint	快照冲突：主库 Vacuum 清理死元组，备库查询仍依赖旧快照访问这些数据（最常见冲突类型）
confl_bufferpin	bigint	缓冲区锁冲突：备库查询长时间占用页锁，阻塞 WAL 回放（如索引维护操作）
confl_deadlock	bigint	死锁冲突：主备库事务因资源竞争形成死锁

以下是通过视图 pg_stat_database_conflicts 获取相关信息的 SQL。

```
-- 显示各数据库的冲突累计次数
-- 如 confl_snapshot 值高可能需优化主库 VACUUM 策略
SELECT * FROM pg_stat_database_conflicts;
-- 分析高频快照冲突
SELECT datname, confl_snapshot
FROM pg_stat_database_conflicts
WHERE confl_snapshot > 0
ORDER BY confl_snapshot DESC;
```

查询冲突的优化建议如下：

● 调整备库参数，增加 max_standby_streaming_delay，允许备库在冲突时等待更长时间；启用 hot_standby_feedback，但可能增加主库表膨胀风险。

● 优化查询，避免备库执行长事务，尤其是涉及大表全表扫描的操作；为主库频繁更新的表增加索引，减少备库查询的锁争用。

● 定期查询 pg_stat_database_conflicts，设置监控阈值；结合 pg_stat_replication 监控复制延迟，避免主备数据差异过大。

pg_stat_all_tables

存储数据库中所有表（包括用户表、系统表和 TOAST 表）的运行时数据访问与维护操作的统计信息，主要功能如下：

● 性能监控：记录表的扫描次数、增删改操作次数、活跃/死亡元组数量等，帮助识别全表扫描、索引使用效率等问题。

● 维护优化：通过统计死元组数量和最后一次清理（Vacuum）或分析（Analyze）时间，指导手动或自动维护任务的执行。

● 资源分析：结合其他视图，分析表的 I/O 性能。

pg_stat_all_tables 主要字段及说明如下表所示。

表 6-5 视图 pg_stat_all_tables 主要字段及说明

字段名	类型	说明
relid	oid	表的唯一标识符（OID）
schemaname	name	表所属的模式（schema）名称
relname	name	表名
seq_scan	bigint	表的顺序扫描次数（全表扫描）。值高可能表明索引缺失，需优化查询
seq_tup_read	bigint	顺序扫描读取的行数
idx_scan	bigint	索引扫描次数。若远低 seq_scan，需检查索引有效性
n_tup_ins/n_tup_upd/n_tup_del	bigint	插入、更新、删除的行数。高更新频率可能导致死元组堆积，需定期清理
n_live_tup/n_dead_tup	bigint	估计的活跃/死亡元组数量。死亡元组占比过高（如 >20%）需触发 Vacuum
last_vacuum/last_autovacuum	timestamp with time zone	最后一次手动或自动清理时间。长期未清理可能引发性能问题
last_analyze/last_autoanalyze	timestamp with time zone	最后一次手动或自动分析时间。影响查询优化器生成执行计划的准确性
n_mod_since_analyze	bigint	自上次分析以来修改的行数。若超过阈值（如 10% 的行数），需重新分析以更新统计信息

以下是通过视图 pg_stat_all_tables 获取相关信息的 SQL。

```
-- 定位频繁全表扫描的表，考虑添加索引优化
SELECT schemaname, relname, seq_scan, seq_tup_read
FROM pg_stat_all_tables
WHERE seq_scan > 1000
ORDER BY seq_tup_read DESC;
-- 检查死元组堆积情况
SELECT schemaname, relname,
    n_dead_tup, n_live_tup,
```

```
            (n_dead_tup::numeric / NULLIF(n_live_tup, 0)) * 100 AS dead_ratio
FROM pg_stat_all_tables
WHERE n_dead_tup > 10000
ORDER BY dead_ratio DESC;
```

pg_stat_sys_tables

存储系统表的统计信息，与 pg_stat_all_tables 类似，但仅针对系统表。主要用于监控系统表的扫描频率，检查系统表的死元组情况，协助优化系统表查询效率。

pg_stat_sys_tables 包含与 pg_stat_all_tables 相同的字段，但数据仅针对系统表，主要字段如表 6-6 所示。

表 6-6　视图 pg_stat_sys_tables 主要字段

字段名	类型	描述
relid	oid	系统表的唯一标识符（OID）
schemaname	name	系统表所属的模式
relname	name	系统表名称
seq_scan	bigint	顺序扫描次数，高值可能表明系统表频繁被全表扫描，需优化元数据查询逻辑
idx_scan	bigint	索引扫描次数，若索引使用率低，需检查系统表索引是否合理
n_tup_ins/n_tup_upd/n_tup_del	bigint	系统表的增、删、改操作次数。频繁更新可能影响系统性能
n_live_tup/n_dead_tup	bigint	活跃/死亡元组数量。系统表死元组过多可能阻塞元数据操作（如 DDL）
last_vacuum/last_autovacuum	timestamp	最后一次手动或自动清理时间。系统表通常由自动清理维护

以下是通过视图 pg_stat_sys_tables 获取相关信息的 SQL：

```
-- 检查系统表的扫描频率
SELECT schemaname, relname, seq_scan, idx_scan
FROM pg_stat_sys_tables
WHERE seq_scan > 100
ORDER BY seq_scan DESC;
-- 监控系统表死元组
```

```sql
SELECT relname, n_dead_tup, last_autovacuum
FROM pg_stat_sys_tables
WHERE n_dead_tup > 0;
```

系统表通常由自动清理维护，但需确保 Autovacuum 进程正常运行。若系统表更新频繁，可调整 autovacuum_vacuum_cost_limit 以提高清理优先级。

pg_stat_user_tables

监控用户自定义表的统计信息的系统视图，记录了表的访问模式、数据修改情况、索引使用效率及维护操作的详细信息。主要作用是监控表的扫描频率、统计活跃及死元组数量等。主要字段如表 6-7 所示。

表 6-7 视图 pg_stat_user_tables 主要字段

字段名	类型	描述
relid	oid	表的唯一标识符（OID）
schemaname	name	表所属的 schema 名称
relname	name	表名
seq_scan	bigint	顺序扫描次数。值高可能表明索引缺失，需优化查询
seq_tup_read	bigint	顺序扫描读取的行数
idx_scan	bigint	索引扫描次数。若远低于 seq_scan，需检查索引有效性
n_tup_ins、n_tup_upd、n_tup_del	bigint	插入、更新、删除的行数。高更新频率可能导致死元组堆积，需定期清理
n_live_tup、n_dead_tup	bigint	活跃/死亡元组数量。死亡元组占比过高需触发 Vacuum
last_vacuum、last_autovacuum	timestamp with time zone	最后一次手动或自动清理时间。长期未清理可能引发性能问题
last_analyze、last_autoanalyze	timestamp with time zone	最后一次手动或自动分析时间。影响查询优化器生成执行计划的准确性
n_mod_since_analyze	bigint	自上次分析以来修改的行数。若超过阈值，需重新分析以更新统计信息
last_idx_scan	timestamp with time zone	记录当前表上进行最后一次索引扫描的时间

以下是通过视图 pg_stat_sys_tables 获取相关信息的 SQL。

```sql
-- 识别高频全表扫描的表
SELECT schemaname, relname, seq_scan, idx_scan,
    (seq_tup_read::numeric / NULLIF(seq_scan, 0)) AS avg_seq_read
FROM pg_stat_user_tables
WHERE seq_scan > 0
ORDER BY seq_scan DESC
LIMIT 10;
-- 检查死元组堆积情况
SELECT schemaname, relname,
    n_dead_tup, n_live_tup,
    (n_dead_tup::numeric / NULLIF(n_live_tup, 0)) * 100 AS dead_ratio
FROM pg_stat_user_tables
WHERE n_dead_tup > 1000
ORDER BY dead_ratio DESC;
```

除了表的统计信息，对应的还有索引的统计信息，涉及的相关系统表是 pg_stat_all_indexes、pg_stat_sys_indexes、pg_stat_user_indexes，可以跟踪索引的扫描次数、命中率等信息。它们通过实时统计帮助管理员优化索引策略、减少冗余和维护成本。

5.2 慢 SQL 获取及优化

慢 SQL 是依据业务系统需求及用户对响应时间的预期来确定的，其时间阈值按业务场景和用户要求差异，通常范围涵盖秒级、分钟级乃至数小时不等。慢 SQL 由于执行时间超出预设阈值，会致使数据库资源占用量攀升，进而使系统负载加大，最终损害用户体验。慢 SQL 在占用数据库连接时存在时长过长问题，当大量慢 SQL 查询并发执行时，极易造成数据库连接资源耗尽，致使数据库无法接纳新的请求。在 PostgreSQL 数据库环境下，可通过启用数据库日志记录功能筛选慢查询语句、借助性能诊断插件进行监测捕获、查询相关数据字典视图等三种主要途径来获取慢 SQL。

系统视图获取慢 SQL

系统视图 pg_stat_activity 是 PostgreSQL 实例维护的一个进程相关的系统视图，其数据是实时变化的。每一行对应一个系统进程，显示与对应会话的活动进程的一些信息，例如当前会话状态、等待事件、查询语句等。

通过 pg_stat_activity 可以排查查询慢、数据库故障、数据库等待事件等问题，与 pg_stat_activity 相关的常用查询语句如下：

-- 查询运行时间最长的 5 条 SQL
SELECT
pid,
datname,
usename,
client_addr,
application_name,
state,
backend_start,
xact_start,
xact_stay,
query_start,
query_stay,
REPLACE (QUERY, chr (10), ' ') AS QUERY
FROM
(
SELECT
pgsa.pid AS pid,
pgsa.datname AS datname,
pgsa.usename AS usename,
pgsa.client_addr client_addr,
pgsa.application_name AS application_name,
pgsa.state AS state,
pgsa.backend_start AS backend_start,
pgsa.xact_start AS xact_start,
extract(
epoch
FROM
(now() − pgsa.xact_start)) AS xact_stay,
pgsa.query_start AS query_start,
extract(
epoch

```
FROM
( now() – pgsa.query_start )) AS query_stay,
pgsa.QUERY AS QUERY
FROM
pg_stat_activity AS pgsa
WHERE
pgsa.state != 'idle'
AND pgsa.state != 'idle in transaction'
AND pgsa.state != 'idle in transaction (aborted)'
) idleconnections
ORDER BY
query_stay DESC
LIMIT 5;
```

定时执行查询该视图可以及时发现数据库中运行慢的 SQL 语句，但长度超过 track_activity_query_size 的 SQL 语句无法显示完全，且不能存储查询历史数据，更适合处理当前正在发生的问题或监控使用。

日志抓取慢 SQL

通过日志获取慢 SQL 的方法简单方便，且不需要借助系统视图或插件等外部工具。获取慢 SQL 前需要先设置数据库参数，设置如下：

```
# 开启日志记录
logging_collector = on
# 设置日志输出格式，格式有 stderr（默认）, csvlog , syslog
log_destination = 'csvlog'
# 设置日志存放位置，下面设置表示日志存放在 $PGDATA 下 pg_log 日志中
log_directory = 'pg_log'
# 设置日志截断
log_truncate_on_rotation = on
# 设置日志的名称
log_filename = 'postgresdb_%d.log'
# 设置跟踪的 SQL 语句级别，级别包含 none（默认，只记录出错信息）, ddl, mod, all
log_statement = all
# 记录执行超过以下时间的 SQL 语句，单位毫秒
log_min_duration_statement = 5000
```

在数据库负载较重时,数据库日志文件比较大,会提升日志分析的复杂度与难度。为应对这一问题,可采取精准调控记录 SQL 语句的超时时间参数,借此合理限定记录的 SQL 语句总量。与此同时,通过精细化配置日志输出的格式规范,并借助自动化工具或预设策略,能够实现数据库日志文件的定期、按需自动切分功能,确保日志管理的高效性与便捷性。

```
log_filename = 'postgresql-%I.log'# 最多保存 12 小时的日志,每小时一个文件
log_filename = 'postgresql-%H.log'# 最多保存 24 小时的日志,每小时一个文件
log_filename = 'postgresql-%w.log'# 最多保存一周的日志,每天一个文件
log_filename = 'postgresql-%d.log'# 最多保存一个月的日志,每天一个文件
log_filename = 'postgresql-%j.log'# 最多保存一年的日志,每天一个文件
```

日志收集完毕后,需对日志开展系统分析。一方面,可通过专业文本编辑器或操作系统内置文本处理命令,对日志进行初步筛选、整理与分析处理。另一方面,可将日志导入数据库,运用 SQL 语句深度挖掘其中信息。在导入数据库操作前,应依据日志结构与分析需求,精确创建用于存储日志文件的表。需着重注意,从 PostgreSQL14 开始,在日志相关表结构中新增了两列,业务系统在对接新版数据库时,相关表操作语句及数据处理逻辑需同步调整适配。

```
CREATE TABLE postgres_log
(
  log_time timestamp(3) with time zone,
  user_name text,
  database_name text,
  process_id integer,
  connection_from text,
  session_id text,
  session_line_num bigint,
  command_tag text,
  session_start_time timestamp with time zone,
  virtual_transaction_id text,
  transaction_id bigint,
  error_severity text,
  sql_state_code text,
  message text,
  detail text,
```

```
    hint text,
    internal_query text,
    internal_query_pos integer,
    context text,
    query text,
    query_pos integer,
    location text,
    application_name text,
    backend_type text,
    leader_pid integer,    --PG14 及更新版本增加
    query_id bigint,       --PG14 及更新版本增加
    PRIMARY KEY (session_id, session_line_num)
);
```

创建完成后，将日志导入到表中：

```
COPY postgres_log FROM '/full/path/to/logfile.csv' WITH csv;
```

完成日志导入操作后，即可运用 SQL 语句对日志开展深入分析。例如，以下 SQL 语句通过按执行时间进行升序或降序排列，便于对数据库操作性能进行精准评估与优化。

```
SELECT
log_time,
database_name,
user_name,
application_name,
substr( message, 7, 8 ),
message
FROM
pglog
WHERE
message LIKE '% 执行时间 %'
ORDER BY
substr( message, 7, 8 ) DESC;
```

通过插件抓取慢 SQL

pg_stat_statements 是一款可以采集 SQL 语句执行信息的插件，它能够抓取并记录数据

库中执行的 SQL。通过查询 pg_stat_statements 视图，可以获取该插件所收集到的各类 SQL 信息。在 pg_stat_statements 视图中，SQL 语句中的某些过滤条件会被替换为变量，这样做的目的是降低 SQL 语句的重复率，提升信息展示的效率与可读性。

pg_stat_statements 视图涵盖了诸多关键信息，具体包括：

● SQL 语句的调用频次、累计耗时、最快执行时长、最慢执行时长、平均执行时长以及执行时长的方差（评估执行时间是否存在抖动）、累计扫描、返回或处理的行数等相关统计指标。

● Shared buffer 的使用详情，主要涉及命中次数、未命中次数、脏块生成数量、脏块驱逐数量。

● Local buffer 的使用情况，涵盖命中次数、未命中次数、脏块生成数量、脏块驱逐数量。

● Temp buffer 的使用数据，包括读取的脏块数量、脏块驱逐数量。

pg_stat_statements 插件的使用较为简便，主要依赖于 SQL 语句来实现对收集到的信息的分析和挖掘。以下列举一些常用的 SQL 分析语句，供数据库管理员或开发人员参考使用，以便充分发挥该插件在数据库性能优化等方面的价值。

```
-- 单次调用最耗 IO SQL TOP 5
select userid::regrole,dbid,query from pg_stat_statements order by (blk_read_time+blk_write_time)/calls desc limit 5;
-- 总最耗 IO SQL TOP 5
select userid::regrole,dbid,query from pg_stat_statements order by (blk_read_time+blk_write_time) desc limit 5;
-- 单次调用最耗时 SQL TOP 5
select userid::regrole,dbid, query from pg_stat_statements order by mean_time desc limit 5;
-- 总最耗时 SQL TOP 5( 最需要关注的是这个 )
select userid::regrole,dbid,query from pg_stat_statements order by total_time desc limit 5;
-- 响应时间抖动最严重 SQL
select userid::regrole,dbid,query from pg_stat_statements order by stddev_time desc limit 5;
-- 最耗共享内存 SQL
select userid::regrole,dbid, query from pg_stat_statements order by (shared_blks_hit+shared_blks_dirtied) desc limit 5;
-- 最耗临时空间 SQL
select userid::regrole,dbid,query from pg_stat_statements order by temp_blks_written desc limit 5;
```

5.3 分析慢 SQL

获取慢 SQL 后需对慢 SQL 进行深入分析，准确判断导致性能问题的根本原因，进而采取针对性的优化措施，力求以最小的修改代价实现最佳的性能提升效果。

一条 SQL 在 PostgreSQL 中的执行过程依次为：词法分析、语法分析、分析重写、查询优化（涵盖逻辑优化与物理优化）、查询计划生成以及查询执行。

具体而言，可简化为以下步骤：首先输入 SQL，随后通过解析 SQL 构建原始语法树，再经分析重写阶段转换语法树以生成查询树，基于重写分析后的查询树计算各执行路径的成本，从而挑选出最优的执行计划树，最终依据该执行计划开展查询操作并获取结果。

词法分析环节，依据数据库预先定义的保留关键字与非关键字集合，将 SQL 语句拆解为一系列特定的标识符。

语法分析阶段，则遵循严格的语法规则，将标识符组合构建为原始的语法树结构。在分析和重写过程中，查询分析模块负责将原始语法树转换为规范的查询语法树。

查询重写机制依据 pg_rewrite 系统表中存储的规则，对表和视图实施改写操作，生成最终确定的查询语法树。

查询优化阶段，依次执行逻辑优化与物理优化操作，以确定最优的查询执行路径。

查询计划生成步骤，将此前选定的最优路径转化为具体的查询计划。查询执行时，执行器按照查询计划逐步执行，产出最终的查询结果集。

PostgreSQL 提供了多元化的手段，可用于获取 SQL 执行过程中的语法树、执行计划等相关信息。在实际的 SQL 语句优化工作中，通常借助 EXPLAIN 命令来检索执行计划，为优化决策提供关键依据。

查看执行计划

分析 SQL 的性能瓶颈时，查看执行计划是最直接有效的方法。首先需掌握获取 SQL 执行计划的途径。PostgreSQL 提供了 EXPLAIN 命令用于检索执行计划，该命令包含多个可选参数，通过合理搭配不同参数，能够获取丰富的执行计划相关信息。

```
EXPLAIN [ ( option [, ...] ) ] statement
-- 选项
    ANALYZE [ boolean ]
    VERBOSE [ boolean ]
    COSTS [ boolean ]
    SETTINGS [ boolean ]
    GENERIC_PLAN [ boolean ]
    BUFFERS [ boolean ]
```

```
WAL [ boolean ]
TIMING [ boolean ]
SUMMARY [ boolean ]
FORMAT { TEXT | XML | JSON | YAML }
```

EXPLAIN 命令选项的详细解释如下：

ANALYZE：执行命令并显示实际运行时间及其他统计信息，默认值为 FALSE。启用此选项后，系统会实际执行查询语句，收集各计划节点的准确运行时间、实际处理行数等关键数据，为性能分析提供精准依据。

VERBOSE：显示计划树中每个节点的输出列列表、模式限定表、函数名称等信息，并始终打印显示统计信息的每个触发器的名称。若已计算查询标识符，也会一并显示，其默认值为 FALSE。这有助于深入了解查询计划的具体细节，包括各组件的完整信息。

COSTS：显示每个计划节点估计启动和总成本的信息，以及估计行数和估计宽度等信息，默认值为 TRUE。成本信息是查询优化器选择执行计划的重要参考，可帮助评估不同计划的相对开销。

SETTINGS：显示影响执行计划的配置参数选项，默认值为 FALSE。通过此选项，可查看与查询执行相关的系统配置，了解其对执行计划的影响。

GENERIC_PLAN：PostgreSQL16 引入，允许语句包含参数占位符（例如 $1），并生成不依赖于这些参数值的通用计划。该参数不能与 ANALYZE 选项一起使用，默认值为 FALSE。适用于需要预编译或通用执行计划的场景，提高查询的通用性和灵活性。

BUFFERS：显示缓存的使用情况，具体包括共享块命中、读写、脏页的数量，本地块命中、读写、脏页的数量，临时块读写情况，以及读写数据文件和临时文件块所花费的时间（需开启 TRACK_IO_TIMING）。其中，命中表示在缓存中找到对应数据块；共享块涵盖来自常规表和索引的数据；本地块包含临时表和索引数据；临时块用于排序、哈希、Materialize 计划节点等场景；脏块指之前未修改的块被更改的数量；写入的块数表示该后端在查询处理期间从缓存中逐出的先前脏块的数量。上层节点显示的块数包含其所有子节点使用的块数，默认值为 FALSE。借助此选项，可全面了解查询执行过程中缓存的利用效率，从而优化数据访问模式和缓存配置。

WAL：PostgreSQL 13 引入，打印有关 WAL 记录生成的信息，具体包括记录数、全页数量（FPI）及生成的 WAL 数量（以字节为单位）。仅当与 ANALYZE 选项配合使用时才能启用，默认值为 FALSE。这对于分析查询对 WAL 生成的影响、评估日志开销及优化日志相关配置具有重要意义。

MEMORY：PostgreSQL17 引入，显示查询规划阶段的内存消耗，例如排序、哈希操作的内存分配量，辅助调整 work_mem 和 hash_mem_multiplier。

SERIALIZE：PostgreSQL17 引入，允许收集有关查询发出的数据量的统计信息，以及将数据转换为在线格式所需的时间。序列化是将数据对象（由数据存储区域中的代码和数据组合而成）转换为一系列字节的过程，这些字节以易于传输的形式保存对象的状态。在这种序列化形式下，数据可以传递到其他数据存储（例如内存计算平台）、应用程序或其他目标。

TIMING：输出包括实际启动时间和每个节点花费的时间，默认值为 FALSE。当启用时，可精确掌握各计划节点的时间消耗，助力定位查询中的耗时环节。

SUMMARY：显示摘要信息，当使用 ANALYZE 时默认包含摘要信息。摘要信息提供了查询执行的整体概况，方便快速了解查询性能表现。

FORMAT：指定输出格式，可选值包括 TEXT、XML、JSON、YAML，默认值为 TEXT。不同格式适用于不同的工具和分析场景，便于后续处理和展示。

一般情况下，获取 SQL 执行计划可采用"EXPLAIN SQL 语句"或"EXPLAIN ANALYZE SQL 语句"的方式。

单独使用 EXPLAIN 时，优化器会依据其内置算法选择最佳执行计划进行展示。这种方式的优点在于无须实际执行查询语句，因此输出速度快；然而，其缺点也不容忽视，即所展示的执行计划可能与实际执行时的计划存在差异，且无法获取真实的执行时间及对象统计信息。

而使用"EXPLAIN ANALYZE SQL 语句"则有所不同，其优点在于能够获取 SQL 语句实际的执行时间、统计信息等重要数据，为准确的性能评估和优化决策提供有力支持；但相应地，如果 SQL 语句本身执行时间较长，获取执行计划的过程也会耗费较多时间。

解读执行计划

explain 输出的 SQL 语句的执行计划需要解读后才能确定问题节点，然后有针对性地修正。下面是一个执行计划的示例：

```
EXPLAIN SELECT *
FROM test1 t1, test2 t2
WHERE t1.unique1 < 100 AND t1.unique2 = t2.unique2;

                  QUERY PLAN
-------------------------------------------------------------------
 Merge Join  (cost=198.11..268.19 rows=10 width=488)
   Merge Cond: (t1.unique2 = t2.unique2)
```

```
        -> Index Scan using test1_unique2 on test1 t1  (cost=0.29..656.28 rows=101 width=244)
           Filter: (unique1 < 100)
        -> Sort  (cost=197.83..200.33 rows=1000 width=244)
           Sort Key: t2.unique2
              -> Seq Scan on test2 t2  (cost=0.00..148.00 rows=1000 width=244)
```

在阅读执行计划之前，需要明确其阅读顺序：嵌套层次最深的节点最先执行；对于嵌套深度相同的节点，则按照从上到下的顺序依次执行。此外，每一步的 cost 都包含了上一步的 cost（即子节点的 cost）。根据这一原则，上述 SQL 执行计划的执行顺序依次为：Index Scan using test1_unique2 → Seq Scan on test2 → Sort → Merge Join。

执行计划中的 cost 是 PostgreSQL 优化器依据系统表 pg_statistic 中的统计信息以及代价估算参数计算得出的不同执行路径的代价。路径估算主要由以下三部分构成：

启动代价（startup cost）：指的是初始化该步骤以及所有前置步骤所需的预估成本，反映了执行计划中某一操作开始执行前的总开销。

总代价（total cost）：代表执行该操作并返回所有结果行的预估总成本，是衡量整个查询执行过程整体开销的关键指标。

执行结果的排序方式（path keys）：描述了执行结果的排序方式，即结果集按照何种键的顺序进行组织。优化器会根据路径键的排序方式来判断是否需要额外的排序步骤，这可能会影响整个查询的执行效率和成本估算。

在 PostgreSQL 中，代价主要分为三部分：启动代价、I/O 代价、CPU 代价，SQL 执行计划总代价估算公式为：总代价 = 启动代价 + I/O 代价 + CPU 代价。

PostgreSQL 通过系统自动调用 Analyze 命令（该命令由 Autovacuum 守护进程周期性执行，用于收集统计信息）来对各个表进行统计信息采集，并将收集到的统计信息保存到 pg_statistic 和 pg_class 系统表中。pg_statistic 表存储了表的列级统计信息，如各列值的分布情况、最值等；pg_class 表则存储了表的元信息，如表的行数等。这些统计信息是 PostgreSQL 进行代价估算的关键依据，用于计算不同执行计划的预估代价，诸如表的行数、各列的最值等参数均可作为代价估算的参考因子。PostgreSQL 代价估算相关的参数，如表 6-8 所示。

表 6-8 PostgreSQL 代价估算相关的参数及描述

参数名	描述
seq_page_cost	设置规划器计算一次顺序抓取磁盘页面的开销，默认值 1.0，可以针对特定表空间设置
random_page_cost	设置规划器对一次非顺序获取磁盘页面的代价估计。默认值 4.0，可以设置表空间级别。减少这个值导致系统更倾向于索引扫描
cpu_tuple_cost	设置规划器对一次查询中处理每行的代价估计，默认值 0.01
cpu_index_tuple_cost	设置规划器对一次索引扫描中处理每个索引项的代价估计，默认值 0.005
cpu_operator_cost	设置规划器对于一次查询中处理每个操作符或函数的代价估计，默认值 0.0025
parallel_setup_cost	设置规划器对启动并行工作进程的代价估计，默认值 1000
parallel_tuple_cost	设置规划器对于从一个并行工作者进程传递一个元祖给另一个进程的代价估计，默认值 0.1
min_paraller_table_scan_size	为必须扫描的表数据量设置一个最小值，扫描的表数据量超过这个值才会考虑使用并行扫描。如果指定单位，则以块为单位，通常为 8KB，默认值 8MB
min_parallel_index_scan_size	为必须扫描的索引数据量设置一个最小值，扫描的索引数据量超过这个值时才会考虑使用并行索引。并行索引通常并不会触及整个索引，只会扫描规划器认为会实际用到的页面。如果没有指定单位，则以块为单位，通常为 8KB，默认值 512KB
effective_cache_size	设置规划器对一个查询可用的有效磁盘缓冲区尺寸的假设，这个参数会考虑使用在索引的代价估计中，数值越大越倾向于使用索引。这个参数仅用于估计，系统不会假设在查询之前数据会存在磁盘缓冲中。如果没有指定单位，则以块为单位，通常为 8KB，默认值为 4GB
jit_above_cost	设置开启 JIT 编译的查询代价，如果查询代价超过这个值就会开启 JIT 编译。执行 JIT 会消耗一些规划时间，但能加速查询执行。默认值为 100000，设置 -1 禁用 JIT
jit_inline_above_cost	设置 JIT 尝试内联函数和操作符的查询代价阈值，如果查询代价超过这个值，JIT 编译就会尝试内联。内联会增加规划时间，但可以提高执行速度。这个参数必须大于等于 jit_above_cost 的值，默认值 500000，设置 -1 禁用该功能
jit_optimize_above_cost	设置 JIT 编译应用优化的查询代价阈值，如果代价超过这个值，JIT 就会使用开销较大的优化。这类优化会增加规划时间，但能改进执行速度。此参数要大于 jit_above_cost 和 jit_inline_above_cost。默认值 500000，设置为 -1 会禁用

PostgreSQL提供了若干与执行计划相关的配置参数，这些参数默认作用于会话级别。数据库管理员或开发人员可通过合理调整这些参数，影响SQL执行计划的生成，进而实现对SQL语句的优化效果。下表是具体参数及其详细信息。

表6-9　PostgreSQL执行计划相关的配置参数

参数	描述
enable_async_append	激活或禁止规划器关于异步感知附加计划类型的使用，默认是on
enable_indexscan	允许或禁止规划器使用索引扫描
enable_partition_pruning	允许或禁止规划器从查询计划中消除一个分区表的分区，默认是on
enable_bitmapscan	允许或禁止规划器使用位图扫描，默认是on
enable_material	允许或禁止规划器使用物化，默认是on
enable_partitionwise_aggregate	允许或禁止规划器使用面向分区的分组或聚集，使得在分区表上的分组或聚集可以在每个分区上分别执行。如果GROUP BY子句不包括分区键，只有部分聚集能够基于每个分区的方式执行，并且finalization必须最后执行。由于面向分区的分组或聚集规划期间会使用可观的CPU和内存，所以默认是off
enable_gathermerge	启用或禁止规划器对收集归并计划类型的使用，默认是on
enable_memoize	启用或禁止规划器对memoize计划的使用，缓存在嵌套循环连接中参数化扫描的结果，默认是on
enable_partitionwise_join	允许或禁止规划器使用面向分区的连接，使分区表之间的连接以连接匹配的分区方式来执行。面向分区的连接当前只适用于连接条件包含分区键的情况，连接条件必须是相同数据类型并且子分区集合要1对1匹配。由于面向分区的连接规划在规划期间会使用可观的CPU和内存，所以默认是off
enable_hashagg	允许或禁止规划器使用哈希聚集，默认是on
enable_mergejoin	允许或禁止规划器使用归并连接，默认是on
enable_seqscan	允许或禁止规划器使用顺序扫描（全表扫描），不能完全禁止，默认是on
enable_hashjoin	允许或禁止规划器使用哈希连接，默认是on
enable_nestloop	允许或禁止嵌套循环，不能完全禁止，默认是on
enable_sort	允许或禁止显式排序，不能完全禁止，默认是on
enable_incremental_sort	允许或禁止规划器使用增量排序，默认是on

续表

enable_parallel_append	允许或禁止并行追加计划类型，默认是 on
enable_tidscan	允许或禁止 TID 扫描计划类型，默认是 on
enable_indexonlyscan	允许或禁止规划器只使用索引扫描，默认是 on
enable_parallel_hash	允许或禁止规划器对并行哈希使用哈希连接计划，这个参数仅对哈希连接生效，默认是 on

本章内容主要围绕 PostgreSQL 性能优化，包括明确优化目标、选择合适硬件、操作系统优化、数据库参数配置、慢 SQL 获取及优化等内容。优化是一个持续的过程，需依据系统变化和业务需求不断调整。

第七章
高可用及负载均衡

　　PostgreSQL 高可用（High Availability, HA）的核心目标是通过冗余和自动化机制，确保数据库服务在硬件故障、网络分区或人为误操作等场景下仍能持续运行。而负载均衡则是计算机网络中一项关键的资源优化技术，旨在通过智能地分配网络请求或数据流，提升系统性能、可用性与可扩展性。

1. 数据库容灾

数据库容灾是指在异地部署一个与主数据库具有相同数据和功能的备用数据库系统。从广义上讲，数据库容灾是一种确保数据库系统在面对各种潜在威胁时能够持续提供服务的策略和技术的集合。这些威胁包括自然灾害（如地震、洪水、火灾）、技术故障（如硬件故障、软件崩溃、网络中断）、人为错误（如误操作、恶意攻击）等。

具体而言，数据库容灾涉及在物理上或逻辑上远离主数据库系统的地方，部署一个或多个与主数据库保持同步或近似同步的备用数据库系统。这些备用数据库系统通常具有与主数据库相同或相近的硬件、软件和配置，以确保在主数据库发生故障时，备用数据库能够迅速接管工作，保证数据的完整性和业务的连续性。

为什么需要数据库容灾？

（1）数据的宝贵性：数据是企业至关重要的资产，一旦丢失或损坏，可能会导致企业遭受重大损失。数据库容灾通过提供数据备份和恢复机制，确保在发生严重故障时能够迅速恢复数据，保障企业的数据安全。

（2）业务连续性：对于金融、电信、医疗等行业，数据库的连续运行至关重要。数据库故障可能导致业务中断，给企业带来巨大损失。数据库容灾通过提供备用数据库系统，确保在发生故障时能够迅速恢复服务，保障业务的连续性。

（3）合规性要求：许多行业标准和法规要求企业实施数据库容灾，以确保数据的完整性和业务的连续性。例如，金融行业的数据保护法规要求金融机构必须采取适当措施来保护客户数据，并确保在发生故障时能够迅速恢复服务。

（4）提升系统可靠性：数据库容灾不仅涉及数据备份和恢复，还涵盖对系统硬件、软件和网络的监控与管理。通过实施数据库容灾，企业可以及时发现并解决潜在问题，提高系统的可靠性和稳定性。

（5）降低风险：数据库容灾能够降低因各种潜在威胁导致的风险。例如，在自然灾害发生时，主数据库系统可能受损，但备用数据库系统由于位于不同地理位置，可以免受影响，确保数据完整性和业务连续性。

PostgreSQL 的容灾，主要通过以下两种方式实现：

（1）物理流复制：物理流复制通过复制主数据库的 WAL 日志到备用数据库，确保备用数据库与主数据库的数据在物理层面保持同步。这种复制方式适用于需要高可用性和数据一致性的场景。

（2）逻辑复制：逻辑复制基于发布/订阅模型，通过复制数据库的对象（如表、模式）和数据变更来实现同步。它适用于需要跨版本或跨平台复制的场景，且对主数据库性能影响较小。

1.1 流复制

PostgreSQL 数据库提供的物理流复制技术，允许从主库复制出一个与主库高度一致的备库。这种复制技术被称为物理流复制，简称流复制。

流复制支持同步和异步两种模式。在主备库压力较低且网络流量正常的情况下，即使采用异步模式，主备库之间的数据延迟也可以被控制在毫秒级。这种低延迟的特性使得流复制成为实现高可用性和灾难恢复的重要工具。

1.1.1 流复制的特点

（1）基于 WAL 的物理复制：流复制是基于 PostgreSQL 的 WAL 机制进行的物理复制。主库将生成的 WAL 日志通过 replication 协议发送给备库，备库接收到 WAL 日志流后，按照日志记录的内容进行数据的重做，以保持与主库的数据一致性。

（2）实例级复制：流复制是在整个数据库实例级别进行的，这意味着它无法针对特定的表或单个数据库进行复制。复制操作覆盖了整个数据库实例中的所有数据。

（3）DDL 操作的复制：流复制会捕获并复制主库上的数据定义语言（DDL）操作，如表的创建、删除、修改等。这些操作在备库上也会被自动执行，以保持与主库的结构一致。

（4）主库可读写，备库只读：在流复制配置中，主库（也称为源库）用于处理读写请求，而备库（也称为从库）主要用于数据备份和故障恢复，是只读的。

（5）版本一致性要求：进行流复制的主库和备库必须使用相同大版本的 PostgreSQL 数据库，以确保主备库之间能够正确地解析和应用 WAL 日志。

（6）配置文件不同步：流复制仅复制数据库的数据和 WAL 日志，不包括数据库的配置文件（如 postgresql.conf、pg_hba.conf 等）。这些配置文件的更改不会直接体现在 WAL 日志中，因此不会自动同步到备库。如需在备库上应用相同的配置更改，需手动进行。

（7）级联复制：级联复制中，流复制支持从一级备库分发数据到新的备库（二级备库，或更多层级的备库），增强了数据复制的灵活性和可扩展性。

1.1.2 流复制的架构

流复制完整流转过程如图所示：

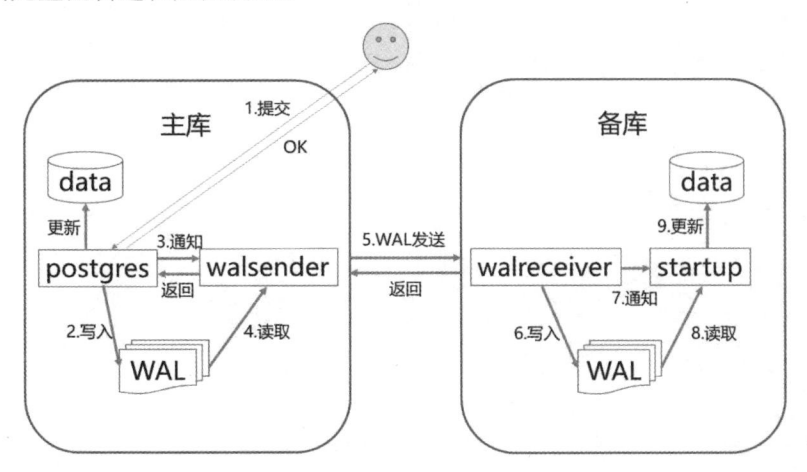

图 7-1 流复制架构示意图

（1）用户发起提交操作。

（2）主库 postgres 主进程将该操作写入 WAL 日志。

（3）主库 postgres 主进程将通知信息发送给 walsender 进程。

（4）主库 walsender 进程从 WAL 中获取数据信息。

（5）主库 walsender 进程将 WAL 信息发送给备库的 walreceiver 进程。

（6）备库 walreceiver 进程接收到主库 walsender 进程发送的 WAL 信息，开始写入 WAL buffer，并向主库 walsender 进程传回一个确认信息。之后将 wal buffer 写入 WAL，并再次向主库 walsender 进程传回一个确认信息。

（7）备库 walreceiver 进程向 startup 进程发送通知。

（8）备库 startup 进程接收到 walreceiver 进程发送的通知后，读取相关 WAL 信息获取主库的变更记录，然后将这些变更应用到备库的数据存储中完成更新，并再次向主库 walsender 进程传回一个确认信息。

1.1.3 异步流复制

PostgreSQL 异步流复制通过传输 WAL 日志实现主从数据同步。主库（Primary）将事务日志实时传输至备库（Standby），备库异步应用日志，适用于对数据延迟容忍度较高但对性能要求严格的场景。

首先确保各个节点都已安装 PostgreSQL 数据库软件，主从库版本需严格一致，以避免兼容性问题。

环境准备

服务器要求：

主库（Primary）：IP 192.168.0.2，CentOS 8.3，PostgreSQL 16。

备库（Standby）：IP 192.168.0.3，相同操作系统及 PostgreSQL 版本。

网络方面，确保主从库间端口 5432 互通，防火墙放行。

主节点配置

参数配置，需要在 postgresql.conf 中设置好如下参数。

```
wal_level = replica          # 启用 WAL 日志
max_wal_senders = 10         # 允许最多 10 个流复制连接
wal_keep_size = 1GB          # 保留至少 1GB 的 WAL 日志
listen_addresses = '*'       # 允许所有 IP 连接
```

必要的情况下还要开启归档日志模式。

```
archive_mode = on
archive_command = 'cp %p /archive/%f'
```

创建专用于流复制的用户，也可以使用数据库的 superuser 用户。

```
CREATE USER repuser REPLICATION PASSWORD 'repl_password';
```

pg_hba.conf 设置，添加如下 replication 条目。

```
host replication repuser 192.168.0.3/32 md5
```

重启数据库以使上述配置生效。

备节点配置

从主库拉取基础备份：

```
pg_basebackup –D $PGDATA –h 192.168.0.2 –c fast –Xs –P –R –v
```

通过 –R 参数可以自动生成一个 standby.signal 文件，并在 postgresql.auto.conf 文件中配置到主库的连接信息，如下所示：

```
primary_conninfo='host=192.168.0.2 port=5432 user=repuser password=repl_password'
hot_standby = on             # 允许备库提供只读查询
```

启动备库：

```
pg_ctl start
```

1.1.4 同步流复制

按照上一节内容搭建的流复制为异步流复制。在异步流复制模式下，主库在完成事务提交操作时，无须等待备库确认已接收 WAL 信息。这意味着若主库发生故障，如磁盘损坏、网络故障导致的复制中断等情况，主库上已提交但尚未发送至备库的事务数据将会丢失，造成主备数据不一致。

为了避免数据丢失及不一致的情况，PostgreSQL 数据库提供了同步流复制的配置功能。当配置为同步流复制时，主库需等待备库确认接收相应 WAL 信息后，才能完成事务的提交操作。

下面是同步流复制的具体配置过程。

备库配置

在 PostgreSQL 的同步流复制模式下，主库依据备库发送的标识来判定是否满足同步条件。为实现这一功能，各备库需配置唯一的标识，配置方法有两种：在备库的配置文件中设置 cluster_name 参数，为整个集群指定一个名称，主库可通过此名称识别集群内的备库；在备库的 primary_conninfo 参数中设置 application_name，为该备库指定一个自定义的应用程序名称，此名称用于向主库标识自身的身份。两种修改方式如下：

（1）修改备机的 postgresql.conf 文件中的 cluster_name 参数。

cluster_name = 'standby1'

（2）修改 postgresql.auto.conf 文件中的 primary_conninfo 参数，添加"application_name"。

primary_conninfo = 'host=192.168.0.2 user=repuser password=repl_password port=5432 sslmode=prefer sslcompression=0 gssencmode=disable target_session_attrs=any application_name=standby1'

修改完毕后执行 pg_ctl reload 重新加载数据库即可生效。

主库配置

主库有两个参数控制流复制的同步动作，synchronous_standby_names、synchronous_commit。

在主库通过设置参数 synchronous_standby_names，指定参与同步流复制的备机。该参数的具体作用是对同步备库进行明确的范围界定，从而精准地控制同步操作涉及的备机数量与对象，确保在同步流复制模式下，主库提交事务时能够依据此参数所指定的备库进行同步操作，实现数据的一致性保障。该参数有三种配置方式，如下所示。

（1）参数值设置为"*"，即 synchronous_standby_names='*'，将保证主库的几个备机中至少一个是同步。

（2）使用 first 选项，synchronous_standby_names='first 1 (s1,s2,s3)'，其中 s1~s3 表示备机的名称，这将保证 s1~s3 三个备机中至少一个是同步，正常情况下 s1 是同步，当 s1 故障后，s2 将作为同步备机；s1 恢复后，s2 将变为异步，s1 恢复为同步。

（3）使用 any 选项，synchronous_standby_names='any 1 (s1,s2,s3)'，其中 s1~s3 表示备

机的名称,这将保证s1~s3三个备机中至少一个是同步,其中s1、s2、s3均有可能是同步。

first和any关键字大小写不敏感,写为大写形式或小写形式均可被识别,不指定关键字的话,默认为first。

在PostgreSQL中,可通过设置synchronous_commit参数来控制事务的提交级别,该参数可取值为remote_apply、on、remote_write、local和off,默认值为on。以下是各取值的具体含义:

表7-1 同步等级参数值及说明

同步等级	设定值	概述
同步	remote_apply	在备库上应用WAL(更新数据)后,它将返回COMMIT响应,并且可以支持读操作的负载均衡。由于最大限度地保证了数据同步,因此它适合需要备库始终保持最新数据的负载分配场景
同步	on(默认)	备库上写入WAL后,返回COMMIT响应。性能和可靠性之间的最佳平衡
准同步	remote_write	WAL已传输到备库后,返回COMMIT响应
异步	local	写入主库WAL之后,返回COMMIT响应
异步	off	返回COMMIT响应,而无须等待主库WAL完成写入

1.1.5 延迟备库

在数据库管理中,搭建延迟备库适用于以下场景:

(1)紧急恢复:当主库发生数据丢失或误操作(如误删表、错误更新)时,可通过延迟备库快速恢复至故障前的状态。

(2)故障模拟:模拟主库异常(如数据损坏、逻辑错误)以验证高可用方案的可靠性。

(3)性能分析:在备库延迟窗口期内分析主库的历史负载或事务性能,避免影响生产环境。

通过实现延迟备库,可在不影响主库性能的基础上,为数据库管理员提供宝贵的时间窗口以应对潜在问题,同时有效减少额外备份开销。

要实现延迟备库,需在备库中配置关键参数recovery_min_apply_delay,该参数用于指定一个时间间隔,确保主库上的事务提交时间已过去一定时间后,备库才开始应用该事务。例如,将recovery_min_apply_delay设置为"30min",意味着主库提交事务后,备库会等待,直到其系统时间至少超过主库提交时间30分钟才会重放该事务,从而使备库数据始终比主库慢至少30分钟。若未带单位,该参数默认单位为毫秒(ms),设置为0则表示不延迟。

在大型数据库系统中,若存在多个备库,延迟备库的设置不会影响未配置recovery_

min_apply_delay 的备库。每个备库可根据自身需求配置不同的延迟时间,这种灵活性使数据库管理员能够针对不同场景和需求定制备库策略。

然而,在配置延迟备库时,也需要注意一些特殊情况。例如,若刚配置了同步流复制备库且 synchronous_commit 参数设置为 remote_apply,则不应再在此备库上配置延迟备库参数。因为这样会导致主库上的每个事务提交需等待至少 recovery_min_apply_delay 设置的时间后才能被确认提交,严重影响主库性能和应用正常运行。

因此,在配置和使用延迟备库时,需综合考虑系统需求、性能和稳定性等因素,以确保数据库的稳定运行和数据安全。

1.1.6 备库运行模式

在 PostgreSQL 数据库的备库运行模式中,存在两种主要的模式:恢复模式与只读模式。

恢复模式:在此模式下,备库专注于应用来自主库的 WAL 日志以保持数据同步,不接受任何客户端连接,确保数据的一致性和快速恢复能力。

只读模式:该模式允许备库接受客户端连接,使应用程序等客户端能够连接到备库实例并执行只读操作。这种模式的优势在于能够有效分担主库的读操作压力,优化整体系统性能。然而,只读模式也可能带来一些挑战,特别是在备库上存在长事务的情况下。长事务可能导致主库上的关键维护操作(如 Vacuum)延迟,进而引发表膨胀问题,影响主节点数据库性能。此外,在同步流复制模式下,备库的资源占用可能引发应用延迟,导致业务流程的等待,影响用户体验。

两个模式通过 hot_standby 进行切换。

```
-- 只开启恢复模式
hot_standby = 'off'
-- 开启只读模式
hot_standby = 'on'
```

修改完毕后重启对应的备库实例即可生效。

1.1.7 查询流复制状态

以下是查询 PostgreSQL 流复制状态的详细方法及关键指标,结合主从库视图、系统函数和日志分析:

主库状态查询

```
-- 查询所有从库的实时同步状态:
SELECT
    pid,
```

```
    application_name,
    client_addr,
    state,
    sent_lsn,
    write_lsn,
    flush_lsn,
    replay_lsn,
    sync_state,
    pg_wal_lsn_diff(sent_lsn, replay_lsn) AS lag_bytes
FROM pg_stat_replication;
```

state：流复制状态，streaming 表示正常同步。

sent_lsn：主库发送的最新 WAL 日志位置。

replay_lsn：从库已应用的 WAL 日志位置。

lag_bytes：计算主从延迟的字节数。

检查同步模式

```
SELECT sync_state, sync_priority FROM pg_stat_replication;
```

sync_state 字段表示备机的同步模式：async，异步复制；sync，同步复制（需配置 synchronous_standby_names）。

同步模式下需关注 sync_priority 字段的优先级配置。

从库状态查询

```
-- 从库执行以下查询，获取 WAL 接收状态：
SELECT
    status,
    receive_start_lsn,
    received_tli,
    last_msg_send_time,
    last_msg_receipt_time
FROM pg_stat_wal_receiver;
```

status：连接状态（streaming 表示正常）。

received_tli：当前接收的时间线。

```
-- 查询最后接收和应用 WAL 的位置
SELECT
```

pg_last_wal_receive_lsn() AS receive_lsn,

pg_last_wal_replay_lsn() AS replay_lsn,

pg_last_xact_replay_timestamp() AS last_replay_time;

对比 receive_lsn 和 replay_lsn，判断从库是否存在应用延迟。

流复制延迟计算

-- 在主库计算从库的延迟，按 wal 大小显示
SELECT
    application_name,
    pg_size_pretty(pg_wal_lsn_diff(sent_lsn, replay_lsn)) AS lag
FROM pg_stat_replication;

-- 在从库执行，查询主从延时，按时间显示
SELECT now() - pg_last_xact_replay_timestamp() AS replication_lag;

-- 查询主从角色判断，查询数据库状态，t 表示从库，f 表示主库。
SELECT pg_is_in_recovery();

-- 查询复制槽状态，active，表示是否活跃（t 表示有从库连接）。restart_lsn，从库需要的最小 WAL 起始位置
SELECT slot_name, active, restart_lsn FROM pg_replication_slots;

-- 查询复制槽状态及因复制槽导致的 wal 积压情况
SELECT slot_name, pg_wal_lsn_diff(pg_current_wal_lsn(), restart_lsn) AS slot_lag
FROM pg_replication_slots;

1.1.8 流复制切换

流复制切换则是确保在主库发生故障时，能够快速将从库提升为主库，维持业务正常运行的关键操作。

在实际生产环境中，尽管我们采取了各种措施来保障主库的稳定性，但仍然可能会遇到一些意外情况，如硬件故障、网络问题、软件 bug 等，导致主库无法正常工作。此时，如果不及时进行流复制切换，将会影响业务的正常运行，造成数据丢失或不一致。因此，流复制切换是 PostgreSQL 高可用架构中不可或缺的一环，它能够在最短的时间内恢复数据库服务，降低业务中断带来的风险。

切换前的关键检查与准备

验证主从同步状态，在主库执行以下 SQL，确认备库的 replay_lsn 与主库的 sent_lsn 差异：

```sql
SELECT application_name, state, sync_state,
    pg_size_pretty(pg_wal_lsn_diff(sent_lsn, replay_lsn)) AS lag
FROM pg_stat_replication;
```

state 应为 streaming，表示正常同步；lag 过高需排查网络或备库性能问题。

```sql
-- 检查复制槽状态
SELECT slot_name, active, restart_lsn FROM pg_replication_slots;
```

确保 active 为 t，避免 WAL 日志被提前清理导致切换失败。

主库 postgresql.conf 需启用。

```
wal_level = replica
max_wal_senders = 10
synchronous_standby_names = 'ANY 1 (standby_node)'  -- 同步模式配置
```

备库 postgresql.auto.conf 需正确配置 primary_conninfo。

手动切换步骤

停止主库服务：

```
# 快速关闭主库
pg_ctl stop -D $PGDATA
```

提升备库为新主库：

```
# 执行 promote 操作
pg_ctl promote -D $PGDATA
```

验证新主库状态：

```sql
-- 返回 `f 表示提升成功
SELECT pg_is_in_recovery();
```

配置原主库切换为备库：

```
# 使用 pg_rewind 同步数据（需提前设置 wal_log_hints=on）：
pg_rewind -D $PGDATA --source-server="host=new_primary port=5432 user=postgres"
```

配置恢复参数：

```
echo "primary_conninfo = 'host=new_primary port=5432 user=repuser'" >> postgresql.auto.conf

touch $PGDATA/standby.signal  # PostgreSQL 12+ 版本
```

启动原主库作为新备库：

pg_ctl start -D $PGDATA

监控日志：

tail -f $PGDATA/log/postgresql-*.log | grep "started streaming WAL"

1.2 级联流复制

在 PostgreSQL 中，级联流复制作为一种高效的复制机制，允许一个备库（从库）不仅接收主库的 WAL 日志，还可以将这些日志转发给其他备库，从而形成复制链路。这种方式能有效降低主库负载，增强系统的容错能力与可扩展性。

1.2.1 级联流复制的优势

●减轻主库压力：主库只需向一级备库发送 WAL 日志，由一级备库负责向其他备库转发，从而显著降低主库的网络和 I/O 负载，提升其性能和稳定性。

●增强容错能力：通过多层级备份，即使主库或一级备库发生故障，级联备库仍可继续提供只读服务，确保数据可靠性和业务连续性。

●提升可扩展性：通过增加备库数量，可轻松扩展系统处理能力和存储容量，满足业务增长需求。

●实现异地容灾：异地部署的备库可在本地灾难发生时迅速接管，保障业务连续性和数据安全。

1.2.2 级联流复制配置步骤

（1）配置一级备库（Standby1）为上游节点。

修改参数（postgresql.conf）：

wal_level = replica	# 确保日志级别足够
max_wal_senders = 10	# 增加以支持多级联连接
hot_standby = on	# 允许备库作为上游节点转发 WAL

配置 pg_hba.conf 文件：

host replication repuser 0.0.0.0/0 md5 # 允许级联备库连接

重启服务生效：

pg_ctl restart -D $PGDATA

（2）在级联备库（Standby2）执行基础备份。

从 Standby1 生成备份：

pg_basebackup -h <Standby1_IP> -U repl_user -D /path/to/standby2/data -P -Xs -R

参数说明：

-Xs：启用流式传输，实时同步增量日志

-R：自动生成 standby.signal 及 primary_conninfo 配置

调整连接配置（postgresql.auto.conf）：

primary_conninfo = 'host=<Standby1_IP> port=5432 user=repuser password=repl_password'

application_name = 'standby2' # 唯一标识级联备库

（3）启动级联备库并验证。

启动数据库：

pg_ctl start -D /path/to/standby2/data -l /var/log/postgresql/standby2.log

检查运行日志：

tail -f /var/log/postgresql/standby2.log | grep "started streaming WAL"

正常输出示例：

 LOG: started streaming WAL from primary at 0/XXXXXXXX on timeline 1

（4）状态监控与验证。

在主库查询级联链路状态：

SELECT pid, application_name, client_addr, state, sync_state

FROM pg_stat_replication;

预期结果：Standby1 显示为 streaming 状态，Standby2 不直接出现在主库的监控中。

在 Standby1 查询级联备库状态：

SELECT pid, application_name, client_addr, state

FROM pg_stat_replication;

预期结果：Standby2 显示为 streaming 状态。

（5）数据一致性测试。

主库操作：

CREATE TABLE test_cascade (id INT);

INSERT INTO test_cascade VALUES (1);

逐级验证：Standby1 和 Standby2 分别执行 "SELECT * FROM test_cascade;"，可以查询到相同数据。

1.3 复制槽

1.3.1 简介

PostgreSQL 复制槽（Replication Slots）是数据库系统中用于管理 WAL（预写日志）持

久化同步的关键组件,其核心价值在于解决传统复制中因日志过早删除导致的数据同步中断问题。复制槽分为两类:

●物理复制槽:用于物理流复制(Streaming Replication),基于字节级日志传输实现主备一致性。主库通过槽记录各备库的 WAL 消费位置(restart_lsn),确保不会删除未确认的日志。

●逻辑复制槽: 服务于逻辑复制(Logical Replication),将 WAL 日志解析为逻辑操作(如 INSERT/UPDATE/DELETE),支持表级数据同步和异构系统集成。其通过逻辑解码插件(如 pgoutput)实现数据转换。

复制槽的主要作用是管理 WAL 生命周期,没有复制槽时,主库根据 WAL 文件保留参数保留固定数量的 WAL 文件,易因备库长时间离线导致日志不足。复制槽通过动态跟踪备库消费进度,实现按需保留日志,避免因日志缺失引发的复制中断。

1.3.2 应用场景

高可用与容灾:物理复制槽结合高可用工具(如Patroni)实现秒级故障切换(Failover)。当主库宕机时,备库通过复制槽快速应用追平WAL日志并接管服务。

实时数据管道:逻辑复制槽捕获 CDC(变更数据捕获)事件,驱动下游数仓更新。

异构数据集成:通过插件(如 wal2json)将 WAL 转换为 JSON 格式,供 MongoDB 或 Redis 消费,构建混合数据库架构。

1.3.3 复制槽管理

物理复制槽的创建与配置:

```
-- 创建物理槽
SELECT pg_create_physical_replication_slot('standby_slot');
```

同时,备库需在 postgresql.auto.conf 中指定 primary_slot_name 以绑定槽。

```
-- 创建逻辑槽
SELECT pg_create_logical_replication_slot('logical_slot', 'pgoutput');
```

主节点需设置参数 wal_level=logical 并配置发布(Publication)与订阅(Subscription)。

复制槽的状态监控:

```
-- 监控物理复制槽延迟
SELECT slot_name, pg_size_pretty(pg_current_wal_lsn() - restart_lsn) AS lag
FROM pg_replication_slots;
-- 监控逻辑槽消费位点
SELECT confirmed_flush_lsn FROM pg_replication_slots;
```

清理未使用的复制槽：

SELECT pg_drop_replication_slot('stale_slot');

1.3.4 使用建议

PostgreSQL13 引入参数 max_slot_wal_keep_size，允许限制单个复制槽保留的 WAL 日志最大磁盘空间，防止因备库长时间未同步导致主库磁盘空间耗尽。通过设置此参数，当复制槽保留的 WAL 超过阈值时，主库自动将槽标记为无效并释放旧日志，避免系统崩溃。同时，pg_replication_slots 视图中新增 wal_status 和 safe_wal_size 字段，可以查询 WAL 保留风险。safe_wal_size 显示剩余可用空间，便于触发告警。

PostgreSQL14 支持逻辑复制槽在事务执行中实时流式传输变更，以减少大事务的延迟。使用复制槽时需注意以下事项。

磁盘空间管理：若备库停机时间较长，主库 pg_wal 目录可能因 WAL 文件不断累积而占满磁盘空间。因此，管理员需定期监控主库和备库状态，必要时采取措施，如手动清理过期 WAL 文件或扩展磁盘空间。

复制槽的清理：不再需要某个复制槽（如备库已永久删除或迁移）时，应及时在主库上删除该槽，释放与其关联的 WAL 文件占用的磁盘空间。

复制槽的数量限制：复制槽虽有用，但会占用系统资源。管理员要确保主库上创建的复制槽数量合理，以免过度消耗资源。

1.4 逻辑复制

PostgreSQL 数据库的逻辑复制机制是一种高度灵活的数据同步方式，其基于数据对象的复制标识（如主键）来实现数据对象及其后续更改的复制。与物理复制形成鲜明对比的是，逻辑复制能够提供对数据复制过程以及数据安全性更为精细且精准的控制能力。

逻辑复制允许用户仅复制数据库中特定表或部分数据，这一特性使其在满足各种特定业务需求方面具有显著优势。此外，逻辑备库除了用于数据同步之外，还支持读写操作，这极大地增强了其在数据管理和维护工作中的灵活性与实用性。

PostgreSQL 的逻辑复制采用发布（Publication）与订阅（Subscription）的模型来管理数据流动。在数据库环境中，管理员有权创建多个发布和订阅对象，以此充分满足多样化且复杂的数据同步需求。一个订阅者可以订阅多个发布，接收来自不同发布的数据变更信息，该模式在数据汇总场景中具有广泛的应用价值。与此同时，一个发布也可以被多个订阅者订阅，从而有效实现数据的广泛传播，这一特点使其在数据分发场景中发挥着关键作用。

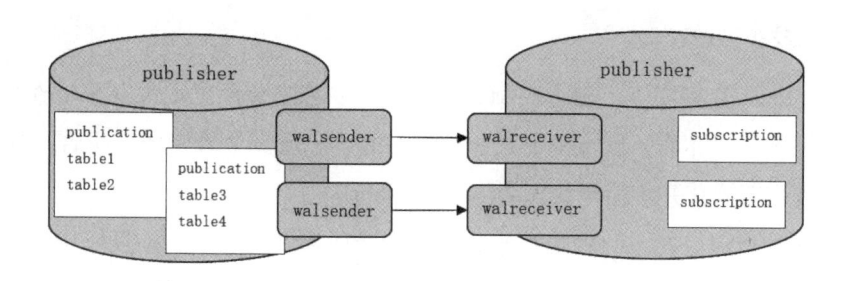

图 7-2　逻辑复制架构示意图

1.4.1　适用场景

PostgreSQL 数据库凭借其逻辑复制功能，能够为各类复杂场景提供灵活且强大的解决方案。以下是逻辑复制在几个典型场景中的应用：

细粒度数据同步：PostgreSQL 的逻辑复制机制支持用户选择性地同步单个数据库或其中的部分表。用户可依据业务需求及数据管理策略，精细控制特定表以及表上特定的 DML 操作（涵盖 Insert、Update、Delete、Truncate），以确定哪些操作应被纳入复制范围。

数据集中：借助逻辑复制，能够将分散于多个数据库的数据高效集中至一个中心数据库。这一过程可通过构建多个发布者与单一订阅者的架构来达成，在数据整合、数据分析及报表生成等场景中发挥着至关重要的作用，为上层应用提供全面且统一的数据视图。

数据分发：逻辑复制具备将单一数据库的数据分发至多个数据库或数据仓库的能力。可根据业务需求、地理位置分布、负载均衡策略等多维度因素，灵活地对数据分发过程进行配置与管理，实现数据在不同存储节点的精准分布。

跨大版本升级：在实施 PostgreSQL 跨大版本升级操作时，逻辑复制可作为一种可靠的迁移策略。通过在旧版本 PostgreSQL 实例上创建发布，在新版本实例上设置订阅，建立数据复制链路，确保在升级期间数据的完整性与一致性，从而在最小化业务影响的前提下，平稳地完成版本升级工作。

跨平台数据同步：在不同平台环境下，尤其是存在字节序（Byte Order）差异时，传统的物理流复制方式往往难以适用。而逻辑复制技术则不受此类限制，它基于解码 WAL（Write-Ahead Logging）日志中的数据变更操作，将其转换为逻辑数据格式后进行传输与应用，进而实现跨平台或不同数据库系统之间的数据无缝迁移与同步。

批量导入部分表：运用逻辑复制功能，可在不影响业务正常运行的情况下，将大量数据从源数据库或数据源批量导入至 PostgreSQL 数据库中的指定表。这为数据迁移、备份与恢复等操作场景提供了高效且可行的解决方案，确保数据在不同存储介质或系统间平滑转移。

1.4.2 发布和发布者

在 PostgreSQL 数据库中，逻辑复制功能允许在任意主节点上定义发布（Publication），该节点随后被称为发布者（Publisher）。发布是由一个或多个表构成的集合，这些表中的数据变更会被系统捕获并传播至订阅者（Subscriber）。

发布者通过指定待发布的表及其相应的复制选项来创建发布。一旦成功定义发布，订阅者便可与发布者建立连接。此后，订阅者将接收到来自发布者指定表的初始数据及其后续的数据变更信息，以此确保与发布者的数据维持同步状态。

发布可自主选择复制 Insert、Update、Delete 操作的任意组合，自 PostgreSQL 11 版本起，还支持 Truncate 操作。系统默认配置为复制所有类型的操作。

在发布表时，为确保数据的完整性和一致性，必须配置"replica identity"（即复制标识）。主键（Primary Key）是最理想的复制标识选择，因为它能够唯一确定表中的每一行记录。若表未定义主键，也可使用唯一索引。在特殊场景下，若表既无主键也无唯一索引，但又必须为表配置复制标识，此时可将"replica identity"设置为"full"。这表示在复制流程中，整行记录（含所有列）将作为复制键，但这种方式对性能损耗比较大。

发布者端配置的"replica identity"，要求订阅者端也必须进行相同的复制标识配置。若缺少"replica identity"，Update、Delete 操作无法执行，Insert 操作仍可正常执行。

与发布紧密相关的数据字典表包括 pg_catalog.pg_publication 和 pg_catalog.pg_publication_rel，数据字典视图为 pg_catalog.pg_publication_tables，这些系统对象存储了有关发布及其关联表的关键信息和元数据。

发布使用以下命令创建：

```
CREATE PUBLICATION name
    [ FOR TABLE [ ONLY ] table_name [ * ] [, ...]
      | FOR ALL TABLES ]
    [ WITH ( publication_parameter [= value] [, ... ] ) ]
```

FOR TABLE 后指定要添加到发布的表的列表。如果在表名之前指定了 ONLY，那么只有该表被添加到发布中。如果没有指定 ONLY，则添加表及其所有子表（如果有的话）。可以在表名之后指定 * 以明确指示包含继承表的子表，但不适用于分区表。分区表的分区始终被隐式视为发布的一部分，即使没有显示地将其添加到发布中。只有持久基表和分区表才能发布。临时表、未记录表、外部表、物化视图和常规视图不能发布。将分区表添加到发布时，其所有现有分区和将来分区都被隐式视为发布的一部分。因此，即使操作直接作用于某个分区，这些变更仍会通过其父表所属的发布进行复制。

FOR ALL TABLES，将发布标记为复制数据库中所有表的更改，包括在将来创建的表。

使用以下语句动态地添加和删除表：

-- 添加表
ALTER PUBLICATION pubname ADD TABLE table_name;
-- 删除表
ALTER PUBLICATION pubname DROP TABLE table_name;

1.4.3 订阅和订阅者

在 PostgreSQL 数据库的逻辑复制架构中，订阅作为逻辑复制的下游端，定义订阅的节点被称作订阅者（Subscriber）。

订阅者也可以作为发布者（Publisher），从而实现级联发布。操作与常规发布完全相同，可将自身接收到的数据变更进一步传播至下游的其他订阅者。

每个订阅需依赖一个逻辑复制槽（Replication Slot）来接收数据变更信息。在初始化数据阶段，系统也会自动配置临时复制槽来协助完成数据的初次同步任务。

当使用 CREATE SUBSCRIPTION 命令创建订阅时，PostgreSQL 会自动为该订阅生成一个复制槽，以确保发布端的数据变更能被订阅端稳定、可靠地接收与应用。

同理，当执行 DROP SUBSCRIPTION 命令移除订阅时，PostgreSQL 也会自动清理与该订阅相关联的复制槽。

订阅使用以下语句创建：

CREATE SUBSCRIPTION subscription_name
    CONNECTION 'conninfo'
    PUBLICATION publication_name [, ...]
    [WITH (subscription_parameter [= value] [, ...])]

1.4.4 冲突解决

在逻辑复制过程中，若同步数据违反数据库约束条件，复制流程将强制中断，这种中断现象被明确定义为"复制冲突"。当冲突发生时，必须通过人工介入来诊断并解决冲突。针对此类冲突的处理策略可归纳如下：

（1）手动调整订阅服务器数据。

数据库管理员或操作人员可手动编辑订阅服务器上的冲突数据，以消除与发布服务器更改的冲突。此操作通常涉及更新或删除冲突记录，确保订阅服务器数据的一致性。在进行此类操作时，须严格遵循数据修改规范，避免因不当操作破坏数据完整性。

（2）跳过冲突事务。

若不希望修改订阅服务器数据，可选择跳过导致冲突的事务。在 PostgreSQL 中，管理员可调用 pg_replication_origin_advance() 函数，通过指定订阅名称对应的 node_name 和位置信息，指示复制系统跳过该事务。跳过事务将导致冲突更改未被应用，允许复制流程继续，但可能造成发布服务器与订阅服务器数据不一致。

在处理逻辑复制冲突时，无论选择哪种策略，都需充分评估操作对数据库整体一致性的影响。在复杂场景下，需联合数据库管理员、应用程序开发人员及业务团队共同制定冲突解决策略，确保业务需求与数据完整性得到保障。

为了有效避免或减少逻辑复制中的冲突，可以考虑以下策略来增强数据的一致性和完整性：

（1）强化发布服务器的数据校验。

在发布服务器上实施更为严格的数据完整性和一致性检查机制，确保在数据被复制之前就已经符合业务规则和数据库约束。

（2）定期验证订阅服务器数据。

在订阅服务器上定期运行验证脚本或任务，以检查数据的完整性和一致性。通过定期对比发布服务器和订阅服务器的数据，可以及时发现并修复潜在的数据差异。

（3）采用预定义的冲突解决策略。

针对常见的冲突情况，预先定义一套冲突解决策略或编写自动化脚本来处理这些冲突。这样，在冲突发生时，可以迅速而准确地应用这些策略，减少人工介入的需要。

（4）监控复制的健康状况和性能。

建立监控机制，持续跟踪逻辑复制的健康状况和性能。通过监控，可以及时发现潜在的复制延迟、错误或性能瓶颈，从而采取相应的措施进行修复或优化。

这些策略将有助于提高逻辑复制的稳定性和可靠性，减少因数据冲突导致的问题和中断。同时，它们能够帮助更好地管理和维护分布式数据库环境中的数据一致性和完整性。具体的操作方法如下：

（1）通过修改订阅端的数据，解决冲突。例如，Insert 违反了唯一约束时，可以删除订阅端造成唯一约束冲突的记录，删除后即可恢复订阅。

（2）在订阅端调用 pg_replication_origin_advance(node_name text, pos pg_lsn) 函数跳过事务。

```
pg_replication_origin_advance(node_name text, lsn pg_lsn)
--node_name 为节点名，可以通过 pg_replication_origin 查询获取
--lsn 为重新开始的 LSN 点
```

通过如下命令查看当前数据的位置：

```
select * from pg_replication_origin_status;
```

1.4.5 状态监控

逻辑复制监控信息可以访问视图 pg_stat_subscription。每一个订阅（Subcription）都有一条记录，一个订阅可能有多个订阅进程工作（active subscription workers）。

逻辑复制使用的是流复制协议，与流复制监控类似，可查询视图 pg_stat_replication。

复制源的重放进度可以在视图 pg_replication_origin_status 中看到，使用延迟复制时，需要查询此视图来监控重放进度。

订阅节点执行以下语句，监控延迟：

```
 postgres=#select *,pg_wal_lsn_diff(latest_end_lsn,received_lsn) replay_delay from pg_stat_subscription;
 -[ RECORD 1 ]-
 ------------------+-----------------------------
 subid             | 16392
 subname           | sub1
 pid               | 1018
 relid             |
 received_lsn      | 1/1D000A70
 last_msg_send_time | 2022-06-17 10:49:14.346486+08
 last_msg_receipt_time | 2022-06-17 10:49:14.354579+08
 latest_end_lsn    | 1/1D000A70
 latest_end_time   | 2022-06-17 10:49:14.346486+08
 replay_delay      | 0      -- 表示 WAL 日志应用延迟，单位为字节，0 表示无延迟
```

发布节点执行以下语句，监控延迟：

```
 postgres=#select *,pg_wal_lsn_diff(pg_current_wal_lsn(),replay_lsn) replay_delay from pg_stat_replication;
 -[ RECORD 1 ]-
 ------------------+-----------------------------
 pid               | 1133
 usesysid          | 111311
 usename           | logicalrep
 application_name  | sub1
 client_addr       | 192.168.0.3
 client_hostname   |
```

```
client_port      | 40378
backend_start    | 2022-06-17 09:29:22.810877+08
backend_xmin     |
state            | streaming    -- 指示复制状态，streaming 表示复制状态正常
sent_lsn         | 1/1D000A80
write_lsn        | 1/1D000A80
flush_lsn        | 1/1D000A80
replay_lsn       | 1/1D000A80
write_lag        |
flush_lag        |
replay_lag       |
sync_priority    | 0
sync_state       | async
replay_delay     | 0    -- 表示 WAL 日志应用延迟，单位为字节，0 表示无延迟
```

1.4.6 权限设置

（1）复制数据角色权限要求。

复制权限：任何用于复制数据的角色（用户）必须被赋予复制数据的权限。这通常意味着角色要么是超级用户，要么被明确授权了复制（Replication）的权限。

pg_hba.conf 配置：角色的访问权限必须在 PostgreSQL 的配置文件 pg_hba.conf 中正确设置。此外，为了允许角色登录，它还需要具有 LOGIN 权限。

（2）发布端配置要求。

WAL 级别设置：为了支持逻辑复制，发布端（即数据源的 PostgreSQL 实例）的 wal_level 配置参数必须设置为 logical。这是逻辑复制所必需的，因为它依赖于 WAL 日志中的逻辑更改信息。

发布表权限：在发布端，用于复制数据的角色（或用户）需要拥有其想要发布的表的 SELECT 权限。这是因为逻辑复制需要读取这些表中的数据以进行复制。

（3）创建 Publication 的用户权限要求。

数据库创建权限：当某个用户想要在某个特定的数据库中创建一个 Publication 时，该用户必须对该数据库具有 CREATE 权限。这是因为在 PostgreSQL 中，创建新的数据库对象（如 Publication）需要相应的权限。

1.4.7 参数配置

逻辑复制的参数配置要求如下：

发布端参数

wal_level：为了支持逻辑复制，发布者端的 wal_level 配置参数必须设置为 logical。这是逻辑复制能够正常工作的必要条件。

max_replication_slots：在 max_replication_slots 参数中设置的值必须至少等于预期要连接的订阅者数量加上为表同步预留的连接数。这个设置决定了发布者端可以支持的最大复制槽数量，每个复制槽用于一个单独的订阅者连接。

max_wal_senders：max_wal_senders 参数应该至少被设置为 max_replication_slots 的值加上同时连接的物理流复制备库的数量。这个参数决定了发布者端可以同时处理的 WAL 发送进程数量。

订阅端参数

max_replication_slots：订阅者端也必须配置 max_replication_slots 参数。其值必须至少等于订阅者数量加上为表同步预留的连接数。与发布者端类似，这个设置决定了订阅者端可以支持的最大复制槽数量。

max_logical_replication_workers：该参数必须至少被设置为订阅者数量加上为表同步预留的连接数。这个参数决定了订阅者端可以同时处理的逻辑复制工作者的数量。

max_worker_processes：可能需要调整 max_worker_processes 参数以容纳逻辑复制工作者，至少为 max_logical_replication_workers + 1。注意，这个参数也用于其他并行操作，如扩展和并行查询，因此需要确保它足够大以容纳所有并行操作的需求。

请注意，以上配置参数的具体值应根据实际环境和需求进行调整，以确保逻辑复制的稳定性和性能。

1.4.8 日常维护操作

（1）发布中添加表、删除表：

alter publication pub1 add table public.test_lr1;

alter publication pub1 drop table public.test_lr1;

（2）逻辑复制启动和停止：

alter subscription sub1 enable;

alter subscription sub1 disable;

（3）刷新同步，每当修改发布和订阅信息时都要执行刷新操作以更新同步规则：

alter subscription sub1 refresh publication;

2. 负载均衡

负载均衡是计算机网络中一项关键的资源优化技术，旨在通过智能地分配网络请求或数据流，提升系统性能、可用性和可扩展性。

负载均衡作用

（1）性能提升：随着业务规模扩大，对数据库服务的要求也随之提升，单点服务器易因负载过高而性能衰退甚至宕机。负载均衡通过将请求均匀分布至多台服务器，有效缓解单点压力，确保每台服务器仅处理部分请求，显著提升系统整体性能。

（2）可用性增强：分布式架构下，单点故障风险突出。负载均衡通过冗余部署服务实例，当某服务实例故障时，自动将请求重定向至其他正常实例，保障服务持续稳定运行，符合高可用性要求。

（3）资源扩展：业务增长驱动系统处理能力需求提升。负载均衡允许快速扩展系统，仅需将新服务器接入集群并更新负载均衡器配置，即可使新服务器即时分担请求，实现系统无感知扩容。

（4）资源优化：传统部署易导致服务器负载不均，造成资源浪费。负载均衡依据服务器实时负载动态分配请求，确保各服务器高效利用，最大限度地降低资源闲置与浪费，提升运营效率。

（5）安全防护：负载均衡可作为安全屏障，对入站请求进行严格过滤与检查。依据预设安全策略拦截非法请求，防止恶意攻击渗透。同时，分散请求至多台服务器，降低单一服务器成为攻击目标的风险，增强系统整体安全性。

负载均衡器作为核心组件，需具备高效的请求分配算法，如轮询、最少连接数、加权哈希等，依据服务器负载、响应时间及处理能力动态决策。同时，负载均衡器需实时监控服务器健康状态，及时剔除故障节点并重新分配流量。

负载均衡技术的综合运用，可充分挖掘系统资源潜力，提升整体性能与可用性，满足业务持续增长需求。无论是大型企业还是初创公司，均能借助负载均衡技术增强系统竞争力，优化用户体验。

2.1 Pgpool-II

Pgpool-II 作为 PostgreSQL 数据库的中间件，位于客户端与 PostgreSQL 数据库服务器之间，承担代理角色，提供负载均衡、连接池、复制、故障转移及查询缓存等增强功能。

Pgpool-II 依据 SQL 语句类型，将读操作（Select）路由至从节点（Replicas），而将写操作（Insert、Update、Delete）定向至主节点（Primary），实现读写请求的精准分离。

通过合理分配读写请求，充分利用从节点计算资源，显著提升系统整体吞吐量，优化资源利用效率。

基于负载均衡策略（包括轮询、加权轮询、最少连接数等算法），Pgpool-II 能够将查询请求智能分发至多个后端服务器，有效均衡后端服务器负载，防止单点瓶颈形成，增强系统稳定性与性能表现，确保在高并发场景下的可靠运行。

2.1.1 负载均衡条件

Pgpool-II 要实现负载均衡，必须满足以下条件：

● 集群模式要求，Pgpool-II 需运行于以下模式：Streaming Replication Mode、Native Replication Mode 或 Snapshot Isolation Mode。

● 事务限制：查询不能位于显式声明的事务块内，如 BEGIN-END 事务块。若满足以下条件，即使查询在显式事务中，仍可能实施负载均衡：事务隔离级别非序列化（SERIALIZABLE）；事务尚未发出写查询。在 Pgpool-II 4.1 及以前版本中，即使 SELECT 查询包含写函数，只要这些函数在写入或只读列表中被指定，该 SELECT 查询仍不视为写查询。若写函数列表和只读函数列表为空，且 SELECT 语句中的函数均为非易失性，那么此查询被认定为只读查询。

● 查询类型限制：查询不能为 SELECT INTO；查询不能为 SELECT FOR UPDATE 或 SELECT FOR SHARE。

● 查询语句格式要求：查询需以 "SELECT" "COPY TO STDOUT" "EXPLAIN" "EXPLAIN ANALYZE SELECT…" 开头，且需设置 ignore_leading_white_space=true（忽略语句开头的空白字符）。但若 SELECT 语句使用了位于 write_function_list 或 read_only_function_list 中的写函数，则不适用此规定。

在 Streaming Replication Mode 下，除上述条件外，还需满足以下条件：查询不能涉及临时表；不能使用 unlogged 表；不能涉及系统表。

可以在 SELECT 查询前添加注释来抑制负载均衡，/*REPLICATION*/ SELECT ...

也可以将 allow_sql_comments 设置为 on，在参数中设置 SQL 语句不经过负载均衡。此处也建议查看 replicate_select 配置项。

JDBC 驱动 autocommit 选项的影响：JDBC 驱动有 autocommit 选项，若将其设置为 false，JDBC 会自动发送 "BEGIN" 和 "COMMIT"。在此情况下，上述负载均衡的相关限制同样适用。

当满足以下条件时，读查询将进行负载均衡：

● 写函数限制：没有写函数的 SELECT/WITH 语句。易失性函数（volatile functions）

被视为写函数（writing function）。用户可通过配置项 write_function_list 或 read_only_function_list 自定义 writing functions。

● FOR UPDATE/SHARE 限制：没有 FOR UPDATE/SHARE 的 SELECT/WITH 语句。

● DML 语句限制：没有 DML 语句的 WITH。

● COPY TO STDOUT：执行 COPY TO STDOUT 操作。

● EXPLAIN：执行 EXPLAIN 操作。

● EXPLAIN ANALYZE SELECT…：执行 EXPLAIN ANALYZE SELECT…，且 SELECT 语句中没有 writing functions。

● SHOW：执行 SHOW 操作。

如果有写查询出现，后续的读查询可能无法进行负载均衡。具体表现为：在 streaming replication mode 下，会发送到 primary node，或者根据配置项 disable_load_balance_on_write 的设置，决定是否发送到 main node（在其他模式下）。

用户可以使用配置项 write_function_list 或 read_only_function_list 定义自己的 writing functions，从而影响负载均衡的行为。

2.1.2　Pgpool-II 流复制模式查询节点分配说明

以下类型的 SQL 语句仅发送到 Primary 节点执行。

●数据定义与操作类：包括 INSERT, UPDATE, DELETE, COPY FROM, TRUNCATE, CREATE, DROP, ALTER, COMMENT 等语句，这些操作会修改数据库中的数据或结构，必须在 Primary 节点执行。

●锁与事务控制类：SELECT ... FOR SHARE | UPDATE：这类查询会对数据加锁，影响数据的一致性和并发控制，需在 Primary 节点执行。事务隔离级别为 SERIALIZABLE 的 SELECT，该隔离级别要求严格的事务串行执行，确保数据一致性，必须在 Primary 节点进行。

●严格锁模式的 LOCK 命令：当 LOCK 命令使用的锁模式比 ROW EXCLUSIVE MODE 更严格时，需在 Primary 节点执行，以避免潜在的数据冲突和不一致。

●事务模式设置语句：如 BEGIN READ WRITE, START TRANSACTION READ WRITE 等，这些语句用于设置事务的读写模式，需在 Primary 节点执行以确保事务的正确性和一致性。

●两阶段提交相关命令：PREPARE TRANSACTION, COMMIT PREPARED, ROLLBACK PREPARED 等用于分布式事务处理的命令，必须在 Primary 节点执行，以保证事务的完整性和协调性。

● LISTEN, UNLISTEN, NOTIFY：这些命令用于实现数据库的通知机制，需在 Primary 节点执行，以确保通知的准确性和及时性。

● VACUUM：用于清理和优化数据库的存储空间，必须在 Primary 节点执行，以维护数据库的完整性和性能。

●序列相关函数：nextval 和 setval 等序列相关的函数，用于生成和设置序列值，必须在 Primary 节点执行，以保证序列的正确性和唯一性。

●大对象创建命令：用于创建大对象的命令，必须在 Primary 节点执行，以确保大对象的存储和管理的正确性。

●多语句查询：在一行中包含多个 SQL 命令的多语句查询，必须发送到 Primary 节点，以确保所有命令的正确执行和事务的一致性。

以下类型的 SQL 语句可发送到 Standby 节点执行。

●单表读取类：不涉及上述特殊操作的 SELECT 语句，主要为简单的单表数据读取操作，可以在 Standby 节点执行，以分担负载，提高读取性能。

●数据输出类：COPY TO STDOUT 操作用于将数据复制到客户端，可在 Standby 节点执行，以减轻 Primary 节点的负载。

●查询计划分析类：EXPLAIN 和 EXPLAIN ANALYZE（且为不包含 writing functions 的 SELECT 语句）用于分析查询计划和执行情况，可在 Standby 节点执行，以优化查询性能。

●会话信息查看类：SHOW 命令用于查看当前会话的设置和数据库的状态信息，可在 Standby 节点执行，以获取相关信息。

以下类型的 SQL 语句可同时发送到 Primary 和 Standby 节点执行。

●会话与事务管理类：SET、DISCARD、DEALLOCATE ALL 等命令用于管理会话和事务的状态及资源分配，同时发送到 Primary 和 Standby 节点，以确保会话和事务的一致性和正确性。

下面是经过 Pgpool-II 的事务中的查询发送规则。

●事务开始阶段：以 BEGIN 开始的事务会被同时发送到 Primary 和 Standby 节点，确保事务的初始化操作在所有相关节点上执行。

●事务中的读查询：紧跟在事务开始后的 SELECT 查询或其他可发送到 Primary 或 Standby 节点的查询，既可以在 Primary 节点执行，也可以在 Standby 节点执行，具体取决于负载均衡的配置和当前节点的负载情况。

●事务中的写查询影响：如果在事务中执行了不被允许在 Standby 节点上执行的命令（如 INSERT），那么后续的查询（包括 SELECT 查询）都会被发送到 Primary 节点。这是因为 SELECT 查询需要立即检索出 INSERT 操作后的最新结果，确保数据的一致性和事务的正确性。这种行为会一直持续到事务提交或中止。

如果启用了负载均衡，且配置项 delay_threshold 已被设置，当 replication_delay 的值大于 delay_threshold 时，原本可以发送到 Standby 节点的查询会被发送到 Primary 节点。这是为了确保在 Standby 节点的延迟较大时，查询能够在 Primary 节点及时执行，避免因数据延迟导致查询结果不准确或事务处理出现问题。

通过以上规则，Pgpool-II 在流复制模式下能够有效地将查询发送到合适的节点，充分利用 Primary 和 Standby 节点的资源，提高系统的性能和可用性，同时确保数据的一致性和事务的正确性。

2.1.3 负载均衡参数

● load_balance_mode：启用或禁用 Pgpool-II 对 SELECT 查询的负载均衡功能。当设置为 on 时，客户端发送的 SELECT 查询会被分发到配置的 PostgreSQL 后端节点。

● ignore_leading_white_space：在负载均衡模式下，决定 pgpool-II 是否忽略 SQL 查询开头的空白字符。这对于与 DBI/DBD:pg 等 API 一起使用非常有用，因为这些 API 会自动添加一些空白字符。

● read_only_function_list：定义一个逗号分隔的函数名列表，这些函数不会更新数据库。如果 SELECT 查询中包含的函数不在这个列表中，则该 SELECT 查询不会被负载均衡。可以使用正则表达式构造函数名，Pgpool-II 会自动在函数名前后添加 ^ 和 $。示例：read_only_function_list = 'get_.,select_'。当参数 read_only_function_list 和 write_function_list 都为空时，Pgpool-II 会检查函数的易失性（volatile）。如果函数被确定为易失性，则认为该函数是 writing function。这是一种推荐的方式，避免人为配置错误。但此方法需要对系统目录进行一次额外查询，后续会使用缓存结果。

● write_function_list：定义一个逗号分隔的函数名列表，这些函数会更新数据库。如果 SELECT 查询中包含了该列表中的函数，则该 SELECT 查询不会被负载均衡。在 Replication mode 下，函数列表会同步到所有数据库节点；在其他模式下，只会发送到 primary 节点。write_function_list 和 read_only_function_list 是互斥的，只能配置其中一个。

● primary_routing_query_pattern_list：定义一个分号分隔的模式列表，匹配这些模式的 SQL 查询将被发送到 Primary 节点，不会进行负载均衡。目前该选项仅在 Native Replication mode 下支持。可以使用正则表达式构建这些模式。如果 SQL 模式中包含特殊字符（如 '、;、*、|、+、,、\、?、^、$ 等），需要用 \ 进行转义。指定的 SQL 模式不区分大小写。

● database_redirect_preference_list：根据负载均衡比例，将 SELECT 查询发送到指定的数据库节点上指定的数据库。参数值是 "database-name:node id(ratio)" 的列表，以逗号分隔。其中 ratio 的取值范围在 0 到 1 之间，默认为 1.0。数据库名称中可以使用正则表达式。可以使用特殊关键字 Primary 或 Standby 作为 node id。如果指定 Primary，查询将被发送到

Primary 节点；如果指定 Standby，将根据 Backend_weight 随机选择一个 Standby 节点发送。

● app_name_redirect_preference_list：对于特定的客户端应用连接，根据 ratio 的值，将 SELECT 查询发送到特定的 PostgreSQL 后端。参数值是 "application-name:node id(ratio)" 的列表。在 PostgreSQL9.0 及其以后版本中，客户端在连接数据库时会指定 "Application name"。客户端在向 Pgpool-II 发起连接时，发送的初始数据包中包含 application name，Pgpool-II 通过此信息识别应用程序名称。需要注意的是，如果客户端在会话建立后才传递 application name，则传递过来的名称不会再作为路由查询的依据。app_name_redirect_preference_list 的优先级高于 database_redirect_preference_list。如果有多个数据库名称或应用程序名称匹配，将应用第一个匹配项。

● allow_sql_comments：决定 Pgpool-II 在确定查询是否可以负载均衡或查询缓存时是否忽略注释。当设置为 on 时，注释将被忽略；当设置为 off 时，注释会阻止查询的负载均衡和查询缓存（此为 Pgpool-II 3.4 之前的行为）。

● disable_load_balance_on_write：指定在写查询出现后，负载均衡的行为。在 streaming replication mode 下较为有用。当写查询发送到主节点后，变更会应用到备节点，但存在一定的延迟。如果读查询走主节点，相当于禁用了负载均衡功能，虽降低了性能，但能保证读到最新的数据。此参数用于在不支持集群的应用的兼容性和负载均衡性能之间进行平衡。

可选值及对应行为

● off：即使已经出现写查询，读查询仍会进行负载均衡。虽然可能读到旧的数据，但保证了负载均衡的性能。如果 PostgreSQL 配置了 synchronous_commit = 'remote_apply' 或者是在 native replication mode 下，建议配置为 off，因为这些环境下没有同步延迟。

● transaction：当写查询出现在显式事务中时，后续的读查询不会进行负载均衡，直到事务结束（commit/abort）。不在显式事务中的读查询不受此参数影响。

● trans_and_transaction：当写查询出现在显式事务中时，后续的读查询不仅在该事务中不会进行负载均衡，而且在后续的显式事务中也不会进行负载均衡，直到会话结束。不在显式事务中的读查询不受此影响。

● always：当出现写查询后，之后的读查询（不管是否在显式事务中）都不会进行负载均衡，直到会话结束。

● dml_adaptive：Pgpool-II 会跟踪显式事务中的写查询所引用的每个表。如果在同一个事务中，后续的读查询引用了相同的表，则这些读查询不会进行负载均衡。可以通过 dml_adaptive_object_relationship_list 配置表上依赖的函数、触发器、视图等。

● dml_adaptive_object_relationship_list：防止与写相关对象的读查询进行负载均衡。

其值的形式为 "[object]:[dependent-object]"。只有当参数 disable_load_balance_on_write 设置为 'dml_adaptive' 时，此参数才有效。如果想在此参数中配置函数的依赖关系，则该函数必须出现在 write_function_list 中。

● statement_level_load_balance：决定负载均衡节点的确定方式。当设置为 on 时，为每个读查询单独确定负载均衡节点；当设置为 off 时，负载均衡节点在会话启动时确定，并在整个会话过程中保持不变，直到会话结束。对于使用连接池且始终保持与后端连接打开的应用程序，会话可能会持续较长时间。如果启用了该功能，则可以为每条查询确定负载均衡节点，而不是整个会话固定一个节点。

2.2 JDBC

PostgreSQL JDBC 驱动作为连接 PostgreSQL 数据库的关键桥梁，也具备负载均衡功能，对提升应用性能与数据库可用性意义重大。以下是其特点及关键参数配置的详细说明。

targetServerType：决定连接的服务器状态类型。可选值包括 primary（仅连接主服务器）、preferSlave（优先连接从服务器，若从服务器不可用则连接主服务器）、any（连接任何状态的服务器）。

loadBalanceHosts：控制是否启用负载均衡功能。当启用时，驱动程序会从合适的候选主机集中随机选择主机进行连接；若为默认的 disabled 状态，则按连接串中给定的顺序依次尝试连接，直至成功建立连接，此时不进行负载均衡。

以下是不同参数组合下的连接行为分析。

● 不带参数：驱动程序按照连接串中的顺序依次尝试连接，选择第一个可以连接成功的 IP 建立连接，不会进行负载均衡。

● targetServerType=any&loadBalanceHosts=true：驱动程序从连接串中的可用 IP 中随机选择进行连接。需注意，若连接到只读库上执行 DML 操作，将会报错。

● loadBalanceHosts=true&targetServerType=preferSlave：驱动程序会先判断连接串中的可用 IP 角色，然后对所有只读角色 IP 进行负载均衡连接；当可用只读库数量为 1 时，仅会连接该只读库；若可用只读库数量为 0，则仅会连接读写库。

● loadBalanceHosts=true&targetServerType=primary：驱动程序会判断连接串中的可用 IP 角色，并连接读写库，不会进行负载均衡。若可用读写库数量为 0，则连接中断。

下面是使用 JDBC 做负载均衡的一些建议。

● 读写分离场景：在需要读写分离的场景下，建议使用 loadBalanceHosts=true&targetServerType=preferSlave 的配置。这样可以充分利用从服务器的读能力，提高应用的读性能。但要注意监控从服务器的负载情况，避免过载。

●高可用场景：在追求高可用性的场景下，可采用 loadBalanceHosts=true&targetServerType=any 的配置。这样可以确保在部分服务器不可用时，应用仍能连接到其他可用的服务器，继续提供服务。但需注意处理好连接到只读库执行 DML 操作的情况，避免应用出现错误。

●纯主库读写场景：如果应用只与主库进行交互，执行读写操作，建议使用 loadBalanceHosts=true&targetServerType=primary 的配置。这样可以确保连接的稳定性，避免连接到从库带来的潜在问题。

●合理配置 PostgreSQL JDBC 驱动的负载均衡参数，能够充分发挥 PostgreSQL 数据库的性能优势，提升 Java 应用的数据库交互体验，满足不同业务场景下的需求。

3. 数据库高可用

PostgreSQL 高可用（High Availability, HA）的核心目标是通过冗余和自动化机制，确保数据库服务在硬件故障、网络分区或人为误操作等场景下仍能持续运行。其实现依赖于以下关键技术：

数据复制：包括流式复制（Streaming Replication）和逻辑复制（Logical Replication）。前者基于 WAL 日志的物理块同步，支持主备实时数据一致性；后者通过逻辑解码实现表级灵活同步，适用于跨版本或异构数据场景。

故障检测与切换：借助分布式一致性服务（如 Etcd、Consul），实现主节点故障的秒级检测与自动切换，将恢复时间目标（RTO）减少至 30 秒以内。

负载均衡与读写分离：通过 Pgpool-II 或 HAProxy 分发读请求至备节点，提升整体吞吐量。

3.1 Patroni

基于 Python 的自动化管理框架，支持与 Etcd、ZooKeeper 等 DCS 集成，提供一键式主备切换和集群状态监控功能，优势在于配置灵活、社区活跃。

Patroni 负责管理 PostgreSQL 数据库的启动和停止，并实时监控本地 PostgreSQL 数据库的运行状态。它将关键信息（如节点状态、健康检查结果等）同步至 DCS 中。这种机制确保了在整个集群中，各个节点的状态是实时更新和可查询的，从而实现了对 PostgreSQL 集群的集中管理和监控。

在 Patroni 架构中，主备节点的角色是通过竞争 leader key 来确定的。具体来说，当一个 Patroni 实例成功地从 DCS 中获取到 leader key 时，它就被视为当前集群的主节点，负责处理外部的请求和数据写入操作。而其他未能获取到 leader key 的 Patroni 实例，则作为备节点存在，它们通常处于待机状态，等待主节点的故障通知或自己检测到主节点不可用后，发起新一轮的 leader key 竞争，以尝试成为新的主节点。这种设计确保了数据的一致性和服务的连续性，即使在主节点出现故障的情况下，也能迅速切换到备节点，保持服务的正常运行。

3.1.1 架构

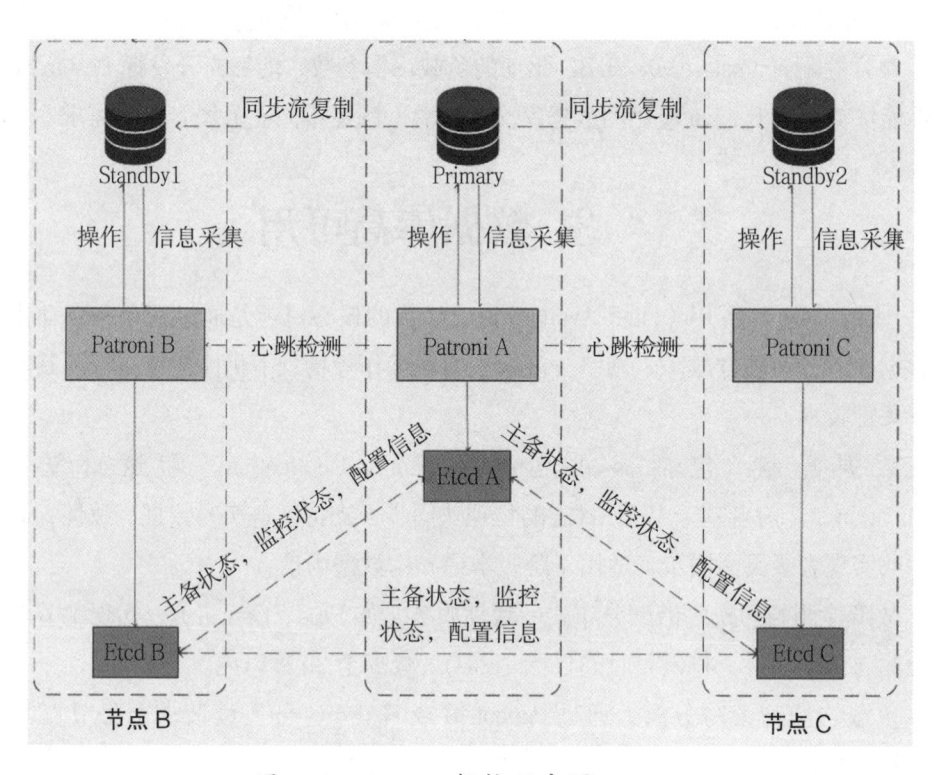

图 7-3　Patroni 架构示意图

Etcd 是一款基于 Raft 算法和协议开发的分布式 key-value 数据库，它在 Patroni 架构中扮演着关键的角色，主要用作分布式配置存储。Etcd 负责存储集群运行状态、配置信息、健康状态、数据库参数等重要信息，为 Patroni 管理数据库提供了坚实的决策支撑。

Patroni 通过监控本地的 PostgreSQL 状态，并将相关信息写入 Etcd，使得每个 Patroni 实例都能够读写 Etcd 上的 key，从而获取其他 PostgreSQL 数据库节点的信息。这种机制实现了 Patroni 集群中各节点之间的信息共享和协调。

3.1.2 安装与配置

本书使用的 IP 地址及主机名如下：

192.168.0.6   pg01
192.168.0.7   pg02
192.168.0.8   pg03

端口规划如下表：

表 7-2   端口规划

组件名称	Etcd	Patroni	PG
端口	2379、2380	8008	5432

配置 Etcd，需在所有节点执行。

yum install etcd etcdctl

安装完成后系统会自动创建 Etcd 用户，规划的 Etcd 数据目录需要将属主改为 Etcd。

chown –R etcd:etcd /pgsoft/etcd

修改各节点 /etc/sysconfig/etcd 文件，注意各自的 IP 需要一一对应。

其中 --initial-cluster 为所有节点信息。

[member]

ETCD_NAME=node1

ETCD_DATA_DIR="/pgsoft/etcd/data/default.etcd"   （定义到 data）

#ETCD_WAL_DIR=""

#ETCD_SNAPSHOT_COUNT="10000"

#ETCD_HEARTBEAT_INTERVAL="100"

#ETCD_ELECTION_TIMEOUT="1000"

Before changing this setting allowing etcd to be reachable over the network

or if you have untrustworthy local users on the system where etc runs please

make sure to enable authentication in the [security] section below. Please

also read README.security for this package

ETCD_LISTEN_PEER_URLS="http://192.168.0.6:2380"

ETCD_LISTEN_CLIENT_URLS="http://192.168.0.6:2379,http://127.0.0.1:2379"

#ETCD_MAX_SNAPSHOTS="5"

#ETCD_MAX_WALS="5"

#ETCD_CORS=""

#

#[cluster]

ETCD_INITIAL_ADVERTISE_PEER_URLS="http://192.168.0.6:2380"

if you use different ETCD_NAME (e.g. test), set ETCD_INITIAL_CLUSTER value for this name, i.e. "test=http://..."

ETCD_INITIAL_CLUSTER=" node1=http://192.168.0.6:2380, node11=http://192.168.0.7:2380, node12=http://192.168.0.8:2380"

ETCD_INITIAL_CLUSTER_STATE="new"

ETCD_INITIAL_CLUSTER_TOKEN="etcd-cluster"

ETCD_ADVERTISE_CLIENT_URLS=http://192.168.0.6:2379

#ETCD_DISCOVERY=""

#ETCD_DISCOVERY_SRV=""

#ETCD_DISCOVERY_FALLBACK="proxy"

#ETCD_DISCOVERY_PROXY=""

ETCD_ENABLE_V2="true"

其他节点配置相同，配置说明如下：

— ETCD_NAME：节点名称，每个节点使用主机名作为名称，例如节点 1 是 node1，节点 2 是 node2，中间数字是当天日期，最后的是主机名称

— ETCD_DATA_DIR：指定 etcd 数据文件的存放位置

— ETCD_INITIAL_ADVERTISE_PEER_URLS：其他节点通过该配置的地址与本节点交互，配置为本节点的 IP 地址，例如：http://192.168.0.6:2380。需要注意的是该参数值需要与参数 --initial-cluster 中的值对应。

— ETCD_LISTEN_PEER_URLS：监听其他节点发送消息的地址，一般配置为本机 IP，例如：http://192.168.0.6:2380。如配置为 0.0.0.0:2380，则表示监听本机所有 IP 的 2380 端口。

— ETCD_LISTEN_CLIENT_URLS：用于监听 etcd 客户发送信息的地址。一般配置本地 IP 和 127.0.0.1，例如：http://192.168.0.6:2379,http://127.0.0.1:2379。如配置为 0.0.0.0:2379，则监听本节点所有接口。

— ETCD_INITIAL_CLUSTER_TOKEN：用于区分不同 etcd 集群，配置规则为 etcd-cluster+ 当天日期 + 序号 第一个安装的 etcd 集群就是 01，第二个就是 02

— ETCD_INITIAL_CLUSTER：配置集群中所有节点的信息，配置内容：name1=http://ip1:2380,name2=http://ip2:2380,...

— ETCD_INITIAL_CLUSTER_STATE：用于指示本次是否为新建集群，有两个取值 new 和 existing。填写 new 即可。

--ETCD_ENABLE_V2：指定启用 etcd v2 版本的命令模式，patroni 使用的 etcd v2 版本的命令。

以下使用 root 用户进行操作。

修改 etcd.service 文件，文件路径 /usr/lib/systemd/system。

vi /usr/lib/systemd/system/etcd.service，按照以下内容修改

[Unit]
Description=Etcd Server
After=network.target
After=network-online.target
Wants=network-online.target

[Service]
Type=notify
WorkingDirectory=/pgsoft/etcd
EnvironmentFile=-/etc/sysconfig/etcd
User=etcd
# set GOMAXPROCS to number of processors
ExecStart=/bin/bash -c "GOMAXPROCS=$(nproc) /usr/sbin/etcd"
Restart=on-failure
RestartSec=5
LimitNOFILE=65536
Nice=-10
IOSchedulingClass=best-effort
IOSchedulingPriority=2

[Install]
WantedBy=multi-user.target

各节点配置完成后，各节点同时使用 root 用户启动 Etcd。

systemctl daemon-reload
systemctl start etcd.service

安装配置 Patroni，在 root 用户下安装 Patroni 包。

yum install patroni

在各节点的 root 用户下编辑 Patroni 服务配置文件。以 pg01 节点为例，创建 patroni.service 文件，文件位置：/usr/lib/systemd/system。

```
#vi /usr/lib/systemd/system/patroni.service，修改内容如下：

[Unit]
Description=patroni
After=syslog.target network.target

[Service]
Type=simple


User=postgres
Group=postgres

# Start the patroni process
ExecStart=/pgsoft/patroni/patroni /pgsoft/patroni/patroni.yaml

# Send HUP to reload from patroni.yml
ExecReload=/usr/bin/kill -s HUP $MAINPID

# only kill the patroni process, not it's children, so it will gracefully stop postgres
KillMode=process

# Give a reasonable amount of time for the server to start up/shut down
TimeoutSec=30

# Do not restart the service if it crashes, we want to manually inspect database on failure
Restart=yes

[Install]
WantedBy=multi-user.target
```

在各节点的 postgresq 用户下编辑配置文件，注意每个节点需要对应各自 IP。Patroni 的配置文件是 yaml 格式，yaml 对格式要求比较严格，配置时需要注意缩进格式。

vi /pgsoft/patroni/patroni.yaml

节点名称，集群中每个节点间的名称不同
name: node1
配置在存储（例如 etcd）中的路径，默认值：service。同一集群各节点使用同样的配置
namespace: postgres
集群名称
scope: cluster
配置 patroni 的 rest api 信息
restapi:
　connect_address: 192.168.0.6:8008
#　connect_address: 192.168.0.7:8008
#　connect_address: 192.168.0.8:8008
　# 配置 reset api 的监听端口
　listen: 0.0.0.0:8008
配置 etcd 信息
etcd:
　# 配置 etcd 所有节点的访问 IP 及端口
　hosts: 192.168.0.6:2379,192.168.0.7:2379,192.168.0.8:2379

#proxy:
#　weight: 1
#　streaming_replication_delay_time: 5000
填写使用 patroni 初始化数据库配置信息
bootstrap:
　# 数据库初始信息
　initdb:
　　- encoding: UTF8
　　- locale: C

```
    - data-checksums
    - auth: md5
  # 初始化新集群后，dcs 部分将写入给定配置存储的 /<namespace>/<scope>/config
  dcs:
    ttl: 60
    loop_wait: 10
    retry_timeout: 10
    maximum_lag_on_failover: 1048576
    master_start_timeout: 300
    master_stop_timeout: 60
    synchronous_mode: true
    max_timelines_history: 0
    check_timeline: true
    postgresql:
      # 设置是否使用复制槽，默认 true
      use_slots: true
      # 设置是否使用 pg_rewind，默认 false
      use_pg_rewind: true
      # PG 初始化时使用的参数
      parameters:
        listen_addresses: '*'
        port: 5432
        max_connections: 200
        wal_level: logical
        wal_log_hints: 'on'
        track_commit_timestamp: on
        hot_standby: 'on'
        unix_socket_directories: '/tmp'
# 下面是 postgresql 配置信息
postgresql:
  database: postgres
  bin_dir: /pgsoft/pg14.4/bin
```

```
data_dir: /pgdb/pgdata
connect_address: 192.168.0.6:5432
listen: 0.0.0.0:5432
authentication:
  superuser:
    username: postgres
    password: password
  replication:
    username: replicator
    password: password
  rewind:
    username: replicator
    password: password

# 当前运行的数据库配置
parameters:
# 相关优化参数
  logging_collector: 'on'
  log_destination: csvlog
pg_hba:
  - local  all          all                          trust
  - host   all          all         127.0.0.1/32     trust
  - host   all          all         0.0.0.0/0        md5
  - hos    all          all         ::1/128          md5
  - local  replication  all                          md5
  - host   replication  replicator  10.22.209.0/24   trust
  - host   replication  replicator  127.0.0.1/32     trust
  - host   replication  all         0.0.0.0/0        md5
  - host   replication  all         ::1/128          md5
use_unix_socket: false
#patroni 日志配置信息
log:
```

设置日志级别，默认 INFO。日志级别有：NOTSET、DEBUG、INFO、WARNING、ERROR、CRITICAL，从左往右，日志量依次减少
　　level: INFO
　　# 日志存放位置
　　dir: /pgsoft/patroni/patroni_log
　　# 日志存放数量
　　file_num: 4
　　# 每个日志文件的大小，单位 bytes
　　file_size: 2500000

启动 Patroni，在各节点的 root 用户下启动服务，选择一个节点首先启动，第一个启动的节点会作为集群的主节点。

```
systemctl daemon-reload
systemctl start patroni.service
systemctl status patroni.service
systemctl enable patroni.service
-- 查看数据库集群状态。
patronictl -c /pgsoft/patroni/patroni.yaml list
```

3.1.3　常用命令

```
# 启动 etcd 服务
systemctl start etcd.service

# 查看 etcd 服务状态
systemctl status etcd.service

# 停止 etcd 服务
systemctl stop etcd.service

# 启动 patroni 服务
systemctl start patroni.service

# 查看 patroni 服务状态
systemctl status patroni.serive
```

```
# 停止 patroni 服务
systemctl stop patroni.service

-- 获取主节点 dsn 信息
patronictl dsn cluster

-- 手动执行主备切换
patronictl switchover

-- 重载整个集群
patronictl reload cluster

-- 重载集群中的单个节点
patronictl reload cluster node1

-- 重启整个集群
patronictl restart cluster

-- 重启集群中的单个节点
patronictl restart cluster node1

-- 重新初始化数据库节点
patronictl reinit cluster node1
```

3.2 Repmgr

Repmgr 是一款开源工具，专门用于管理 PostgreSQL 集群的复制和故障转移。它通过增强 PostgreSQL 内置的流复制功能，构建了一个功能完善的高可用性架构，包含一个可读写的主节点（主端）和一个或多个只读的备节点（备端），这些备节点都是主节点数据库的实时副本。

Repmgr 主要包含两个核心工具，repmgr 和 repmgrd，它们协同工作以实现对 PostgreSQL 集群的全面管理：

repmgr 是一个功能强大的命令行工具，允许用户执行各种管理任务。借助 repmgr，用户可以轻松地设置备端服务器，将一个备端提升为主端（在需要进行故障转移时），在主备之间进行平滑切换，并能够显示复制集群中各个服务器的详细状态信息。

repmgrd 作为一个可靠的守护进程，负责主动监控复制集群中的服务器状态。它具备多种关键职责，包括持续监控和记录复制性能指标，及时检测主服务器的故障情况，并在必要时自动将一个最佳的备端提升为主端，从而高效完成故障转移过程，确保数据库服务的连续性和可用性。

3.2.1 架构

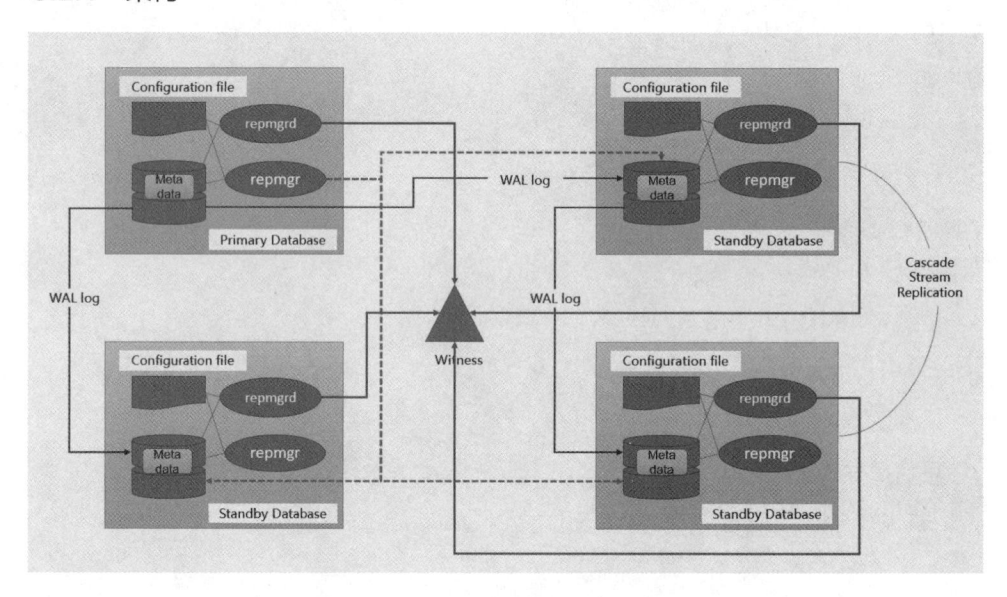

图 7-4 Repmgr 架构示意图

如图所示是 Repmgr 一主三备的架构图，其中一个备库配置了级联复制。在这种架构中，每个数据库节点都需要安装 Repmgr 软件包，以确保流复制和故障切换功能的正常运行。

Repmgr 的元数据（Meta Data）用于存储和记录关于复制集群的重要信息，这些信息被组织在专用的数据库 Schema 中，以实现高效且结构化的集群管理。该 Schema 主要包含以下对象：

● repmgr.events：用于记录集群中的事件的表。

● repmgr.nodes：包含复制集群中每个服务器的连接信息和状态的表，如服务器地址、端口、角色等。

● repmgr.monitoring_history：存储由 repmgrd 写入的备库监控历史记录的表。

● repmgr.show_nodes：基于 repmgr.nodes 表的视图，展示每个服务器的上游节点名称，提供集群结构的可视化。

● repmgr.replication_status：当启用 repmgrd 监控时，展示当前每个备用服务器的复制和监控状态的视图。

这些元数据可以存储在集群中现有的数据库中，也可以创建专用的数据库来存储。但重要的是，不能将元数据部署在不属于 Repmgr 管理的流复制集群数据库中。

对于访问和操作这些元数据的数据库用户，必须拥有足够的权限来执行 Repmgr 所需的操作。虽然这个用户不需要是数据库的超级用户，但在某些操作（如 Repmgr 扩展的初始安装）中，可能需要超级用户权限。这些权限可以通过命令行选项（如 --superuser）来指定。

Witness 服务器是一个独立的 PostgreSQL 实例，不参与流复制集群的常规操作。其主要作用是在发生潜在故障切换事件时，作为一个独立的证据源，确定主库是否因某种原因变得不可用。

当主服务器出现故障或变得不可用时，备用服务器会基于一定的规则来决定是否应该进行自我提升。其中一个关键判断因素就是是否能够与 Witness 服务器通信。如果备用服务器无法与 Witness 服务器建立连接，或者无法检测到主服务器的存在，它可能会假设这是一个网络级别的故障，并避免进行自动提升，以防止潜在的"脑裂"情况发生。

然而，如果备用服务器能够与 Witness 服务器通信，但无法检测到主服务器的状态，这将被视为一个明确的信号，表明主服务器本身是不可用的，而不是由于网络问题导致的通信中断。在这种情况下，备用服务器可以安全地进行自我提升，并可能采取额外的措施（如 fence 操作）来确保之前的主服务器不再参与集群操作，从而维护数据的一致性和集群的完整性。

Repmgr 和 PostgreSQL 版本兼容对应如下所示：

表 7-3 Repmgr 和 PostgreSQL 版本对应关系

Repmgr 版本	最新版本	支持的 PostgreSQL 版本	备注
Repmgr 5.4	5.4.1 (2023-07-04)	10, 11, 12, 13, 14, 15, 16	
Repmgr 5.3	5.4.1 (2023-07-04)	9.4, 9.5, 9.6, 10, 11, 12, 13, 14, 15	PostgreSQL 15 从 Repmgr 5.3.3 开始支持
Repmgr 5.2	5.2.1 (2020-12-07)	9.4, 9.5, 9.6, 10, 11, 12, 13	
Repmgr 5.1	5.1.0 (2020-04-13)	9.3, 9.4, 9.5, 9.6, 10, 11, 12	
Repmgr 5.0	5.0 (2019-10-15)	9.3, 9.4, 9.5, 9.6, 10, 11, 12	
Repmgr 4.x	4.4 (2019-06-27)	9.3, 9.4, 9.5, 9.6, 10, 11	
Repmgr 3.x	3.3.2 (2017-05-30)	9.3, 9.4, 9.5, 9.6	
Repmgr 2.x	2.0.3 (2015-04-16)	9.0, 9.1, 9.2, 9.3, 9.4	

3.2.2 安装与配置

环境准备如下表所示：

表 7-4　环境配置

IP	Hostname	PG Version	DIR
192.168.80.251	node1	15.4	/opt/pg15.4/data202311
192.168.80.252	node2	15.4	/opt/pg15.4/data202311
192.168.80.253	node3	15.4	/opt/pg15.4/witdata

下载源码包，解压到 /opt/repmgr-5.4.1：

curl –O http://www.repmgr.org/download/repmgr-5.4.1.tar.gz

tar –zxvf repmgr-5.4.1.tar.gz

编译安装 Repmgr：

[postgres@node1 opt]$ make && make install

初始化主节点数据库：

[postgres@node1 opt]$ initdb

修改数据库参数，postgresql.auto.conf 新增以下配置项：

max_wal_senders = 10

max_replication_slots = 10

wal_log_hints = 'on'

full_page_writes = 'on'

synchronous_commit = 'on'

wal_level = 'replica'

hot_standby = on

archive_mode = on

archive_command = 'cp %p /opt/pg15.4/parchive/%f'

shared_preload_libraries ='repmgr'

创建 Repmgr 用户和数据库：

create user repmgr WITH REPLICATION LOGIN ENCRYPTED PASSWORD 'repmgr123';

Repmgr 将安装 repmgr 扩展，该扩展将创建一个 repmgr 模式，其中包含 repmgr 的元数据表，以及其他函数和视图。设置 Repmgr 用户的搜索路径来包含这个模式名：

ALTER USER repmgr SET search_path TO repmgr, "$user", public;

修改认证配置文件：

host	all	all	0.0.0.0/0	md5
host	replication	all	0.0.0.0/0	md5

修改 repmgr.conf 文件，具体配置请根据实际情况进行修改，主备库都需进行修改。

```
# 拷贝 repmgr 的示例配置文件到自定义目录并重命名
cp -p /opt/repmgr-5.4.1/repmgr.conf.sample /opt/pg15.4/repmgr-5.4.1/repmgr.conf

# 编辑配置文件 repmgr.conf 的内容
# 连接信息参数
node_id=1
node_name='node1'
conninfo='host=node1 user=repmgr dbname=repmgr port=5432 connect_timeout=2'
data_directory='/opt/pg15.4/data202311'
pg_bindir='/opt/pg15.4/bin'
# 日志参数
log_level=INFO
log_file='/tmp/repmgr.log'
# 自动切换
failover=automatic
# 提升备库
promote_command='repmgr standby promote -f /opt/pg15.4/repmgr-5.4.1/repmgr.conf'
# 将其他备库连接到新主
follow_command='repmgr -f /opt/pg15.4/repmgr-5.4.1/repmgr.conf standby follow --upstream-node-id=%n'
# 监控
repmgrd_service_stop_command='pkill -F /tmp/repmgrd.pid'
repmgrd_service_start_command='repmgrd -d'
# 数据库启停
#service_start_command = ''
#service_stop_command = ''
#service_restart_command = ''
#service_reload_command = ''
```

编辑添加密码文件：

node1:5432:repmgr:repmgr:repmgr123

node2:5432:repmgr:repmgr:repmgr123

node3:5432:repmgr:repmgr:repmgr123

node1:5432:replication:repmgr:repmgr123

node2:5432:replication:repmgr:repmgr123

node3:5432:replication:repmgr:repmgr123

3.2.3 节点注册

注册主节点，该命令需要使用超级用户执行。

-- 注册主节点

repmgr primary register

-- 查看集群状态

repmgr cluster show

备节点克隆主库并注册。

repmgr -h node1 -U repmgr -d repmgr -f /opt/pg15.4/repmgr-5.4.1/repmgr.conf standby clone

-- 启动数据库

pg_ctl start

-- 注册备节点

repmgr standby register

-- 查看集群状态

repmgr cluster show

创建 witness 节点，并注册。

-- 初始化数据库

initdb

-- 修改数据库配置参数

max_wal_senders = 10

max_replication_slots = 10

wal_level = 'replica'

hot_standby = on

archive_mode = on

archive_command = 'cp %p /opt/pg15.4/reparchive/%f'

```
shared_preload_libraries ='repmgr'
```
-- 创建 repmgr 用户和数据库
```
createuser --login --superuser repmgr
createdb repmgr -O repmgr
```
Repmgr 将安装 repmgr 扩展，该扩展将创建一个 repmgr 模式，其中包含 repmgr 的元数据表，以及其他函数和视图。建议设置 Repmgr 用户的搜索路径来包含这个模式名：
```
ALTER USER repmgr SET search_path TO repmgr, "$user", public;
```
修改数据库认证配置文件，添加以下两行：
```
  host    replication   all       0.0.0.0/0     md5
  host    all           all       0.0.0.0/0     md5
```
在 Witness 节点上连接主库：
```
psql -h node1 -U repmgr -d repmgr
```
修改 repmgr.conf 文件：
```
# 连接信息参数
node_id=3
node_name='node3'
conninfo='host=node3 user=repmgr dbname=repmgr port=5432 connect_timeout=2'
data_directory='/opt/pg15.4/witdata'
pg_bindir='/opt/pg15.4/bin'
# 日志参数
log_level=INFO
log_file='/tmp/repmgr.log'
# 自动切换
failover=automatic
# 提升备库
promote_command='repmgr standby promote -f /opt/pg15.4/repmgr-5.4.1/repmgr.conf'
# 将其他备库连接到新主
follow_command='repmgr -f /opt/pg15.4/repmgr-5.4.1/repmgr.conf standby follow --upstream-node-id=%n'
# 监控
repmgrd_service_stop_command='pkill -F /tmp/repmgrd.pid'
repmgrd_service_start_command='repmgrd -d'
```

```
# 数据库启停
#service_start_command   = ''
#service_stop_command    = ''
#service_restart_command = ''
#service_reload_command  = ''
```

启动数据库并注册：

```
pg_ctl start
repmgr -f ../repmgr-5.4.1/repmgr.conf -h node1 -U repmgr -d repmgr witness register
-- 查看集群状态：
repmgr cluster show
-- 启动守护进程（全部节点都需要开启）
repmgrd -d
```

3.2.4 主备切换

手动切换

使用 repmgr standby switchover 命令可以将一个备库切换为主库。该命令在即将升级为主库的备库上执行。执行该命令时，各节点的 repmgrd 服务需要关闭。执行 switchover 的备节点的 repmgr.conf 文件中需要包含 pg_bindir。切换流程如下图所示：

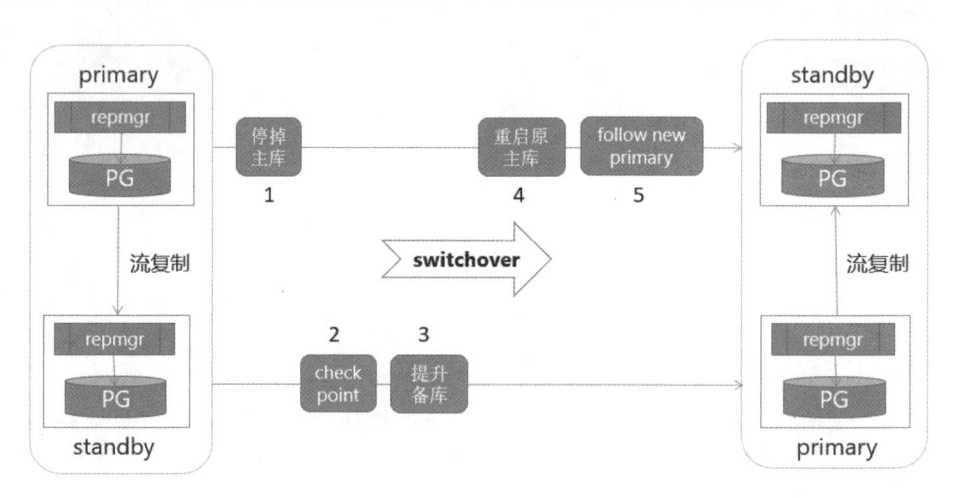

图 7-5 切换流程示意图

在备节点上 node2 执行，命令执行完后，该 node2 成为主节点，原先的主节点 node1 变为备节点，之后查看集群状态。

```
[postgres@node2 ~]$ repmgr -f /opt/pg15.4/repmgr-5.4.1/repmgr.conf switchover


[postgres@node2 repmgr-5.4.1]$ repmgr cluster show
```

自动切换

当主库宕机，系统会自动将一个备库提升为主库。原主节点无法自动加入集群。

```
-- 停止主库：
pg_ctl stop
-- 将原主节点 node2 重新加入集群
[postgres@node2 ~]$ repmgr -h node1 -U repmgr -d repmgr node rejoin
```

查看集群状态，原主节点已经加入集群，此时将作为备节点存在。

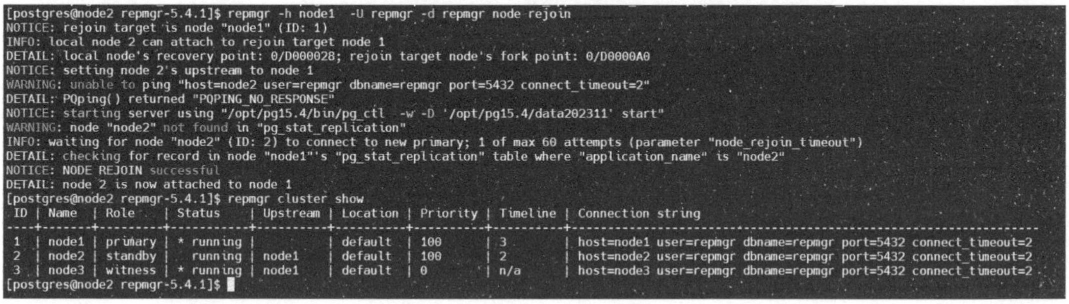

```
[postgres@node2 repmgr-5.4.1]$ repmgr -h node1  -U repmgr -d repmgr node rejoin
NOTICE: rejoin target is node "node1" (ID: 1)
INFO: local node 2 can attach to rejoin target node 1
DETAIL: local node's recovery point: 0/D000028; rejoin target node's fork point: 0/D0000A0
NOTICE: setting node 2's upstream to node 1
WARNING: unable to ping "host=node2 user=repmgr dbname=repmgr port=5432 connect_timeout=2"
DETAIL: PQping() returned "PQPING_NO_RESPONSE"
NOTICE: starting server using "/opt/pg15.4/bin/pg_ctl  -w -D '/opt/pg15.4/data202311' start"
WARNING: node "node2" not found in "pg_stat_replication"
INFO: waiting for node "node2" (ID: 2) to connect to new primary; 1 of max 60 attempts (parameter "node_rejoin_timeout")
DETAIL: checking for record in node "node1"'s "pg_stat_replication" table where "application_name" is "node2"
NOTICE: NODE REJOIN successful
DETAIL: node 2 is now attached to node 1
[postgres@node2 repmgr-5.4.1]$ repmgr cluster show
 ID | Name  | Role    | Status    | Upstream | Location | Priority | Timeline | Connection string
----+-------+---------+-----------+----------+----------+----------+----------+------------------------------------------------------------------
 1  | node1 | primary | * running |          | default  | 100      | 3        | host=node1 user=repmgr dbname=repmgr port=5432 connect_timeout=2
 2  | node2 | standby |   running | node1    | default  | 100      | 2        | host=node2 user=repmgr dbname=repmgr port=5432 connect_timeout=2
 3  | node3 | witness | * running | node1    | default  | 0        | n/a      | host=node3 user=repmgr dbname=repmgr port=5432 connect_timeout=2
[postgres@node2 repmgr-5.4.1]$
```

图 7-6　Repmgr 集群状态

使用 rejoin --force-rewind 使原主节点以备节点身份重新加入集群。

```
[postgres@node2 data]$ repmgr -h node1 -U repmgr -d repmgr node rejoin --force-rewind
```

3.2.5　级联复制

在 PostgreSQL 9.2 中，级联复制功能得以引入，使得备用服务器（standby servers）能够连接到其上游的节点，而非直接连接到主服务器（primary server）。这种架构通过 repmgr 和 repmgrd 工具的支持得以实现，它们负责追踪和维护备用服务器之间的关系。具体来说，每个节点都会记录其上游（“父”）服务器的节点 ID，除了主服务器，因为主服务器没有上游节点。

当主节点遭遇故障，并且进行了故障切换操作，将父级备用数据库提升为新的主服务器时，那些连接到其他备用数据库的备用数据库（即“级联备机”）将不会受到直接影响，并会继续保持其正常工作状态，即使它们原本连接的上游备用数据库已经转变为主节点。然而，如果某个节点的直接上游节点（即父节点）发生故障，那么该“级联 standby”将会尝试重新连接到其上级的父节点，以确保复制链的连续性。

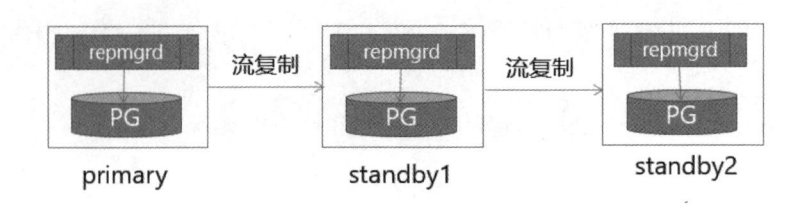

图 7-7　级联流复制架构示意图

如图，如果 primary 节点宕掉，standby1 节点优先 promote 成 primary 节点，standby2 节点不受影响；

如果 standby1 节点宕掉，则 standby2 节点会尝试连接 standby1 的 upstream 节点 primary。

3.2.6　常用命令

repmgr primary register：初始化 repmgr 安装并注册 primary 节点。该命令需要在注册备库之前执行。使用 --dry-run 选项，可以检测注册主节点时会发生什么，但是不会进行实际的注册操作。

repmgr standby clone：该命令会从另一个 pg 节点中克隆一个 pg 节点，通常是从 primary 节点，也可以从集群中任意其他节点或从 Barman 中克隆。该命令会创建一个 recovery.conf 文件，用于将该克隆节点附加到 primary 节点（或另一个 standby）。repmgr standby clone 不会启动 standby，在克隆之后，必须执行 repmgr standby register 来告知 repmgr 它的存在。

repmgr standby register：repmgr standby register 将一个备机的信息添加到 repmgr 元数据中。需要执行此命令，以 promote/follow 操作，并允许 repmgrd 与节点一起工作。可以使用此命令注册一个现有的备库。可使用 --dry-run 选项。

repmgr standby promote：提升一个备库为主库。如果当前的主服务已经失败，那么可以将备库提升为主库。这个命令需要提供一个有效的备用 repmgr.conf 文件，可以使用 -f/--config-file 显式指定，若位于默认位置，则不需要额外的参数。如果升级成功，服务器将不需要重新启动。

repmgr standby switchover：执行 switchover，该命令必须运行在要提升为 primary 的 standby 上，需要无密码 ssh 连接到当前的 primary。如果有其他备端连接到当前的 primary，可通过指定 --siblings-follow 将这些备端附加到新的 primary 上。

repmgr witness register：将 Witness 节点记录添加到 repmgr 元数据中，如果必要的话，可以通过安装 repmgr 扩展复制 repmgr 元数据来初始化 Witness 节点。启用带有 repmgrd 的 Witnss server 时需要执行该命令。执行时，也必须提供集群主服务器的连接信息。repmgr

将自动使用在 Witness 节点的 repmgr.conf 中定义的 conninfo 字符串中定义的 user 和 dbname 值，如果没有显式地提供这些信息。

repmgr node status：显示一个节点的基本信息和复制状态。

repmgr node check：从复制的角度对节点执行一些健康检查。

repmgr cluster show：显示复制集群中每个注册节点的信息。该命令对每个注册服务器进行轮询，并显示其角色和状态。

总结

PostgreSQL 的高可用（HA）与容灾体系以冗余设计和自动化运维为核心，通过多节点协作与智能故障转移机制保障业务的连续性。其基础架构比较简单，通常由流复制或逻辑复制，配合自动故障转移软件实现，也可增加负载均衡软件，提高系统的吞吐能力。

流复制技术，基于 WAL 的物理流复制是 HA 的基础，主节点实时传输 WAL 至备节点，支持同步（强一致性）或异步（高性能）模式。

逻辑复制针对表级数据同步，支持跨版本或异构数据库场景。

自动故障转移工具，如 Patroni 与分布式配置存储（如 Etcd）结合，实现秒级主备切换。

负载均衡，如 Pgpool-II 或 HAProxy 分发读请求至备库，同时维护连接池，缓解主库压力。

PostgreSQL 的高可用与容灾体系需综合技术选型与业务场景，从基础的流复制到云原生深度优化，形成多层次保障机制，为企业提供稳定、高效的数据服务基座。

第八章
常用插件

1. 地理信息系统 GIS

地理信息系统（Geographic Information System, GIS）是以地理空间数据为核心研究对象，依托计算机硬件、软件及空间分析理论构建的技术体系，通过对空间数据（如坐标、拓扑关系）与属性数据（如社会经济指标、环境参数）的系统化采集、存储、管理、分析与可视化，揭示地理要素的分布规律、动态关联及复杂空间效应。其本质是通过数字化建模将现实世界抽象为多层次空间对象（点、线、面、体），并基于坐标系、投影系统与数据模型（矢量、栅格）实现地理现象的可计算化表达。GIS核心技术涵盖空间数据库架构、地理编码、拓扑分析、空间插值及网络分析等，支持从微观地块到全球尺度的多维度研究，其功能延伸至数据集成（融合遥感影像、传感器网络、社交媒体等多源异构数据）、动态模拟（时空序列预测及三维场景重建）与决策优化（空间权重建模及多准则评估）。在应用层面，GIS通过构建空间分析模型解决资源分配、环境监测、灾害风险评估、土地利用规划及基础设施管理等跨领域问题，例如通过缓冲区分析识别生态敏感区，利用叠加分析优化城市功能区布局，或借助网络分析提升应急响应效率。其作用机制不仅体现在空间关系的量化解析，还通过交互式地图仪表盘、时空立方体及虚拟现实（VR）可视化技术，将复杂空间信息转化为直观决策依据，从而为政府治理、科学研究与商业运营提供高精度空间智能支持，推动智慧城市、碳中和规划及全球可持续发展目标的实现。

1.1 GIS 数据类型

GIS 数据文件、数据库、WebGIS Service 等都可以作为 GIS 数据源。而具体使用哪种方式需要考虑保密要求、业务逻辑、只读不写、频繁读写等。目前常见的 GIS 数据文件类型有 Shapefile、ESRI File Geodatabase、GeoTIFF、CAD、GeoJSON 等。

1.1.1 Shapefile

一个完整的 Shapefile 文件，包含多个同名但不同后缀的文件：.shp 文件存储地理空间几何图形信息，如点、线、面等；.shx 文件存储索引信息，帮助快速查找和读取 .shp 文件中的几何图形数据；.dbf 文件存储属性数据，以类似于电子表格的形式存储各个地理要素的属性信息，如名称、面积、人口等；.prj 文件存储空间参考信息，描述了地理空间数据的投影和地理参考系统（CRS）信息。

Shapefile 支持多种地理几何类型，包括点（Point）、线（Polyline）、多边形（Polygon）、多点（Multipoint）、多线（Multiline）和多面（Multipolygon）等。

Shapefile 是一种跨平台的数据格式，可以在各种 GIS 软件和平台上使用和处理。Shapefile 采用了简单的文件结构，易于理解和处理，适合存储小型到中等规模的地理空间数据。由于其普及程度和兼容性，Shapefile 被广泛应用于地图制图、空间分析、地理数据交换等领域。

1.1.2 ESRI File Geodatabase

ESRI File Geodatabase（简称 File GDB）是由 ESRI（Environmental Systems Research Institute）开发的一种地理数据库格式，用于存储和管理大规模的地理信息数据。

File GDB 以单个文件夹的形式组织数据，包含多个文件和文件夹。数据文件通常以 .gdb 文件扩展名结尾，其中包含所有的地理数据、属性数据和元数据。

File GDB 支持存储各种类型的地理空间数据，包括点、线、面等几何要素，同时也支持存储复杂的关系型属性数据；支持存储复杂的数据模型，包括拓扑关系、网络数据集、地理编码等，能够满足各种地理数据管理需求。

File GDB 采用了先进的数据存储和索引技术，具有较高的性能和稳定性，适合存储大规模的地理信息数据；支持多用户并发访问，可以在多个用户之间共享和编辑地理数据，保证数据的一致性和完整性。

File GDB 与 ESRI 的 ArcGIS 软件集成紧密，提供了丰富的地理数据管理和分析工具，可以进行数据导入导出、数据编辑、空间分析等操作。ArcGIS 软件提供了数据模型设计工具，可以根据实际需求设计和管理 File GDB 的数据模型。

1.1.3 GeoTIFF

GeoTIFF（Georeferenced Tagged Image File Format）是一种基于标签的图像文件格式，它结合了地理空间信息和栅格图像，使得图像能够包含地理坐标和地理参考信息。

GeoTIFF文件实际上是一个标准的TIFF文件，但附带了额外的地理信息标签(Geotags)。这些Geotags包含了地理空间信息，如地理坐标、地理投影、像素分辨率等。

GeoTIFF支持各种类型的栅格数据，如卫星影像、地形数据、遥感数据等。可以存储单波段或多波段的图像数据，每个波段可以包含不同的信息，如红色、绿色、蓝色通道等。

GeoTIFF能够存储图像的地理参考信息，使得图像可以与地理空间信息进行关联，方便地理信息系统（GIS）的使用。GeoTIFF格式可以在不同的GIS软件和平台上使用，具有很好的兼容性。GeoTIFF文件可以保持栅格数据的原始完整性，包括地理坐标信息和属性信息。

1.1.4 CAD

CAD（Computer-Aided Design）在工程设计、机械制造等行业有着举足轻重的地位，在GIS行业同样扮演着重要角色。

GIS通常使用不同的数据格式和结构来存储地理信息数据，而CAD文件是一种常见的数据格式，包含了丰富的地理空间信息。GIS软件提供了将CAD文件导入的功能，通过这个功能可以将CAD文件中的地理信息数据与GIS中的数据集成起来，从而实现不同数据源之间的转换和交互。

CAD文件中包含了丰富的地理信息，如点、线、面等地理要素，以及它们的属性信息。在GIS中，可以通过导入CAD文件获取这些地理数据，这些数据可以用于地图制作、空间分析、规划设计等方面。

CAD文件中的地理信息可以与GIS中的数据进行空间分析和规划设计。例如，在城市规划中，可以利用CAD文件中的建筑物信息与GIS中的地形数据进行交互分析，评估城市建设对地形的影响；在管网设计中，可以将CAD中的管道信息与GIS中的地貌数据结合起来，进行管网布局和优化设计。

将CAD文件中的地理信息导入GIS中，可以利用GIS软件提供的地图制作和数据可视化功能，将CAD数据与其他GIS数据进行叠加显示，生成直观清晰的地图，用于展示和交流。

GIS中的CAD数据也可以用于数据管理和更新。通过将CAD文件中的数据导入GIS数据库，可以实现对数据的统一管理和更新，确保数据的准确性和一致性。同时，也可以将GIS中的数据导出为CAD格式，供CAD软件使用，实现数据的互操作性。

1.1.5 GeoJSON

GeoJSON 是一种用于表示地理空间数据的开放格式。它基于 JSON（JavaScript Object Notation）格式，并被广泛应用于地理信息系统（GIS）和地图可视化领域。

GeoJSON 文件由一个包含几何对象或特征集合的 JSON 对象组成。它支持多种几何类型，包括点、线、面以及它们的集合。GeoJSON 中的 Feature 是一个包含几何对象和属性信息的组合。每个 Feature 可以包含一个几何对象和相关属性，例如名称、类型、标识符等。多个 Feature 可以组成一个 FeatureCollection，它是一个包含多个特征的 JSON 对象数组。GeoJSON 支持在 Feature 中添加属性信息，这些属性可以是任意的键值对，用于描述 Feature 的相关信息，如名称、标签、唯一标识符等。

GeoJSON 广泛应用于 Web 地图开发、GIS 数据交换、地理空间分析等领域。它可以被各种 GIS 软件（如 QGIS、ArcGIS）、地图 API（如 Leaflet、Mapbox）和数据平台支持和使用。

除了以上 GIS 数据文件，PostGIS 中将 GIS 要素定义为 Point、LineString、Polygon、MultiPoint、MultiLineString、MultiPolygon，每一个图层（数据库表）中都指定了当前图层是哪一种类型。根据视图 geometry_columns（平面）也可以查询当前数据库下的所有 GIS 图层信息。GIS 数据字段在 PostsgreSQL 中使用 geometry 类型保存，通过函数转换为字符模式 JSON 格式展示。

1.2 PostGIS

PostGIS 是 PostgreSQL 的官方默认空间数据库扩展（EXTENSION），被公认为行业标准。它最初由 Refractions Research 开发，现作为开源项目，由全球开发者社区协作维护。PostGIS 提供了许多 Oracle Locator/Spatial 和 SQL Server 不具备的功能。结合其易用性、兼容性及低使用成本，PostgreSQL 与 PostGIS 的组合已成为空间数据库领域的主流解决方案。

PostGIS 通过向 PostgreSQL 数据库添加几何、地理、栅格等空间数据类型，以及与这些类型相关的函数、运算符和索引增强功能，显著提升了空间数据处理能力。核心功能包括：

● 矢量和栅格数据处理：支持矢量和栅格数据的处理与分析，包括拼接、切块、变形、重分类，以及通过 SQL 进行数据的收集与合并。

● 数据导入导出：支持通过命令行和图形用户界面（GUI）工具导入和导出 ESRI Shapefile 矢量数据，并借助第三方开源工具扩展对更多数据格式的支持。

● 栅格数据导入：提供命令行工具以从多种标准格式（如 GeoTIFF、NetCDF、PNG、JPG 等）导入栅格数据。

● 文本格式支持：支持使用 SQL 渲染和导入标准文本格式（如 KML、GML、GeoJSON、GeoHash 和 WKT）的矢量数据。

- **栅格数据渲染**：支持使用 SQL 渲染多种标准格式（如 GeoTIFF、PNG、JPG、NetCDF 等）的栅格数据。
- **栅格/矢量交互功能**：提供无缝的栅格与矢量 SQL 可调用函数，支持按几何区域拉伸像素值、运行区域统计、裁剪栅格及矢量化栅格等操作。
- **高级功能**：支持 3D 对象、空间索引及网络拓扑等功能。

这些功能满足了空间数据库的广泛需求。

PostGIS 的强大功能还得益于其对众多开源项目的充分利用，其中 GDAL（Geospatial Data Abstraction Library）尤为重要。GDAL 作为地理空间数据抽象库，在 GIS 领域具有基础性地位，几乎所有与 GIS 相关的项目都与 GDAL 存在关联。

PostGIS 与 PostgreSQL 版本的对应关系在官网有具体描述，建议选择与 PostgreSQL 版本匹配的最新稳定的小版本（即最后一个小版本）。从 2.x 迁移到 3.x 时，由于 PostGIS 3.0 开始将栅格功能分离到独立的 postgis_raster 扩展，因此需要额外创建该扩展。PostGIS 提供的栅格功能包括 150 多个函数和多种类型，支持按需安装。

PostGIS 自带的扩展包括 postgis、postgis_raster、postgis_topology、postgis_tiger_geocoder、postgis_sfcgal。安装完成后，通过在数据库中执行"CREATE EXTENSION extension_name;"即可加载相应的扩展。加载后，数据库中会新增大量由 PostGIS 创建的表、视图、函数、索引等对象，这些对象是空间数据处理功能所必需的，也是 GIS 软件操作的标准步骤。特别需要关注的数据库对象包括视图 geometry_columns、geography_columns 以及相关函数。其中，geometry_columns 是平面空间数据的统计视图，geography_columns 是球面空间数据的统计视图。此外，spatial_ref_sys 视图汇总了超过 3000 种空间参考系统，国际通用的空间参考系统为 WGS84（代码 4326），而国内常用的是 CGCS2000（代码 4490）。在存储 GIS 数据时，必须指定空间参考系统，否则数据将无法正确定位和使用。

创建扩展及相应的数据库对象后，即可利用 PostgreSQL 中的 SQL 语句操作 GIS 数据。例如，可以查询几何字段的空间参考系统，增加几何字段，使用指定空间参考系统的坐标创建点，为几何图形设置空间参考，计算两个几何图形是否相交，计算几何图形的几何中心，围绕原点、X、Y、Z 轴旋转几何图形，截取线串的一部分等。这些功能能够全面满足 GIS 应用系统的需求。

PostGIS 还提供了用于 GIS 数据导入导出的命令行工具，包括 shp2pgsql、pgsql2shp 和 raster2pgsql。其中，shp2pgsql 用于将 shp 文件中的 GIS 数据导入 PostgreSQL 数据库，并支持通过不同参数实现多种功能。

```
# 将 Shapefile 转换为适配 PostGIS 的 SQL 脚本，并导入到 PostgreSQL 数据库中
shp2pgsql
–s 2249
neighborhoods public.neighborhoods > neighborhoods.sql
psql –h ip –d gisdb –U user –f neighborhoods.sql
```

pgsql2shp 从 PostgreSQL 中导出 GIS 数据到 shp 文件，可以使用不同的参数实现不同的功能。

```
# 导出查询结果集的数据
pgsql2shp –f "/path/shp"
–h ip –u user –P apgpassword
gisdb
"SELECT neigh_name, the_geom FROM neighborhoods WHERE neigh_name = 'Jamaica Plain'"


# 导出某张表的数据
pgsql2shp –f "/path/streets"
–h ip –u user –P apgpassword
gisdb ma.streets
```

raster2pgsql 将栅格数据导入 PostgreSQL 数据库，可以使用不同的参数实现不同的功能。

```
# 将栅格文件（*.tif）转换为 PostGIS 可识别的 SQL 脚本
raster2pgsql
–s 4326
–I –C –M –F –t 100x100 *.tif public.demelevation > elev.sql
psql –d gisdb –f elev.sql
```

对比以上命令行工具，GDAL 在实际应用中最为广泛且受欢迎。GDAL 是一款遵循 MIT 开源协议的用于栅格和矢量数据格式转换的工具库。其能够支持的 GIS 数据格式众多，栅格和矢量格式相加超过 250 种。

GDAL 还支持各种开发语言，包括 C、C++、Python、Java、Go、Julia、Lua、Node.js、Perl、PHP、R、Rust 等。可以使用我们擅长的开发语言使用 GDAL 处理 GIS 数据，当然各开发语言还有其他的 GIS 工具，比如 Java 中的 geotools 等，这些工具可以满足基本的 GIS 数据处理需求。

命令行工具和开发语言接口在使用时都需要一定的技术门槛，比如需要进行空间参考

转换、指定空间参考、数据类型处理等，出现的意外情况也比较多，需要各个参数配合去修复或避免问题或捕获这些问题，这需要大量的 GIS 数据处理经验。相比于命令行工具，桌面工具可能更方便，因为这些工具已经对可能出现的意外进行了提前预判与处理。其他的几款常和 PostGIS 组合的开源 / 商业软件有 ArcGIS、QGIS、GeoServer 等。

● ArcGIS 作为一款商业软件，在使用方面存在一定限制，最高支持 PostgreSQL 12，若需使用更高版本的 PostgreSQL，则需要升级到 ArcGIS Pro。

● QGIS 是一款开源的地理信息系统软件，在功能层面与 ArcGIS 具有一定的相似性，能够在一定程度上满足用户的常规需求，但与 ArcGIS 相比，其功能覆盖范围相对有限，性能表现也稍逊一筹。但 QGIS 具备良好的跨平台特性，支持 Linux、macOS、BSD、移动设备等多种操作系统，并且其开源的特性使得用户可以根据自身的业务逻辑进行插件化开发，从而实现定制化功能。在国内 GIS 技术不断发展的背景下，考虑到技术成本、软件灵活性以及开源优势等多方面因素，国内越来越多的厂商逐渐将技术路线从 ArcGIS 转向 QGIS，以更好地适应业务发展需求和降低技术成本。

● GeoServer 是一款开源的 WEB GIS 服务软件，本质是在 WEB 容器中运行的一套 WEB 应用系统，主要用于对外提供基于标准规则协议的 WEB 服务接口，实现与外界的数据交互功能。在实际应用中，当这些标准接口无法满足特定的业务需求时，GeoServer 还可以从数据库或数据文件等其他数据源获取数据，以此来拓展其数据交互能力和业务适配范围。

目前，基于上述软件或工具开发的软件及工具种类繁多。在开展 GIS 应用系统开发工作时，依据具体的业务需求，同时结合自身所具备的技术能力，挑选最为适宜的组合予以应用，以确保系统开发的高效性、稳定性和功能性，充分满足项目要求，推动 GIS 技术在各领域的深入应用与发展。

1.2.1　pgRouting

pgRouting 是 PostgreSQL 数据库下基于 PostGIS 的扩展模块，能够为地理空间路由和路径网络分析提供专业的功能支持。以送货员的日常工作场景为例，若送货员每天需要为不同的经销商配送货物，通常会凭借以往的送货经验对送货路线和顺序进行规划。在规划过程中，除了基本的路程长度外，还需综合考虑路况拥堵程度、经销商的收货时间要求、装卸货的便捷性等多方面因素。而 pgRouting 正是能够协助送货员更科学、高效地完成送货路线规划的有力工具。在 pgRouting 的分析体系中，所有影响送货路线规划的因素均可量化为"成本（cost）"。成本估算得越精准，所规划出的路线就越契合实际需求，从而显著提升送货效率。

pgRouting 主要致力于解决各类路径规划问题，常见的应用场景包括：（1）从起点出发，依次经过多个指定地点，最终返回起点的循环路径规划；（2）从起点出发，依次经过多个指定地点，最终到达终点的单程路径规划；（3）为两点之间提供多条备用路径选择，以应对不同路况或需求变化的情况。

下面是一个简单的路径网络规划的实现示例。

准备数据

准备数据，增加计算 cost 相关的字段。添加 source、tartget、cost、reverse_cost 字段；source、tartget 字段是创建道路数据拓扑关系需要的; cost、reverse_cost 是成本估算值（权重）。

```
osm_db=# alter table planet_osm_roads_test
add column source int;
osm_db=# alter table planet_osm_roads_test
add column target int;
osm_db=# alter table planet_osm_roads_test
add column cost float;
osm_db=# alter table planet_osm_roads_test
add column reverse_cost float;
```

创建拓扑关系

```
osm_db=#SELECT pgr_createTopology(
'planet_osm_roads_test',
0.001,
'way',
'osm_id'
);
--生成了新表：planet_osm_roads_test_vertices_pgr，DDL 如下：
CREATE TABLE public.planet_osm_roads_test_vertices_pgr (
id bigserial NOT NULL,
cnt int4 NULL,
chk int4 NULL,
ein int4 NULL,
eout int4 NULL,
the_geom public.geometry(point, 4326) NULL,
CONSTRAINT planet_osm_roads_test_vertices_pgr_pkey PRIMARY KEY (id)
 );
```

设置道路通行成本

```sql
-- 双向都可通行时，为计算简单，这里的成本为道路长度
update planet_osm_roads_test
set cost=st_length(way),reverse_cost=st_length(way)
where oneway is null;

-- 道路实际方向与数据方向一致时，反向成本设置无限大
update planet_osm_roads_test
set cost=st_length(way),reverse_cost=999999999999
where oneway='yes';

-- 道路实际方向与数据方向相反时，正向成本设置无限大
update planet_osm_roads_test
set cost=999999999999,reverse_cost=st_length(way)
where oneway='-1';

-- 禁止通行时，正向、反向成本都设置无线大
update planet_osm_roads_test
set cost=999999999999,reverse_cost=999999999999
where oneway='no';
```

点到点的路径网络规划

```sql
-- 从数据中选取两个点，规划这两个点之间的路径导航
select * from planet_osm_roads_test_vertices_pgr
where id in(
select node
  from pgr_dijkstra(
  'select osm_id as id, source, target, cost
from planet_osm_roads_test',
251,
762,
true
) order by path_seq
);
```

多点到一点的路径网络规划

```
-- 从数据中选取三个点，规划两个点分别到第三个点之间的路径导航
select * from planet_osm_roads_test_vertices_pgr
where id in(
select node
from pgr_dijkstra(
    'select osm_id as id , source, target, cost
from planet_osm_roads_test',
ARRAY[1043, 762],
251,
true
) order by path_seq
);
```

本节的例子，展示了 pgRouting 的功能和其在生活中的应用。但实际在进行路径网络规划时需要考虑的因素非常多，如道路施工、交通事故、车道数量等。

1.2.2 pgPointcloud

pgPointcloud 是一款功能强大的工具，适用于处理大规模点云数据的多种应用场景。它与 PostGIS 结合后，可用于管理与查询大型地理信息系统数据集，包括处理激光扫描数据、三维城市模型、遥感图像等地理空间数据。在高精度地形建模方面，pgPointcloud 能够生成数字高程模型（DEM）和数字地形模型（DTM），广泛应用于土地规划、水文学和环境科学领域。此外，在建筑、考古学、城市规划以及基础设施管理等领域，该工具可用于存储、查询和分析激光扫描及点云数据。

pgPointcloud 作为一种多功能工具，覆盖了地理信息、工程、环境科学、文化遗产保护等众多领域，能够有效管理和分析点云数据，从而为决策与规划提供有力支持。它提供了存储、查询及处理点云数据的能力，将点云数据存储于 PostgreSQL 数据库中，并配备了一套 SQL 函数和操作符，方便进行点云数据的查询、分析与可视化。借助 PDAL 工具，可将 LIDAR 点云数据加载至 PostGIS 中，并与矢量、栅格等其他地理空间数据实现良好集成。

pgPointcloud 采用基于二进制格式的点云数据类型，支持存储和索引多维度点云数据，可将点云数据以结构化形式存入 PostgreSQL 数据库。其扩展（EXTENSION）包含丰富的 SQL 函数和操作符，可用于执行点云数据查询，满足特定分析需求，能够对点云数据进行过滤、聚合与分析。为提升查询速度，pgPointcloud 支持基于坐标维度创建空间索引，优化空间查询效率，可快速执行范围查询、近邻查询等操作。

pgPointcloud 的编译安装比较简单。

```
./configure
--prefix=/home/postgis/postgis/pointcloud-1.2.4
--with-pgconfig=/home/postgis/pg15.4/bin/pg_config
--with-xml2config=/usr/bin/xml2-config
make && make install
```

编译安装完毕，在 PostgreSQL 中创建 EXTENSION。

```
postgis=# create extension pointcloud;
CREATE EXTENSION
postgis=# create extension pointcloud_postgis ;
CREATE EXTENSION
```

创建 EXTENSION 后，pgPointcloud 会在数据库中生成相应的数据库对象及相关功能函数。其中，表 pointcloud_formats 用于记录 pcpoints 内容的元数据信息；视图 pointcloud_columns 则用于统计当前数据库下 pgPointcloud 字段的相关信息。

pgPointcloud 提供了两个核心的数据类型 pcpoint 和 pcpatch。这两种数据类型属于 pgPointcloud 扩展的组成部分，它们为 PostgreSQL 数据库添加了对点云数据的支持功能，从而使得数据库具备存储、查询以及分析点云数据的能力。这对于地理信息系统（GIS）、地图制图、三维建模等众多需要运用点云数据的领域而言具有重要的应用价值。pcpoint 是 pgPointcloud 中用于表示单个点的数据类型，每一个 pcpoint 都包含了点的坐标信息以及可选的附加属性信息，通常用于表征点云中的离散个体点，一般情况下，点云数据由大量的这样的点构成。pcpatch 则用于表示点云数据当中一组具有相关性的点的集合，其包含了这些点集合的几何信息（通常表现为一个平面），以及可选的附加属性信息。在点云数据的分析与处理过程中，pcpatch 能够协助组织和描述点云中的局部结构，比如地面、建筑物等特征。

pgPointcloud 配备了大量函数，以实现对点云数据的管理、分析以及可视化等操作。这些函数能够协助用户执行各种与点云数据相关的操作，涵盖数据的导入、导出、查询、空间分析、统计以及索引等多个方面。同时，借助这些函数，PostgreSQL 数据库还能够完成更为复杂的地理信息系统（GIS）任务，例如地形建模、建筑物识别、地理空间分析等。其中，与 pcpoint 相关的功能函数可用于创建、导入、拆分以及合并 pcpoint 数据类型，从而便捷地处理单一的点云数据。

pcpatch 功能函数主要用于处理点云集合数据，这些函数能够实现 pcpatch 数据的创建、汇总、过滤和排序等操作，从而有效地对点云数据进行处理与分析，在地理信息系统（GIS）、地图制图、地形建模、建筑物识别等专业领域具有显著的应用价值。

WKB 相关功能函数，在 pgPointcloud 中可以轻松地进行 WKB 格式的点云数据的输入、输出和转换，以与其他地理信息系统工具和数据库系统进行交互，包含的函数如下表所示。

表 8-1　环境配置

函数名	函数含义
PC_AsBinary	将 pcpoint 数据转换为二进制格式
PC_EnvelopeAsBinary	返回 pcpatch 2D 几何体边界的二进制值
PC_BoundingDiagonalAsBinary	返回 pcpatch 2D 几何体边界对角线的二进制值

PostGIS 相关功能函数使 pgPointcloud 和 PostGIS 能够进行数据转换和交互，从而在地理空间查询和点云数据分析之间建立连接，这在需要同时处理地理空间数据和点云数据的应用程序中非常有用。

PDAL（Point Data Abstraction Library）是一款用于处理点云数据的开源工具库，可用于点云数据的导入、转换、处理和导出操作。它提供了多种功能和工具，以便有效管理和操作点云数据。在处理 pgPointcloud 数据时，可供选择的工具众多，而 pgPointcloud 官方文档推荐使用 PDAL。在 PDAL 中，Readers 是用于读取不同类型数据的模块，能够将点云数据加载到 PDAL 的处理管道中，支持的数据类型涵盖 buffer、ept、e57、gdal、las、pgpointcloud、text、tiledb 等 30 多种。Writers 则是用于将处理后的点云数据写入不同类型的输出文件或数据源的模块，允许用户将经过滤波、变换及其他处理的点云数据保存至磁盘或上传至云存储，以供进一步分析、可视化或共享，支持的输出类型包括 las、ogr、pgpointcloud、ply、raster、text 等 20 余种。

PDAL 可用于将各种格式的点云数据导入 pgPointcloud 数据库中，所有上述支持的数据类型均能转换为 pgPointcloud 数据格式，以便进行数据库查询和分析。PDAL 与 PostgreSQL 数据库及 pgPointcloud 扩展深度集成，从而使用户能够更高效地管理和分析点云数据，满足多样的地理信息与地理空间分析需求。

下面的示例 1 和示例 2 分别展示了 PDAL 读取 pgPointcloud 数据并转换成 text 数据的配置和读取 las 数据并导入 pgPointcloud，存放在 PostgreSQL 中的配置。示例 3 展示了 PDAL 导入 las 数据到 pgPointcloud 的完整过程。

```
#示例1：读取 pgpointcloud 数据转换成 text 数据的配置
[
    {
        "type":"readers.pgpointcloud",
```

```
      "connection":"dbname='lidar' user='user'",
      "table":"lidar",
      "column":"pa",
      "spatialreference":"EPSG:26910"
   },
   { "type":"writers.text", "filename":"output.txt" }
]
```
#示例2：读取las数据导入pgpointcloud，存放在PostgreSQL中的配置
```
[
   {
      "type":"readers.las",
      "filename":"inputfile.las",
      "spatialreference":"EPSG:26916"
   },
   {
      "type":"writers.pgpointcloud",
      "connection":"host='ip' dbname='db' user='user'",
      "table":"example",
      "compression":"dimensional",
      "srid":"26916"
   }
]
```
#示例3：使用PDAL导入las数据到PostGIS，步骤如步骤（1）~（3）所示
步骤（1）安装PDAL
```
cmake
-DCMAKE_INSTALL_PREFIX=/home/postgis/PDAL
-DGDAL_INCLUDE_DIR=/home/postgis/gdal-3.5.1/include
-DGDAL_LIBRARY=/home/postgis/gdal-3.5.1/lib/libgdal.so
-DGEOTIFF_LIBRARY=/home/postgis/libgeotiff-1.7.1/lib/libgeotiff.so
-DGEOTIFF_INCLUDE_DIR=/home/postgis/postgis/libgeotiff-1.7.1/include
-DPROJ_INCLUDE_DIR=/home/postgis/postgis/proj-9.0.0/include
..
```

```
    make
    make install

## 步骤（2）编写导入配置文件
[root@localhost postgis]# vi pdal.json
{
  "pipeline": [
    {
      "type": "readers.las",
      "filename": "import.las"
    },
    {
      "type": "writers.pgpointcloud",
        "connection": "dbname='postgis' host='127.0.0.1' port='7432' user='postgis' password='postgresql123'",
        "table": "tbl_las"
    }
  ]
}
## 步骤（3）导入数据
pdal pipeline –i pipeline_single.json
```

pgPointcloud 提供了一种在 PostgreSQL 数据库中高效存储点云数据的方法。它将一组点（pcpoints）组织为 pcpatch，这种数据组织方式能够实现高效的数据压缩。每个 pcpatch 都具有一个边界框，该边界框在 PostGIS 的空间功能中可以显著提升查询性能。pgPointcloud 已经在一个包含 50 亿个点的点云数据集上实现了毫秒级的快速查询，尤其在将数据加载到数据库中、启用自动数据压缩以及基于空间或其他属性进行查询的场景下，能够展现出较高的查询性能。然而，在数据输出和数据基本转换等场景中，其性能相对较慢；在数据导出时，每秒仅能导出大约 10 万个点；若数据基本转换涉及空间参考系的转换，则会对系统性能构成较大挑战。

2. 分布式插件 Citus

Citus 是 PostgreSQL 的高性能分布式扩展插件，通过透明分片和并行查询机制将单机数据库转换为分布式集群，支持水平扩展至 PB 级数据处理。其架构采用协调节点（Coordinator）与工作节点（Worker）的协同模式，协调节点负责元数据管理和查询路由，工作节点存储分片数据并执行本地运算，支持哈希分片、范围分片等多种数据分布策略。该插件完整保留 PostgreSQL 的 SQL 语法生态，兼容 JSONB、地理位置等数据类型，提供跨节点 JOIN 优化、分布式事务（基于两阶段提交）和行列混合存储能力，OLTP 场景下可承载百万级 QPS，OLAP 场景通过列存压缩提升实时分析效率。

GitHub 地址：https://github.com/Citusdata/Citus

官方地址：https://www.Citusdata.com/

开发团队：Citus Data

开源协议：AGPL-3.0 license

Citus 版本：12.1.0

2.1 安装与配置

Citus 与 PostgreSQL 的版本有对应关系，需要根据 PostgreSQL 版本下载相应的 Citus 版本。下载地址 https://github.com/Citusdata/Citus/releases。编译安装过程如下所示。

```
## 安装依赖
yum install -y libcurl libcurl-devel
yum install -y autoconf automake libtool
yum install -y lz4 lz4-devel
yum install -y zstd libzstd-devel
## 编译安装 Citus 源码
tar -zxvf Citus-12.1.0.tar.gz
cd Citus-12.1.0/
./autogen.sh
./configure
make
make install
```

Citus 安装之后，需要在数据库中创建插件，首先在数据库的参数 shared_preload_libraries 中添加 Citus，必须把 Citus 放在开头位置。

```
shared_preload_libraries = 'Citus,xxx,xxx'
```

重启数据库，使用超级用户创建 Citus 插件。

```
create extension Citus;
```

创建的插件如下所示：

```
db_Citus=# \dx Citus*
            List of installed extensions
    Name        | Version |       Description
----------------+---------+-------------------------------
 Citus          | 12.1-1  | Citus distributed database
 Citus_columnar | 11.3-1  | Citus Columnar extension
```

列存储插件 Citus_columnar 也被创建了，它集成到了 Citus 插件中，用于数据压缩和提高存储、读取的性能。

Citus 插件创建完成后，需要选取协调节点和工作节点，搭建一个分布式集群，才能实现分库分表功能。多节点集群部署示例：

```
-- 设置协调节点
SELECT Citus_set_coordinator_host('1.0.0.1', 5432);
-- 添加工作节点
SELECT Citus_add_node('1.0.0.2', 5432);
SELECT Citus_add_node('1.0.0.3', 5432);
```

Citus 分布式集群搭建完成后，在协调节点就可以创建分布式表，对数据库进行分库分表。

2.2 分库分表功能

Citus 分布式集群搭建完成后，为充分发挥分布式集群的优势，需对数据进行分片处理。分片是数据库系统与分布式计算领域中的一种关键技术，它能够将大型数据库或数据集水平划分为多个更小、更易于管理的部分，即分片（shard），这些分片分布于多个服务器或节点之上，每个分片包含数据的一个子集，所有分片共同构成完整的数据集。

Citus 提供了两种数据分片方式，即基于行的分片和基于模式的分片。这两种分片方式各自具有独特的优势和特点，适用于不同的应用场景和需求。

基于行的分片

基于行的分片是将表的数据依据特定规则进行水平分割，生成的数据分片被分布到各个工作节点。具体而言，基于行的分片需要选定一个表字段作为分布列，随后根据选定的分布策略，将普通表转换为分布式表。这样的设计可以使数据均匀分布在整个集群中，优化查询性能并提高系统的扩展性。

创建分布式表，用到的函数是 create_distributed_table，该函数可以在本地或跨工作节点对表进行透明分片。该函数的参数如下：

- table_name：必选项，需要进行分片的表名。
- distribution_column：必选项，分布列，一般选择数值型字段作为分布列。
- distribution_type：可选项，分布类型，值有 hash、range、append，默认是 hash。
- colocate_with：可选项，配置具有相同分布列（分布列的类型、分片数量和副本数量相同）的表名，配置后会以相同的 hash 值范围进行分片，相同范围的分片会被分布到同一个工作节点上，这样可以在分布式表之间启用高性能的分布式连接和外键。
- shard_count：可选项，分片数量默认值是 32。创建的分片都会有副本，副本的数量取决于参数 Citus.shard_replication_factor，默认值为 1。

示例如下：

```
CREATE TABLE events (
device_id bigint,
event_id bigserial,
event_time timestamptz default now(),
data jsonb not null,
PRIMARY KEY (device_id, event_id)
);
-- 分布式列必须包含在主键中，否则创建分布式表失败
CREATE TABLE devices (
device_id bigint primary key,
device_name text,
device_type_id int
);
--1) 仅指定表名和分布列，其他参数使用默认值
SELECT create_distributed_table('events', 'device_id');
--2) 创建分布式表时，指定分片数
SELECT create_distributed_table(
'events',
'device_id',
shard_count:=2
```

```
);
-- 3）配置具有相同分布列的表名
SELECT create_distributed_table(
'devices',
'device_id',
colocate_with := 'events'
);
```

分布式表创建完成后，原表中的数据会被复制到分片中，原表中的数据变为不可见，但是仍然在磁盘上，此时需要删除原表数据释放磁盘空间，用到的函数是 truncate_local_data_after_distributing_table。

```
SELECT truncate_local_data_after_distributing_table(
$$public.events$$
);
```

在实际应用中，有的业务场景不允许读写停机，需要在线对表进行分片，例如已经运行了很长时间的 PostgreSQL 数据库，因数据量、工作负载的增大导致数据库运行缓慢，需要对某些表进行分片操作，但又不能停机。对于该种场景，Citus 提供了可以在线操作的 create_distributed_table_concurrently 函数，在该函数执行期间，应用程序可以继续进行读写操作。

create_distributed_table_concurrently 函数的参数与 create_distributed_table 函数相同，它只是增加了一个并行的功能。

分布式表创建之后，会在 Citus 的内置表中登记分布式表、分片、分片副本的信息，相关的表如下所示：

```
select * from pg_dist_partition;
-[ RECORD 1 ]--------------+------------------------------------------------------------
logicalrelid    | events
partmethod      | h
partkey         | {VAR :varno 1 :varattno 1 :vartype 20 :vartypmod -1 :varcollid 0 :varlevelsup 0 :varnosyn 1 :varattnosyn 1 :location -1}
colocationid    | 3
repmodel        | s
autoconverted   | f
```

logicalrelid：分布式表名或者引用表名。

partmethod：分布式方法，根据表的类型设定，分布式表是 h，引用表是 n。

repmodel：用于数据复制的方法，PostgreSQL 流复制方式是 s（针对分布式表），两阶段提交（用于引用表）是 t。

该表与 column_to_column_name 函数结合可以获取分布式表的分布列，如下所示：

```
SELECT logicalrelid,column_to_column_name(logicalrelid, partkey) AS dist_col_name
 FROM pg_dist_partition;
 logicalrelid | dist_col_name
--------------+---------------
 s2.t1        |
 events       | device_id
(2 rows)
```

分布列为空的表属于基于模式的分片方式。

pg_dist_shard 表存储表中各个分片的元数据。其中包括分片属于哪个分布式表的信息，以及分片的分布列统计信息。如果是哈希分布表，则是分配给该分区的哈希标记范围。这些统计信息用于在 SELECT 查询中排除不相关的分片。

pg_dist_placement 表存储分片在工作节点上的位置信息，包括分片的 ID、分片状态、所属节点以及端口等。

Citus 还提供了 undistribute_table 函数，该函数可以撤销创建分布式表或创建引用表的操作，撤销分布会将分片中的所有数据移回到协调节点上的本地表中（假设数据可以容纳），然后删除分片。示例如下：

```
select * from undistribute_table('events');
NOTICE:  creating a new table for public.events
NOTICE:  moving the data of public.events
NOTICE:  dropping the old public.events
NOTICE:  renaming the new table to public.events
 undistribute_table
---------------------

(1 row)
```

分布式表撤销之后，就变成了普通表。

基于模式的分片

基于模式的分片是一种共享数据库、独立模式，模式成为数据库中的逻辑分片。多租户应用程序可以为每个租户使用一个模式，轻松地按照租户维度进行分片。在切换租户时，无须更改查询，应用程序通常只需稍作修改即可设置适当的搜索路径。

基于模式的分片可以理解为按照一定的规则对多个模式进行分片，不同的模式被分布到不同的工作节点，模式下的所有表会分布到同一个工作节点，因为没有分布列，每个表仅有一个分片。它适用于单个数据库中有多个模式，部署单机比较耗资源、耗磁盘空间，使用 Citus 基于模式的分片可以把模式分布到多个工作节点，协调节点只负责与应用系统交互，不影响跨模式访问。

基于模式的分片没有分布列，实现函数是 Citus_schema_distribute，该函数只有一个 schemaname 参数，传入需要进行分片的模式名即可。

```
select Citus_schema_distribute('s1');
NOTICE:  distributing the schema s1
NOTICE:  Copying data from local table...
NOTICE:  copying the data has completed
DETAIL:  The local data in the table is no longer visible, but is still on disk.
HINT:  To remove the local data, run: SELECT truncate_local_data_after_distributing_table($$s1.t1$$)
......
Citus_schema_distribute

------------------------------

(1 row)
```

从示例可以看到，基于模式分片时，数据被复制到了工作节点，协调节点上的数据变为了不可见，但是仍在磁盘上。可以使用函数 truncate_local_data_after_distributing_table 删除本地数据。

基于模式分片后，可以在协调节点通过视图 Citus_schemas 和 Citus_tables、表 pg_dist_shard 和 pg_dist_partition 查看分片元数据的信息。

（1）查看被分片的模式信息。

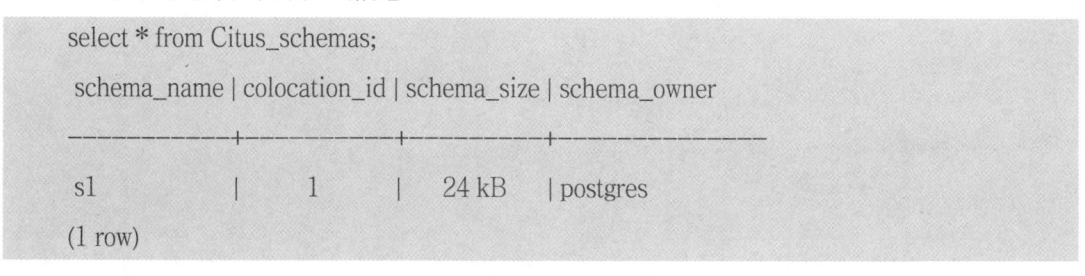

```
select * from Citus_schemas;
 schema_name | colocation_id | schema_size | schema_owner
-------------+---------------+-------------+--------------
 s1          |       1       |    24 kB    | postgres
(1 row)
```

（2）查看被分片的模式下的表的信息。

可以看到 shard_count 都是 1，基于模式分片后，该模式下的表的分片仅有一个。

```
select * from Citus_tables;
 table_name | Citus_table_type | distribution_column | colocation_id | table_size | shard_count | table_owner | access_method
------------+------------------+---------------------+---------------+------------+-------------+-------------+---------------
 s1.t1      | schema           | <none>              |             1 | 8192 bytes |           1 | postgres    | heap
 s1.t2      | schema           | <none>              |             1 | 8192 bytes |           1 | postgres    | heap
 s1.t3      | schema           | <none>              |             1 | 8192 bytes |           1 | postgres    | heap
(3 rows)
```

（3）查看基于模式分布后的表的信息。

可以看到被分片的模式下的表的类型是 n（引用表），数据复制方式是 s（流复制）。

```
select * from pg_dist_partition;
 logicalrelid | partmethod | partkey | colocationid | repmodel | autoconverted
--------------+------------+---------+--------------+----------+---------------
 t1           | n          |         |            1 | s        | f
 t2           | n          |         |            1 | s        | f
 t3           | n          |         |            1 | s        | f
(3 rows)
```

基于模式进行分片后，模式中创建的新表会自动分布到该模式所在的工作节点；在协调节点上删除模式中的表，工作节点上也会级联删除。

Citus 提供了可以撤销模式分片操作的函数 Citus_schema_undistribute，执行之后，各个工作节点的数据被迁移到协调节点，工作节点只保留模式，模式下的表被删除。

```
select Citus_schema_undistribute('s1');
```

Citus 提供了参数 Citus.enable_schema_based_sharding，用于实现基于模式的自动分片功能，其默认值为 off（禁用）。当将该参数设置为 on 时，此后在协调节点上创建的新模式会自动转换为分布式模式，其下的表会自动复制到各个工作节点，无须再执行 Citus_schema_distribute 函数来手动分布模式。示例如下：

-- 设定参数为 on

```
set Citus.enable_schema_based_sharding=on;
```

-- 创建模式和表

```
create schema s2;
```

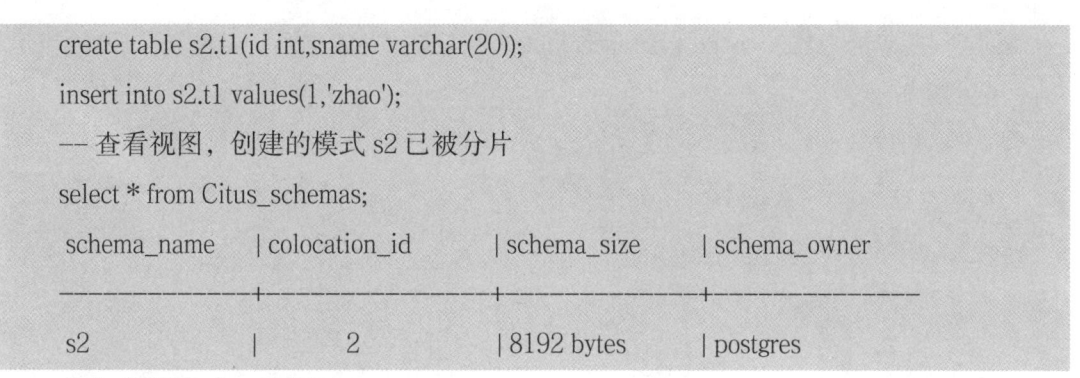

```
create table s2.t1(id int,sname varchar(20));
insert into s2.t1 values(1,'zhao');
-- 查看视图，创建的模式 s2 已被分片
select * from Citus_schemas;
 schema_name  | colocation_id  | schema_size  | schema_owner
--------------+----------------+--------------+--------------
 s2           |       2        | 8192 bytes   | postgres
```

分布式表的 size 查询

PostgreSQL 中提供了查询表大小的函数，例如 pg_table_size、pg_relation_size、pg_total_relation_size，在 Citus 集群中此函数只能获取协调节点上表的大小，而 Citus 集群中的数据都分布在工作节点（分片中），表的大小需要以分片大小的总和形式获取。为此，Citus 插件提供了辅助函数来查询表的大小。函数如下：

Citus_relation_size（relation_name）：获取表中实际数据的大小，参数可以是表名或者索引名。

Citus_table_size（relation_name）：Citus_relation_size 函数获取的实际数据大小的基础上，再加上空闲空间映射的大小和可见性映射的大小。

Citus_total_relation_size（relation_name）：Citus_table_size 函数获取的实际数据大小的基础上，再加上索引的大小。

下面是一个使用辅助函数列出所有分布式表大小的示例：

```
SELECT logicalrelid AS name,
pg_size_pretty(Citus_table_size(logicalrelid)) AS size
FROM pg_dist_partition;
```

2.3 创建引用表

分库分表的功能用到了分布式表，在 Citus 分布式集群中还有两种表，分别是本地表和引用表，本地表是和其他业务表的联合查询频次不高或者基本不做联合查询的表，它只在协调节点存储，例如应用系统的登录用户表，一般只作为登录验证使用。

引用表是比较小的普通表，与分布式表联合查询比较频繁。分布式表已经做了分片，按照一定的规则把数据拆分到了各个工作节点。为了最大限度地提高联合查询性能，可以把与分布式表联合查询比较频繁的普通表转换成引用表，复制到各个工作节点。这样在各个工作节点就可以实现本地操作，减少网络问题，同时所有工作节点上引用表存储的数据都是一样的。

创建引用表的函数是 create_reference_table，它只有一个 table_name 参数。示例如下：

```
-- 创建普通表
CREATE TABLE states (
  code char(2) PRIMARY KEY,
  full_name text NOT NULL,
  general_sales_tax numeric(4,3)
);
-- 把普通表转换为引用表，同时会把该表分布到所有节点
SELECT create_reference_table('states');
```

下面是引用表的元数据信息：

```
select * from pg_dist_partition where logicalrelid='states'::regclass;
-[ RECORD 1 ]--
---------------+--------
logicalrelid   | states
partmethod     | n
partkey        |
colocationid   | 4
repmodel       | t
autoconverted  | f
```

2.4 列式存储

PostgreSQL 采用行存储方式，数据按照行的顺序存储在磁盘上，这种存储方式适用于 OLTP（在线事务处理）应用场景，能够提高查询和更新操作的效率。然而，在某些特定场景下，例如查询特定列的数据、处理大量聚合查询和数据分析操作时，行存储的查询效率可能较低。为了解决这一问题，Citus 插件提供了列式存储功能。列式存储通过将数据按照列的顺序存储在磁盘上，可以显著提高数据的压缩率和查询效率，尤其适用于需要对特定列进行频繁查询和分析的场景。

如果想使用列式存储，创建表的时候，指定"USING columnar"。示例如下：

```
CREATE TABLE contestant (
    handle TEXT,
    birthdate DATE,
    rating INT,
    percentile FLOAT,
```

```
    country CHAR(3),
    achievements TEXT[]
) USING columnar;
```

创建后的表结构如图 8-1 所示，访问方法是列。

```
db_citus=# \d+ contestant
                                    Table "public.contestant"
   Column     |       Type        | Collation | Nullable | Default | Storage
--------------+-------------------+-----------+----------+---------+----------
 handle       | text              |           |          |         | extended
 birthdate    | date              |           |          |         | plain
 rating       | integer           |           |          |         | plain
 percentile   | double precision  |           |          |         | plain
 country      | character(3)      |           |          |         | extended
 achievements | text[]            |           |          |         | extended
Access method: columnar
```

图 8-1 列式存储表结构示例

列存储和行存储之间可以互相转换，Citus 插件提供了转换函数 alter_table_set_access_method，示例如下：

```
-- 转换成行存储 (heap)
SELECT alter_table_set_access_method('contestant', 'heap');
-- 转换成列存储 (columnar)
SELECT alter_table_set_access_method('contestant', 'columnar');
```

下面示例中创建了列存储表 perf_columnar 和行存储表 perf_row，各插入了 500 万条记录，表的大小差异比较大。

```
db_Citus=# \dt+ perf_*
                           List of relations
Schema|    Name      | Type |   Owner     | Persistence| Access method|  Size    | Description
-------+-------------+------+-------------+------------+--------------+----------+------
public  | perf_columnar| table | postgre14_4| permanent| columnar      | 644 MB  |
public  | perf_row     | table | postgre14_4| permanent| heap          | 4342 MB|
(2 rows)
```

列式存储可应用于分区表，将表按时间范围等规则分区后，把不可变的历史分区转换为列式存储表，以实现最大压缩率并减少磁盘空间占用。Citus 插件提供了 alter_old_partitions_set_access_method 存储过程，用于将时间范围分区的历史分区转换为列式存储。示例如下：

```
CALL alter_old_partitions_set_access_method(
'foo', -- 分区表名
```

```
    now() – interval '6 months', --6 个月前的历史分区转换成列存储
'columnar' -- 设定列存储方式
);
```

列式存储虽然有很高的压缩率，但是也存在一些限制，主要的限制如下：
- 仅支持 Insert 操作，不支持 Update 和 Delete。
- 仅支持哈希和 B-tree 索引。
- 不支持元组锁 (SELECT … FOR SHARE, SELECT … FOR UPDATE)。
- 不支持 UNLOGGED 的列式存储表。

2.5　Citus 的高可用

Citus 分布式数据库采用协调节点与多个工作节点的架构，为确保业务的持续运行，可在各节点利用 Patroni 部署集群，实现高可用性。

在部署模式上，Citus 支持单节点及多节点部署。单节点部署相对简单，只需在单一节点上创建 Citus 插件，并将相关表设置为分布式表，此时分片将在该单节点上生成，其功能类似于 PostgreSQL 的分区表，适用于大表数量较少且单节点硬件资源足以满足性能需求的场景。

多节点部署则涉及配置多台服务器节点，每台节点均需创建 Citus 插件。在部署过程中，需选择一个节点作为协调节点，其余节点则作为工作节点。通过在协调节点上创建分布式表，可将数据拆分并分布到各个工作节点，从而充分利用各工作节点的硬件资源，显著提升系统性能。

多节点部署需要配置协调节点和添加工作节点，使用函数 Citus_set_coordinator_host 和 Citus_add_node。

Citus_set_coordinator_host 函数：负责设置一个协调节点，传入协调节点的主机名或 IP、端口。

Citus_add_node 函数：负责在协调节点执行，添加其他节点为工作节点，传入主机名或 IP、端口。

上面两个函数必须在协调节点执行，示例如下：

SELECT Citus_set_coordinator_host('1.0.0.1', 5432);

SELECT * from Citus_add_node('1.0.0.2', 5432);

SELECT * from Citus_add_node('1.0.0.3', 5432);

节点的信息可以通过表 pg_dist_node 查看，该表包含了 nodeid(节点 ID)、nodename(节点名)、nodeport(端口)、isactive、shouldhaveshards 等字段。其中 shouldhaveshards 字段决

定该节点是否应该有分片，一般协调节点不存储表数据，是 false，存储数据的工作节点是 true。

执行 Citus_get_active_worker_nodes 函数可查看活跃的工作节点。

```
select * from Citus_get_active_worker_nodes();
 node_name  | node_port
------------+-----------
 1.0.0.3    |      5432
 1.0.0.2    |      5432
(2 rows)
```

使用函数 Citus_add_node 增加新的工作节点，然后执行 Citus_rebalance_start 函数重新分配数据在各个工作节点中的分布。Citus_rebalance_start 函数在分配数据时，采用的是逻辑复制，需要把协调节点和工作节点的 wal_level 设置成 logical。使用 Citus_rebalance_status 函数查看重新分配的状态。

在重新分配数据之前，可以执行 get_rebalance_table_shards_plan 函数来查看需要重新分片的操作。

使用函数 Citus_remove_node 删除工作节点。示例如下：

```
select Citus_remove_node('1.0.0.2',5432);
```

下面的命令在协调节点执行后，可以自动同步到工作节点。

CREATE ROLE/USER

ALTER … SET SCHEMA（普通表的模式更改为已被分片的模式）

CREATE SCHEMA

CREATE TABLE（适用于在已被分片的模式下创建）

CREATE INDEX

下面的命令不能同步到工作节点，需要手动执行。

CREATE DATABASE

2.6 使用建议

Citus 提供了一个高性能、可扩展和分布式的数据库解决方案，适用于需要处理大规模数据的应用程序和分析工作负载，数据量最高可达 PB 级。下面是 Citus 适用的几种常见场景：

● 面向用户的分析面板：Citus 可以协助用户构建分析仪表板，同时采集和处理数据库中的大量数据，并提供亚秒级的响应时间，即使有大量并发用户。

● 时间序列数据：Citus 可以协助用户处理和分析大量的时间序列数据。最大的 Citus 集群存储超过 PB 级的时间序列数据，每天摄取 TB 级的数据。

● 软件即服务（SaaS）应用程序：SaaS 和其他多租户应用程序需要能够随着租户/客户数量的增长而扩展其数据库。Citus 允许通过租户维度透明地对复杂的数据模型进行分片，因此数据库可以随着业务的增长而增长。

● 微服务：Citus 支持基于模式的分片，可将常规数据库模式分布在多台机器上。这种分片方法非常适合典型的微服务架构，在这种架构中，存储完全归服务所有。

● Geospatial：分布式存储地理空间数据，减轻单节点负载，提高性能。

在 Citus 集群中添加新 Worker 节点后，需重新分配各 Worker 节点的数据。此过程涉及逻辑复制，系统会自动创建复制槽并解析 WAL 日志，因此禁止手动删除 WAL 日志。

Citus 集群搭建完成后，无须将所有表都设为分布式表或引用表，应根据实际业务需求进行合理划分，允许标准的 PostgreSQL 表、引用表和分布式表共存。

标准的 PostgreSQL 表适合不参与联合查询的表，如用户表、权限表等，只需在协调节点创建。

引用表用于存储与各工作节点查询相关的数据，例如订单状态、产品类别等枚举值，这些数据可在所有工作节点上广播，以确保查询时可直接访问。

分布式表适用于参与联合查询、访问频繁、数据量大且存在合适分布列的表，可将其分布到各工作节点，充分利用系统资源，提升查询效率。

3. 访问其他数据库

在 PostgreSQL 的众多插件中，FDW（Foreign Data Wrapper，外部数据包装器）类插件占据重要地位，常见的有 oracle_fdw、mysql_fdw、postgres_fdw 等，它们主要用于辅助 PostgreSQL 访问其他数据库系统。

FDW 插件的通用实现机制是通过创建外部服务、用户映射以及外部表，来达成跨库访问能力。借助 FDW 插件，用户可以像操作普通表一样对这些外部表执行 SQL 操作，极大地简化了异构数据库环境下的数据交互流程。FDW 插件主要应用场景如下：

● 数据分片：postgres_fdw 插件常用于将 PostgreSQL 数据库中的数据进行分布式存储，即实现数据分片，以提升大数据量场景下的查询性能和管理效率。

● 数据同步：通过建立本地数据库与外部数据库的连接，可借助 FDW 插件实现定期同步外部数据至本地，保持数据的时效性和一致性。

● 数据迁移：利用 FDW 插件搭建的连接桥梁，可以高效地将数据从一个数据库系统迁移到另一个数据库系统，降低迁移风险和复杂度。

● ETL 操作：FDW 插件能够将来自不同数据库类型的数据抽取并整合到一个数据仓库中，实现数据的集中化管理，便于后续的统一查询和分析。

3.1 oracle_fdw

oracle_fdw 是 PostgreSQL 的一个扩展，它作为一种外部数据包装器，为 PostgreSQL 提供了高效的 Oracle 数据库访问方法。典型应用场景包括在 PostgreSQL 环境中对 Oracle 数据库中的表、视图、物化视图执行查询操作，为 Oracle 数据迁移至 PostgreSQL 提供支持。该扩展具备以下功能特性：

●支持将 SQL 语句中的 WHERE、ORDER BY、JOIN 条件及部分列提取操作下推至 Oracle 数据库执行，实现查询优化。

●支持执行 SELECT、INSERT、UPDATE 和 DELETE 语句，并可通过 ANALYZE 选项收集统计数据以辅助查询优化。

●可在 MDSYS.SDO_GEOMETRY 空间数据类型与 PostGIS 空间数据类型之间进行高效的映射转换。

●支持利用 IMPORT FOREIGN SCHEMA 命令批量导入 Oracle 数据库中的表定义，简化外部模式导入流程。

●允许通过 EXPLAIN 命令显示远程查询的执行计划，而 EXPLAIN VERBOSE 则可进一步展示 Oracle 数据库的详细执行计划。

●支持通过 PostgreSQL 在 Oracle 数据库中执行不返回结果的任意 SQL 语句，涵盖 DDL 语句，实现跨数据库的对象管理与操作。

●支持对配置的外部表执行只读操作，保障数据访问的安全性与一致性。

在访问 Oracle 数据库时，仅创建一次连接，并复用该连接执行多个 SQL 操作，提高连接资源利用率并降低连接开销。

GitHub 地址：https://github.com/laurenz/oracle_fdw

官方地址：https://laurenz.github.io/oracle_fdw/

开发人员：Laurenz Albe

开源协议：BSD

版本：2.5.0

3.1.1 安装与配置

oracle_fdw 插件的编译和对 Oracle 库的访问，依赖于 Oracle 的客户端 instantclient，需要在 PostgreSQL 端进行配置。

Oracle 的客户端需要的依赖包如下（以 Linux 版为例）：

instantclient-basic-linux.x64-21.8.0.0.0dbru.zip

instantclient-sdk-linux.x64-21.8.0.0.0dbru.zip

instantclient-sqlplus-linux.x64-21.8.0.0.0dbru.zip

下载地址：

https://www.oracle.com/cn/database/technologies/instant-client/linux-x86-64-downloads.html

解压后配置 Oracle 的环境变量，示例如下：

```
export ORACLE_HOME=/opt/oracle/instantclient_21_8
export SQLPATH=/opt/oracle/instantclient_21_8
export TNS_ADMIN=/opt/oracle/instantclient_21_8
export LD_LIBRARY_PATH=$HOME/pg14_4/lib:$ORACLE_HOME:$LD_LIBRARY_PATH
export PATH=$HOME/pg14_4/bin:$ORACLE_HOME:$PATH
export NLS_LANG=american_america.zhs16gbk
# 编译安装
make
make install
# 超级用户创建插件
create extension oracle_fdw;
```

插件创建之后，使用它的外部数据包装器 oracle_fdw 创建服务、用户映射和外部表，就可以实现对 Oracle 数据库的远程访问。

3.1.2 跨库访问

在 PostgreSQL 中创建外部表时，存在两种主要方式。其一为利用 CREATE FOREIGN TABLE 语句，该方法需用户自行对照 Oracle 数据库与 PostgreSQL 数据库的数据类型映射关系，逐一确定对应类型后手动编写创建语句。当涉及创建多个外部表时，此过程因需反复查询数据类型及编写语句而显得较为繁琐，且易因人工操作而引入错误。下面是使用示例：

（1）超级用户创建服务，Oracle 的数据库名大小写均可。

```
CREATE SERVER oradb
FOREIGN DATA WRAPPER oracle_fdw
OPTIONS (dbserver '//1.0.0.1:1521/EXPIMPDPTEST');
```

（2）把服务 oradb 的使用权限赋给普通用户 u1，后续的操作都由 u1 执行。

GRANT USAGE ON FOREIGN SERVER oradb TO u1;

（3）u1 用户创建用户映射，Oracle 的用户名大小写均可。

CREATE USER MAPPING FOR u1

SERVER oradb

OPTIONS (user 'PGFOUSER', password '12345678');

（4）创建 Oracle 的 TAB1 表的外部表，配置的模式名和表名的大小写必须与 Oracle 保持一致。

-- 只执行 select 和 insert 操作时，Column options 无须配置

create foreign table tab1_01(

id bigint, v varchar(10),

floating numeric(7,2)

)SERVER oradb OPTIONS (schema 'PGFOUSER', table 'TAB1');

-- 若执行 update、delete，需要配置 Column options

create foreign table tab1_02(

id bigint options(key 'on'),

v varchar(10), floating numeric(7,2)

)SERVER oradb OPTIONS (schema 'PGFOUSER', table 'TAB1');

--table 选项也支持查询语句，此时不需要 schema 选项

create foreign table tab1_03(

id bigint, v varchar(10),

floating numeric(7,2)

)SERVER oradb OPTIONS (table '(select * from tab1 where id=1)');

Update、Delete 操作的 where 条件无论是不是主键，只要想执行这两个操作，就必须根据 Oracle 的主键列在 PG 端设置相应列的 Column options。

另一种方式是采用 IMPORT FOREIGN SCHEMA 命令，该命令可依据指定的外部数据源模式，批量生成对应的外部表定义，无须用户手动编写创建语句，极大地简化了多表创建流程，提升了工作效率，降低了出错概率。其与不同外部数据封装器（FDW）结合使用时展现出高度的灵活性与便捷性，能有效满足复杂的跨数据库访问与集成需求。创建语法如下：

IMPORT FOREIGN SCHEMA remote_schema

  [{ LIMIT TO | EXCEPT } (table_name [, ...])]

  FROM SERVER server_name

INTO local_schema

　　[OPTIONS (option 'value' [, ...])]

（1）该命令主要用于将Oracle数据库中的表、视图及物化视图导入PostgreSQL系统，所有导入对象在PostgreSQL端均以外部表的形式呈现。

（2）在导入过程中，该命令会自动检测并识别主键列，并针对这些主键列在PostgreSQL端设定列选项key，将其值明确设置为true，以确保数据的完整性和一致性。

（3）通过LIMIT TO子句可精准指定需要导入的表集合，而EXCEPT子句则用于明确排除不需要导入的表，从而实现对导入对象的精细化管控。

（4）此外，该命令提供case选项，用于灵活处理表名与字段名的大小写转换规则，其具体规则如下：

● keep：在PostgreSQL端创建的外部表中，表名及字段名的大小写与Oracle端原始对象保持完全一致，确保名称的原真性。

● lower：在PostgreSQL端创建的外部表中，所有表名及字段名均统一转换为小写形式，便于统一管理和查询。

● smart：针对Oracle端名称全为大写的表名及字段名，导入至PostgreSQL后自动转换为小写；若名称中包含大小写混合的情况，则在PostgreSQL端保持原有的大小写格式不变。

使用示例如下：

IMPORT FOREIGN SCHEMA "ORACLE_USERNAME"

from server oradb into pg_schemaname

options(case 'keep');

在使用oracle_fdw创建外部表时，该外部表支持执行查询（SELECT）、插入（INSERT）、更新（UPDATE）以及删除（DELETE）等操作。然而，在业务场景中，若仅需对Oracle数据库执行读操作，为防止因误操作导致Oracle表中的数据被意外更新，应将外部表配置为只读模式。

在创建新的外部表过程中，可在选项中添加readonly参数，并将其值明确设置为yes、on或true，以此将外部表配置为只读外部表，从而确保数据的安全性与稳定性，满足业务仅读取Oracle数据的需求。

create foreign table tab1_r(

id bigint options(key 'on'),

v varchar(10), floating numeric(7,2)

)SERVER oradb

OPTIONS (schema 'PGFOUSER', table 'TAB1', readonly 'true');

对于已存在的外部表，需要使用 alter 语句配置 readonly 选项。

alter foreign table tab1 options(add readonly 'on');

如果已存在的外部表的选项中已有 readonly 配置，则需要通过 set 修改其值。

alter foreign table tab1 options(set readonly 'on');

借助 oracle_fdw 可以实现对 Oracle 数据库的数据同步、数据迁移和数据抽取。

oracle_fdw 插件不支持聚合语句的下推，查询到的全量数据必须返回 PostgreSQL 端后再执行聚合操作，非常耗时。oracle_fdw 提供了 table 选项，不仅支持表名，还支持查询语句。创建外部表的时候，可以写带有聚合函数的查询语句，保证聚合函数在 Oracle 端执行，提高访问效率。

create foreign table tab1_04(
rowcount int, id bigint
)SERVER oradb
OPTIONS (table '(select count(*),max(id) from tab1)');

oracle_fdw 的卸载很简单，直接执行下面的语句可以级联删除创建的服务、用户映射和外部表。

drop extension oracle_fdw cascade;

3.2 Mysql_fdw

Mysql_fdw 是 PostgreSQL 的一种扩展工具，它作为一种外部数据包装器，能够高效地访问 MySQL 数据库。其主要应用场景是在 PostgreSQL 环境中对 MySQL 数据库中的表、视图进行访问，同时支持在数据迁移过程中将 MySQL 数据迁移到 PostgreSQL，为数据库整合与异构数据查询提供便利。该扩展具备以下功能特性：

●支持将 SQL 语句中的 WHERE、ORDER BY、JOIN、聚合语句以及 LIMIT OFFSET 子句下推至 MySQL 数据库执行，并可提取部分列，实现查询优化，提高数据访问效率。

●支持执行 SELECT、INSERT、UPDATE 和 DELETE 语句，满足对 MySQL 数据的增删改查需求，实现数据的双向交互。

●支持通过 IMPORT FOREIGN SCHEMA 命令批量导入 MySQL 数据库中的表和视图，并将其转换为 PostgreSQL 端的外部表，简化了外部模式导入流程，提高了迁移与集成效率。

●在访问 MySQL 数据库时，仅创建一次连接，并复用该连接执行多个 SQL 操作，有效降低了连接开销，提高了连接资源的利用率，确保了操作的性能与稳定性。

GitHub 地址：https://github.com/EnterpriseDB/mysql_fdw

官方地址：无

开发团队：EnterpriseDB

开源协议：BSD

版本：2.9.0

3.2.1 安装与配置

mysql_fdw 插件的编译和对 MySQL 库的访问，依赖于 MySQL 的客户端 mySQL-devel，需要在 PostgreSQL 端进行配置。

MySQL 的客户端配置完成后，就可以编译安装 mysql_fdw。

```
make USE_PGXS=1
make USE_PGXS=1 install


# 数据库中创建扩展
create extension mysql_fdw;
```

创建之后，就可以使用 mysql_fdw 创建服务、用户映射和外部表，实现对 MySQL 数据库的远程访问。

3.2.2 跨库访问

mysql_fdw 作为一个跨库访问插件，它的主要功能是辅助 PostgreSQL 访问 MySQL 数据库的对象，尤其是对表的访问，通过创建外部表实现对 MySQL 数据库的增删改查操作，与本地表操作相同。它的使用示例如下：

（1）超级用户创建服务。

```
CREATE SERVER mysql_server
FOREIGN DATA WRAPPER mysql_fdw
OPTIONS (host '1.0.0.2', port '3306', reconnect 'true');
```

reconnect 设置为 true，可以保证 MySQL 的连接丢失时自动重连。

（2）把服务的使用权限授予普通用户 u1，后续的操作由 u1 执行。

```
GRANT USAGE ON FOREIGN SERVER mysql_server TO u1;
```

（3）u1 用户创建用户映射。

```
CREATE USER MAPPING FOR u1
SERVER mysql_server
OPTIONS (username 'root', password 'root');
```

（4）创建 MySQL 的 tab1 表的外部表。

```
create foreign table ft_tab1(
```

```
    id int not null,
    var varchar(10),
    num numeric(5,2),
    insert_time timestamp(0),
    update_time timestamp(0)
)
SERVER mysql_server
OPTIONS (dbname 'mysqldb1', table_name 'tab1');
```

以上操作完成后,就可以对外部表进行增删改查操作。

mysql_fdw 和 oracle_fdw 类似,也可以使用 IMPORT FOREIGN SCHEMA,一次创建多个表的外部表,无须手动编写创建语句。使用示例如下:

```
import foreign schema mysqldb1
from server mysql_server
into public;
```

mysql_fdw 作为一款功能强大的 PostgreSQL 外部数据封装器,其核心用途在于辅助 PostgreSQL 实现对远程 MySQL 数据库的访问。它能够实现简单查询的增删改功能。凭借对聚合语句下推的有力支持,可将聚合操作交由 MySQL 数据库执行,提高整体操作效率。然而,鉴于执行 INSERT、UPDATE、DELETE 操作会涉及事务管理,稍有不当就可能对 MySQL 数据库的其他并发操作产生不利影响。

基于以上特性,建议优先运用 mysql_fdw 执行跨库查询任务,谨慎对待增删改操作。同时,该插件在数据迁移场景中具有较高实用价值,可以借助它将 MySQL 数据平稳迁移至 PostgreSQL 数据库,为后续的数据整合与管理提供便利。

3.3 sqlite_fdw

sqlite_fdw 是一个 PostgreSQL 的扩展,用于从 PostgreSQL 访问 SQLite 数据库。它支持的功能如下:

- 支持 INSERT/UPDATE/DELETE/SELECT,如同操作本地表一样。
- 通过不带 WHERE 子句的 DELETE 语句来支持 TRUNCATE。
- 通过使用 batch_size 选项支持 Bulk INSERT(批量插入)。
- 支持 ON CONFLICT DO NOTHING。
- 支持 IMPORT FOREIGN SCHEMA 把一个 SQLite 数据库导入 PostgreSQL。

支持的下推语句如下:

- WHERE，ORDER BY，GROUP BY，HAVING
- Aggregate function，mod()
- Joins(left/right/inner/cross)
- CASE expressions
- LIMIT 和 OFFSET 被下推（当查询的所有表都是 fdw 时）

GitHub 地址：https://github.com/pgspider/sqlite_fdw

官方地址：无

开发团队：PGSpider

开源协议：BSD

版本：2.4.0

3.3.1 安装与配置

SQLite 数据库是以本地数据文件的形式存储在设备上，它自身没有提供远程访问的功能，所以 PostgreSQL 数据库和 sqlite_fdw 插件需要部署在 SQLite 数据库服务器上。下面是 sqlite_fdw 的安装步骤。

安装依赖：

```
## CentOS：
yum install sqlite-devel -y
## Debian or Ubuntu：
apt-get install libsqlite3-dev
```

编译 sqlite_fdw 源码：

```
make USE_PGXS=1
make install USE_PGXS=1
```

超级用户创建插件：

```
create extension sqlite_fdw;
```

创建之后，使用它的外部数据包装器 sqlite_fdw 创建服务和外部表，就可以实现对 SQLite 数据库的访问。

3.3.2 跨库访问

sqlite_fdw 作为一个跨库访问插件，它的主要功能是辅助 PostgreSQL 访问 SQLite 数据库的对象，通过创建外部表实现对 SQLite 数据库的增删改查操作，与本地表操作相同。使用示例如下：

> -- 超级用户创建服务
> CREATE SERVER sqlite_server
> FOREIGN DATA WRAPPER sqlite_fdw
> OPTIONS (database '/home/sqlite/sqlite_fdwDB.db');
> -- 把服务的使用权限授予普通用户 u1，后续的操作都由 u1 执行
> GRANT USAGE ON FOREIGN SERVER sqlite_server TO u1;

SQLite 数据库没有用户和密码的概念，使用 sqlite_fdw 时，不需要创建 USER MAPPING，它通过 PostgreSQL 服务器的用户权限去执行代码，去读写 SQLite 的数据文件，因此，PostgreSQL 服务器的用户必须对 SQLite 数据文件有读写权限，否则会报错。

> -- 创建 SQLite 的 t1_sqlite 表的外部表
> CREATE FOREIGN TABLE t1 (
>   a_id integer OPTIONS (key 'true', column_name 'id'),
>   b_name text OPTIONS (column_name 'name'),
>   c_age integer OPTIONS (column_name 'age'),
>   d_address varchar(50) OPTIONS (column_name 'address'),
>   e_unixtime timestamptz OPTIONS (column_type 'INT', column_name 'unixtime')
>)SERVER sqlite_server
> OPTIONS (table 't1_sqlite');

key 'true'：设定 SQLite 表的主键列，用于 Update 和 Delete。

column_name 'xxx'：外部表的字段名与 SQLite 表的字段名不一致时，需要使用该选项指定 SQLite 表的字段名。

column_type 'xxx'：外部表的字段类型与 SQLite 表的字段类型不一致时，需要使用该选项指定 SQLite 表的字段类型。以上操作完成后，就可以对外部表进行增删改查操作。

sqlite_fdw 也可以使用 IMPORT FOREIGN SCHEMA，一次创建多个表的外部表，无须手动编写创建语句，非常方便。使用示例如下：

> IMPORT FOREIGN SCHEMA someschema
> FROM SERVER sqlite_server
> INTO s1_sqlite;

SQLite 数据库中没有模式(schema) 的概念，此处的 someschema 可以是任意值，它最终导入的是当前数据库文件下的所有表对象。

借助 sqlite_fdw 创建的外部表可以执行增删改查操作，如果业务上要求对 SQLite 库只进行读操作，为了避免对 SQLite 表进行误更新操作，可以将其配置为只读表。

创建新的外部表时，在选项中加上 updatable 和 truncatable，设置为 false，就可以将其配置为只读外部表。

```
CREATE FOREIGN TABLE t1_readonly (
    a_id integer OPTIONS (key 'true', column_name 'id'),
    b_name text OPTIONS (column_name 'name'),
    c_age integer OPTIONS (column_name 'age'),
    d_address varchar(50) OPTIONS (column_name 'address'),
    e_unixtime timestamptz OPTIONS (column_type 'INT', column_name 'unixtime')
)SERVER sqlite_server
OPTIONS(
table 't1_sqlite',
updatable 'false',
truncatable 'false'
);
```

如果想限定所有的外部表为只读操作，则可以通过创建外部服务时，添加 (updatable 'false',truncatable 'false') 选项，基于该服务创建的外部表都是只读操作。

```
CREATE SERVER sqlite_server_readonly
FOREIGN DATA WRAPPER sqlite_fdw
OPTIONS (
database '/home/sqlite/sqlite_fdwDB.db',
updatable 'false',
truncatable 'false'
);
```

3.4　mongo_fdw

mongo_fdw 是一个 PostgreSQL 的扩展，用于从 PostgreSQL 访问 MongoDB 数据库。支持的功能如下：

● 支持对 MongoDB 的读写操作，INSERT/UPDATE/DELETE/SELECT，如同操作本地表一样。

● 支持连接池功能，它为同一会话中的所有查询使用相同的 MongoDB 数据库连接，减少重复创建新连接。

● 支持全文档检索功能，此功能允许用户从集合中检索文档及其所有字段，而无须了解 MongoDB 集合中可用的 BSON 文档中的字段，这些检索到的文档是 JSON 格式的。每个文档在外部表中是一条记录。

●支持 JOIN 语句下推，但仅支持 INNER 和 LEFT/RIGHT OUTER 连接，而不支持 FULL OUTER、SEMI 和 ANTI 连接，且只有两个表之间的连接才会被下推。

●支持聚合函数下推，包括 min、max、sum、avg 和 count。

●支持 ORDER BY 语句下推，但仅支持带有 ASC NULLS FIRST 或者 DESC NULLS LAST 的 ORDER BY 语句的下推。

●支持 LIMIT OFFSET 语句的下推。

GitHub 地址：https://github.com/EnterpriseDB/mongo_fdw

官方地址：无

开发团队：EnterpriseDB

开源协议：LGPL-3.0 license

版本：5.5.1

3.4.1 安装与配置

编译 mongo_fdw 插件，需要 mongo-c 和 json-c 库，要构建和安装这两个库，有两种方法，可以使用 mongo_fdw 源码下的 autogen.sh 脚本（需要联网且可以访问 GitHub）一键安装，也可以从 GitHub 上下载库文件的源码包手动编译安装。

autogen.sh 脚本的优点是一键安装 mongo-c 和 json-c 库，依赖包也一并安装，非常简单。命令如下：

```
./autogen.sh --with-master
# mongo_fdw 源码目录下执行
make USE_PGXS=1
make USE_PGXS=1 install
# 使用数据库超级用户创建插件
create extension mongo_fdw;
```

插件创建之后，使用它的外部数据包装器 mongo_fdw 创建服务、用户映射和外部表，就可以实现对 MongoDB 数据库的访问。

3.4.2 跨库访问

mongo_fdw 主要功能是辅助 PostgreSQL 访问 MongoDB 数据库的集合，通过创建外部表实现对 MongoDB 数据库的增删改查操作，与本地表操作相同。使用示例如下：

```
-- 使用超级用户创建服务
CREATE SERVER mongo_server
FOREIGN DATA WRAPPER mongo_fdw
OPTIONS (
address '1.0.0.1',
port '27017',
authentication_database 'admin'
);
```

authentication_database 选项是配置 MongoDB 对用户进行身份验证的数据库，MongoDB 中如果设置了用户认证，创建服务时需要配置该选项。

```
-- 把服务的使用权限授予普通用户 u1，后续的操作都由 u1 执行
GRANT USAGE ON FOREIGN SERVER mongo_server TO u1;
--u1 用户创建用户映射
CREATE USER MAPPING FOR u1
SERVER mongo_server
OPTIONS (username 'admin', password '123456');
```

MongoDB 的密码中不要使用 @ 字符，否则解析 host 会失败。

```
-- 创建 MongoDB 的外部表
CREATE FOREIGN TABLE warehouse(
_id name,
warehouse_id int,
warehouse_name text,
warehouse_created timestamptz
)SERVER mongo_server
OPTIONS (database 'testdb', collection 'warehouse');
```

_id 是 MongoDB 数据库集合中的行标识符列，存储的是唯一值，外部表中必须定义该列，且类型必须是 name。对该列插入值，在 MongoDB 中将会被忽略，然后自动插入一个唯一值，且该列不支持 Update 操作。

3.4.3 全文档检索

外部表中只创建一个字段，数据类型可以是 json、jsonb、text 或 varchar，用于接收 MongoDB 集合 (collection) 中所有的文档记录，在外部表中每个文档是一条记录。示例如下：

```sql
-- 创建 json 字段的外部表
CREATE FOREIGN TABLE test_json(__doc json)
SERVER mongo_server
OPTIONS (database 'testdb', collection 'warehouse');
-- 从 json 数据中获取某个文档的记录
SELECT * FROM test_json where __doc ->> 'warehouse_id' = '2';
             __doc
_____
{
"_id": {
"$oid": "66162a3d086705741a69a192"
},
"warehouse_id": 2,
"warehouse_name": "SF",
"warehouse_created": {
"$date": 1712728637002
}
}
(1 row)
```

3.4.4 使用建议

mongo_fdw 插件的主要功能是辅助 PostgreSQL 数据库访问 MongoDB 数据库，并将 MongoDB 的文档存储格式转换为 PostgreSQL 外部表的格式。以下是两种具体的实现方案：

方案一：基于字段类型映射的外部表创建。

实现方式：通过详细分析 MongoDB 各个文档中的字段数据及其类型，在 PostgreSQL 端创建具有相同数据类型字段的外部表。这种转换方式使 MongoDB 的数据结构在 PostgreSQL 中得以直观呈现。

操作优势：数据类型的一致性使得用户能够像操作本地表一样，对 MongoDB 数据执行增删改查操作，极大地提升了数据操作的便捷性与直观性，便于进行后续的数据分析与处理。

操作劣势：由于不支持 IMPORT FOREIGN SCHEMA 一键生成外部表的方式，因此需要针对 MongoDB 集合中的每个文档字段类型进行单独分析。当集合数量较多时，分析过程会耗费较多时间和人力成本，增加了前期准备工作的复杂性。

适用场景：适用于需要将 MongoDB 数据迁移到 PostgreSQL 表的场景，或者希望通过多表结合的方式对数据进行分类、归纳与深度分析的场景。在这些场景下，准确的数据类型映射能够为数据的进一步处理和分析提供便利。

方案二：基于单一字段存储的外部表创建。

实现方式：在 PostgreSQL 中创建仅包含一个字段（字段类型可为 json、jsonb、text 或 varchar）的外部表，用于直接存储 MongoDB 的集合。文档记录在转换过程中将整体转换为对应的数据类型。

操作优势：无须关注 MongoDB 文档中各个字段的具体数据类型，简化了外部表的创建流程，节省了分析字段类型的时间成本，特别适用于对数据类型一致性要求不高的场景。

操作劣势：由于所有文档记录都存储在一个字段中，后续对数据进行分类、归纳和分析时较为麻烦，需要额外的数据处理和解析操作，增加了数据使用难度。

适用场景：适用于仅需通过 PostgreSQL 查看 MongoDB 中数据内容，但不进行复杂操作的场景，或者希望利用 PostgreSQL 的 JSON 处理功能对 MongoDB 文档数据进行特定处理的场景。这种方式在数据查询和简单交互方面具有一定优势。

3.5 postgres_fdw

postgres_fdw 模块提供了外部数据包装器 postgres_fdw，它可以实现 PostgreSQL 库之间的跨库访问和数据迁移。

3.5.1 安装与配置

PostgreSQL 已经将 postgres_fdw 整合到常用插件中，可以直接在数据库中创建。

```
-- 使用数据库超级用户创建插件
create extension postgres_fdw;
```

创建之后，使用 postgres_fdw 创建服务、用户映射和外部表，就可以实现对其他 PostgreSQL 数据库的访问。

3.5.2 跨库访问

postgres_fdw 作为一个跨库访问插件，它的主要功能是访问其他 PostgreSQL 数据库的对象，尤其是对表的访问，通过创建外部表实现对 PostgreSQL 数据库的增删改查操作，与本地表操作相同。示例如下：

```
-- 超级用户创建服务
CREATE SERVER pg_server
FOREIGN DATA WRAPPER postgres_fdw
OPTIONS (host '1.0.0.1', port '5432', dbname 'db1');
```

-- 把服务的使用权限授予普通用户 u1，后续的操作都由 u1 执行
GRANT USAGE ON FOREIGN SERVER pg_server TO u1;
--u1 用户创建用户映射
CREATE USER MAPPING FOR u1
SERVER pg_server
OPTIONS (user 'u1', password '123456');
-- 创建 PostgreSQL 的 t1 表的外部表
create foreign table ft_t1(
  id int,
  sname varchar(10),
  insert_time timestamp
)SERVER pg_server
OPTIONS (schema_name 'public', table_name 't1');

postgres_fdw 也可以使用 IMPORT FOREIGN SCHEMA，一次创建多个表的外部表，无须手动编写创建语句，非常方便。使用示例如下：

import foreign schema public
from server pg_server
into s1;

Postgres_fdw 能够实现访问其他 PostgreSQL 数据库，实现同类数据库间的跨库访问，支持对本地及远程数据库的访问。基于其强大的跨库访问能力，除了支持数据同步、数据迁移和数据抽取等常见使用场景外，还可实现数据分片功能。通过水平拆分数据，将其分布到多台服务器上，能够充分利用各服务器的资源，提高系统的整体性能和扩展性。在实际应用中，可根据业务需求灵活配置数据分片策略，实现数据的合理分布与高效访问。

3.6 dblink

dblink 是一个支持在数据库会话中连接到其他 PostgreSQL 数据库的模块。它嵌套在 PostgreSQL 源码中一起发布。它支持本地和远程访问其他 PostgreSQL 数据库。

3.6.1 安装与配置

PostgreSQL 默认集成了 dblink 插件，在 PostgreSQL 数据库中直接安装扩展即可。

-- 使用数据库超级用户创建插件
create extension dblink;

创建之后，就可以使用 dblink 插件的函数和语法访问其他 PostgreSQL 数据库了。

3.6.2 使用说明

（1）创建 dblink 连接。

跨库访问远程表，需要先创建一个到远程数据库的连接，相关的函数有 dblink_connect 和 dblink_connect_u。这两个函数的参数是一样的，包括 connname 和 connstr。connname 是连接的名称，如果忽略，则将打开一个未命名连接。connstr 是 libpq 风格的连接信息串，也可以写外部服务器的名称。示例如下：

```
db_dblink=> SELECT dblink_connect(
'con_db1',
'hostaddr=1.0.0.1 port=5432 dbname=db1 user=u1 password=123456'
);
 dblink_connect
----------------
 OK
(1 row)
```

dblink_connect 和 dblink_connect_u 函数都会打开一个连接，但有一定区别：

● 超级用户和普通用户都可以使用 dblink_connect 函数，而 dblink_connect_u 函数只有超级用户有使用权限，普通用户必须被赋 EXECUTE 权限；

● dblink_connect 函数的无口令认证仅支持超级用户，普通用户可以使用 dblink_connect_u 函数进行无口令认证。无口令认证是不在连接串中配置密码，但是需要在其他文件中配置，例如 .pgpass 文件，或者使用 trust 认证方式。

（2）访问远程数据库的表。

创建 dblink 连接后，就可以访问远程数据库的表了，使用的函数是 dblink，执行后返回结果集。语法如下：

```
dblink(text connname, text sql [, bool fail_on_error])
dblink(text connstr, text sql [, bool fail_on_error])
dblink(text sql [, bool fail_on_error])
```

connname 参数是 dblink 连接的名称，connstr 是数据库连接串的信息，如果只传入 SQL 语句，则使用一个未命名的连接。使用示例如下：

```
-- 使用 dblink 连接的名称
db_dblink=> select * from dblink('con_db1','select * from t1')
as t1(id int,sname varchar(10),insert_time timestamp);
```

```
 id | sname  |      insert_time
----+--------+----------------------------
  1 | 赵老师 | 2024-03-13 15:17:37.704657
  2 | 钱老师 | 2024-03-13 15:17:37.704657
(2 rows)
```

—— 使用数据库的连接串信息

```
db_dblink=> select * from dblink(
'hostaddr=10.0.0.1 port=5432 dbname=db1 user=u1 password=123456',
'select * from t1'
)
as t1(id int,sname varchar(10),insert_time timestamp);
 id | sname  |      insert_time
----+--------+----------------------------
  1 | 赵老师 | 2024-03-13 15:17:37.704657
  2 | 钱老师 | 2024-03-13 15:17:37.704657
(2 rows)
```

dblink 函数返回的是结果集，需要根据结果集中各个字段的类型定义一个表，用于接收结果集，如示例中的"as t1(id int,sname varchar(10),insert_time timestamp)"。

（3）执行 DDL、DML 语句。

dblink 不仅支持查询语句，还支持在远程数据库上执行 DDL、DML 语句，相关的函数如下：

```
dblink_exec(text connname, text sql [, bool fail_on_error])
dblink_exec(text connstr, text sql [, bool fail_on_error])
dblink_exec(text sql [, bool fail_on_error])
```

connname 参数是 dblink 连接的名称，connstr 是数据库连接串的信息，如果只传入 SQL 语句，则使用一个未命名的连接。dblink_exec 函数返回的是 SQL 语句的执行状态而非结果集。使用示例如下：

```
db_dblink=> select dblink_exec(
'con_db1',
'insert into t1(id,sname,insert_time)values(3,'' 孙老师 '',now())'
);
 dblink_exec
```

```
--------------
 INSERT 0 1
(1 row)
```

（4）查看 dblink 连接。

可以使用 dblink_get_connections 函数查看当前会话中所有的 dblink 连接。

```
db_dblink=> select * from dblink_get_connections();
 dblink_get_connections
------------------------
 {con_db1,con_db2}
(1 row)
```

（5）关闭 dblink 连接。

关闭 dblink 连接的方式有两种，第一种是退出当前会话，会关闭所有的 dblink 连接；第二种是使用 dblink_disconnect 函数，使用方式如下：

```
-- 关闭未命名的连接
dblink_disconnect()
-- 关闭指定的 dblink 连接
dblink_disconnect(text connname)


-- 关闭名为 con_db2 的连接
db_dblink=> select dblink_disconnect('con_db2');
 dblink_disconnect
-------------------
 OK
(1 row)
```

（6）在 dblink 中使用游标。

dblink 还可以使用游标读取大的结果集，这样可以避免内存溢出。相关的函数有：

```
-- 打开游标
dblink_open(text connname, text cursorname, text sql [, bool fail_on_error])
-- 从游标中获取指定行数
dblink_fetch(text connname, text cursorname, int howmany [, bool fail_on_error])
-- 关闭游标
dblink_close(text connname, text cursorname [, bool fail_on_error])
```

connname 参数是 dblink 连接的名称，cursorname 参数是游标名，howmany 参数是获取的最大行数。

dblink_open 函数创建游标的时候，会开启一个事务，因为游标只能在事务中使用。示例如下：

```
-- 打开游标
db_dblink=# SELECT dblink_open('con_db1', 'foo', 'select * from t1');
 dblink_open
---------------
 OK
(1 row)
-- 从游标中获取指定行数的数据
db_dblink=# SELECT * FROM dblink_fetch('con_db1','foo', 2) AS (id int,sname varchar(10),insert_time timestamp);
 id | sname  |      insert_time
----+--------+----------------------------
  1 | 赵老师 | 2024-03-13 15:17:37.704657
  2 | 钱老师 | 2024-03-13 15:17:37.704657
(2 rows)

db_dblink=# SELECT * FROM dblink_fetch('con_db1','foo', 2) AS (id int,sname varchar(10),insert_time timestamp);
 id | sname  |      insert_time
----+--------+----------------------------
  3 | 孙老师 | 2024-03-13 17:09:32.732079
  4 | 李老师 | 2024-03-14 13:50:47.390047
(2 rows)
-- 关闭游标
db_dblink=# SELECT dblink_close('con_db1','foo');
 dblink_close
---------------
 OK
(1 row)
```

dblink 虽然使用函数创建连接和操作远端数据库，但是具有一定的灵活性，它可以实现即连即用，不用创建其他数据库对象；可以实现连接使用完即可断开，及时释放远端数据库的资源。

同时，远端数据库返回的结果集较大时，可以借助游标分批获取，避免资源占用和内存溢出。

dblink 不支持外部表，对远端数据库上表的操作不能像操作本地表一样，需要提前写好对目标库的操作 SQL，通过 dblink 函数传入目标库执行。

总结

通过插件扩展功能是 PostgreSQL 强大而灵活的体现，PostgreSQL 插件众多，并且还在不断增加，本章探讨了 PostgreSQL 生态系统中较为常用的工具与插件，展现了 PostgreSQL 生态系统的丰富性和灵活性，剖析了这些工具和插件在实际应用中的关键特性和相互关联，希望能为面对复杂多变业务需求的数据库从业者提供参考。